Bauleiter-Handbuch Auftraggeber

Bauleiter-Handbuch Auftraggeber

- Anwendungsbeispiele
- Checklisten
- Musterbriefe

von
Dr.-Ing. Thomas Feuerabend
Götz Michaelis
Dr.-Ing. Helmuth Duve

4. Auflage

Reguvis

Bibliografische Information der Deutschen Nationalbibliothek
Die Deutsche Nationalbibliothek verzeichnet diese Publikation in der Deutschen Nationalbibliografie; detaillierte bibliografische Daten sind im Internet über http://dnb.d-nb.de abrufbar.

Reguvis Fachmedien GmbH
Amsterdamer Str. 192
50735 Köln

www.reguvis.de
service@reguvis.de

ISBN (Print): 978-3-8462-1537-1
ISBN (E-Book): 978-3-8462-1538-8

Satz: MainTypo, Reutlingen
Druck und buchbinderische Verarbeitung: Plump Druck & Medien GmbH, Rheinbreitbach

Printed in Germany

Vorwort

Diese Auflage ist ein Hybrid. Herr Dr.-Ing. Feuerabend wird mit dieser Auflage aus dem Autorenteam ausscheiden. Wir bedanken uns sehr herzlich als Verlag und Mitautoren für seine Mitwirkung an der Entstehung des Buches und der Bearbeitung der Neuauflagen. Seinen baubetrieblichen Teil übergibt er mit dieser Auflage an Herrn Dr.-Ing Helmuth Duve. Er wird den Verwendern dieses Buches durch andere Titel des Verlages, wie zum Beispiel „Nachträge im Bauwesen", bekannt sein.

Den rechtlichen Teil hat Herr Goetz Michaelis, Fachanwalt für Bau- und Architektenrecht, wieder bearbeitet.

Diese Auflage wurde umfangreich überarbeitet. Dies wurde erforderlich, da die 3. Auflage bereits über 10 Jahre alt war. Anregungen der Leser wurden eingepflegt, aber vor allem die Neuerungen der gesetzlichen Vorschriften des Werkvertragsrechts aufgenommen. Auch wenn das „neue Bauvertragsrecht" schon seit mehr als sechs Jahren Geltung hat, ist es in der Praxis bisher noch nicht recht angekommen. Wir versuchen, dem Leser für die Praxis die „Leitplanken" aufzuzeigen und den Umgang mit den neuen Vorschriften zu erleichtern.

Bei den Lesern bedanken wir uns für die Resonanz und die Anmerkungen zu dem Buch. Die Autoren freuen sich weiterhin auf Ihre Anregungen und Ihre Kritik. Gerne können Sie sich unter info@ra-michaelis.net oder helmuth.duve@profacto-jur direkt an die Autoren wenden.

Wir wünschen allen Lesern und Verwendern viel Erfolg bei Ihren Projekten verbunden mit der Einladung, Ihre Erfahrungen zu berichten.

Dr.-Ing. Thomas Feuerabend
Dortmund, im August 2024

RA Goetz Michaelis
Werne, im August 2024

Dr.-Ing. Helmuth Duve
Stuttgart, im August 2024

Vorwort zur 1. Auflage

Das Buch richtet sich an den auftraggeberseitigen Bauleiter, der neben der örtlichen Bauleitung die übrigen Leistungen der Leistungsphasen 6 bis 9 eines Projektes mit erbringt und bereits davor in die Vorbereitungen der Bauausführung eingebunden ist.

Dabei wird besonderer Wert darauf gelegt, dass alle Fragen, die sich im Zusammenhang mit dieser Tätigkeit stellen, beantwortet werden. Darüber hinaus werden die grundlegenden Zusammenhänge aufgezeigt und so erklärt, welche Tätigkeiten auf bereits erbrachten Leistungen aufbauen können und wie eine effiziente Bearbeitung sichergestellt werden kann. Alle Erklärungen erfolgen an Beispielen.

Zu Gunsten in der Praxis einsetzbarer Methoden wird auf theoretische Ansätze verzichtet.

Bei der Manuskripterstellung wurde Wert auf eine Terminologie gelegt, die sowohl exakt als auch leicht verständlich und praxistauglich ist. Dabei wird davon ausgegangen, dass die VOB vereinbart wird.

Wichtige Randgebiete wie Ablagesystematik oder EDV-Nutzung werden ebenfalls kurz besprochen.

Bei der Erstellung dieses Manuskripts habe ich von vielen Seiten Unterstützung erfahren. Stellvertretend für Alle seien meine Diplomanden Thomas Köster, Alexander Pick, Kevin Schepers und Tobias Winterpacht erwähnt, die in akribischer Kleinarbeit die Abbildungen erstellt und die Grundlagen für das Manuskript erarbeitet haben.

Mein besonderer Dank gilt Frau Birte Frischemeier, die mich bei der Schlussredaktion wesentlich unterstützt hat.

Dr.-Ing. Thomas Feuerabend
Hamm, im Dezember 2007

Inhaltsverzeichnis

Literaturverzeichnis

Bielefeld/Feuerabend	Bert Bielefeld/ Thomas Feuerabend, Baukosten- und Terminplanung, Birkhäuser, Basel 2007
BKI Bauelemente	BKI Baukosten 2012, Teil 2: Kostenkennwerte für Bauelemente, Baukosteninformationszentrum, Stuttgart 2012
BKI Gebäude	BKI Baukosten 2012, Teil 1: Statistische Kostenkennwerte für Gebäude, Baukosteninformationszentrum, Stuttgart 2012
Brüssel	Wolfgang Brüssel, Baubetrieb von A-Z, 4. Auflage 2002, Werner Verlag, Düsseldorf
Damerau u. a.	Hans von der Damerau/ August Tauterat/ Rainer Franz, VOB im Bild, 20. Auflage 2012, Rudolf Müller Verlag, Köln
Drees/Spranz	Gerhard Drees/ Dieter Spranz, Handbuch der Arbeitsvorbereitung, Bauverlag, Wiesbaden – Berlin, 1975
Feuerabend	Thomas Feuerabend, Planungs- und Projektsteuerung auf Basis relationaler Datenmodelle, Dissertation Universität Dortmund, 2005
Feuerabend	Thomas Feuerabend, Nachtragsmanagement in: Würfele/ Bielefeld/ Gralla, Bauobjektüberwachung, Vieweg, Wiesbaden 2012
Feuerabend/Prote	Thomas Feuerabend/ Karsten Prote, „Nachtragsmanagement" in Gralla/Würfele/Bielefeld, Bauobjektüberwachung, Vieweg, Wiesbaden 2012
Bielefeld/Feuerabend	Bert Bielefeld/ Thomas Feuerabend, Baukosten- und Terminplanung, Birkhäuser, Basel 2007
Grüneberg	Christian Grüneberg, Bürgerliches Gesetzbuch: BGB, 83. Auflage 2024, C.H. Beck, München
Jagenburg/Baldringer/Haupt	Inge Jagenburg/Sebastian Baldringer/Andreas Haupt, Praxiskommentar VOB - Teile A und B, 1. Auflage 2021, Kohlhammer Verlag, Stuttgart
Kapellmann/Messerschmidt	Klaus D. Kapellmann/ Burkhard Messerschmidt, VOB Teile A und B, 8. Auflage 2022, C.H. Beck, München
Kühne-Büning u. a.	Ladwina Kühne-Büning/ Volker Nordalm/ Liselotte Steveling, Grundlagen der Wohnungs- und Immobilienwirtschaft, 4. Auflage 2005, Fritz Knapp Verlag, Frankfurt a. M.

Michaelis	Goetz Michaelis „Änderungen von technischen Regeln während der Bauausführung und deren Konsequenzen für Auftraggeber, Architekten und Auftragnehmer" in: Karl-Heinz Keldungs, Dr. Edgar Joussen „Spektrum privates Baurecht" - Festschrift für Ulrich Locher zum 65. Geburtstag, 2021, Werner Verlag, Köln
Neufert	Ernst Neufert, Bauentwurfslehre: Handbuch für den Baufachmann, Bauherrn, Lehrenden und Lernenden, 2. Auflage 1936, Bauwelt, Berlin
Olesen	Günter Olesen, Bauleistungen und Baupreise für schlüsselfertige Wohnhausbauten, Schiele & Schön, Berlin 1992
Ross u. a.	Franz W. Ross/ Peter Holzner/ Ulrich Renner/ Rolf Brachmann, Ermittlung des Verkehrswertes von Grundstücken und des Wertes baulicher Anlagen, 30. Auflage 2012, Theodor Oppermann Verlag, Isernhagen
Simon/Kleiber	Jürgen Simon/ Wolfgang Kleiber, Schätzung und Ermittlung von Grundstückswerten, 8. Auflage 2004, Luchterhand, Neuwied
sirAdos	sirAdos, Baudaten für Kostenplanung und Ausschreibung, Edition Aum, 2008
Werner	Ulrich Werner in: Klaus Brügemann/Peter Oppler/Werner Wenner, Festschrift für Walter Jagenburg zum 65. Geburtstag, 2002, C.H. Beck, München
Werner/Pastor	Ulrich Werner/ Walter Pastor, Der Bauprozess, 18. Auflage 2023, Werner Verlag, Köln
Würfele/Bielefeld/Gralla	Falk Würfele/Bert Bielefeld/Mike Gralla „Nachtragsmanagement" in: Würfele/Bielefeld/Gralla, Bauobjektüberwachung, 3. Auflage 2017, Springer Vieweg, Wiesbaden

Abkürzungsverzeichnis

Abb.	Abbildung
Abs.	Absatz
AG	Auftraggeber
AN	Auftragnehmer
AK	Anzahl Arbeitskräfte
AT	Arbeitstage
AVA	Ausschreibung, Vergabe, Abrechnung
AW	Aufwandswert
BRI	Bruttorauminhalt
bspw.	beispielsweise
D	Dauer
DVA	Deutscher Verdingungsausschuss für Bauleistungen
EDV	Elektronische Datenverarbeitung
EZB	Europäische Zentralbank
HOAI	Honorarordnung für Architekten und Ingenieure
i.d.R.	in der Regel
KLR	Kosten- und Leistungsrechnung
LP	Leistungsphase
LV	Leistungsverzeichnis
M	Menge
Nr.	Nummer
Ph	Personenstunden
Rn.	Randnummer
S.	Seite
TA	tägliche Arbeitszeit
v.H.	von Hundert
vgl.	vergleiche
VgV	Verordnung über die Vergabe öffentlicher Aufträge
VOB	Vergabe- und Vertragsordnung für Bauleistungen

VOB/A	Vergabe- und Vertragsordnung für Bauleistungen – Teil A: Allgemeine Bestimmungen für die Vergabe von Bauleistungen
VOB/B	VOB Vergabe- und Vertragsordnung für Bauleistungen – Teil B: Allgemeine Vertragsbedingungen für die Ausführung von Bauleistungen
VOB/C	VOB Vergabe- und Vertragsordnung für Bauleistungen – Teil C: Allgemeine Technische Vertragsbedingungen für Bauleistungen (DIN 18299 ff.)
z.B.	zum Beispiel

1 Grundlagen

1.1 Allgemeine Hinweise

In diesem Kapitel sollen die Struktur und das Beziehungsgeflecht des Planungsprozesses kurz erläutert werden, um für den Leser eine einheitliche Ausgangsbasis zu schaffen. 1

Zunächst ist die Frage zu klären, wer im Bauprozess Auftraggeber und wer Auftragnehmer ist. Auf den ersten Blick scheint es so zu sein, dass sich dieses Buch „nur" auf das bezieht, was auf Bauherrenseite notwendig ist.

Bei der zielorientierten Baudurchführung (Schlüsselfertigbau) werden bauherrenseitige Prozesse jedoch in das ausführende Unternehmen verlagert. Es handelt sich um dieselben Aufgaben – nur auf der Seite der ausführenden Unternehmen. Auch diese

- führen die Planung so weit fort, dass gebaut werden kann,
- planen eigene und fremde Kapazitäten in Bezug auf Kosten und Termine und
- vergeben Leistungen an Dritte weiter.

Im Fall der **zielorientierten Baudurchführung** gilt das Besprochene ebenso. Hier ist das **ausführende Unternehmen der Auftraggeber** seiner Nachunternehmer.

1.2 Wichtige Verordnungen, Normen, Gesetze und Begriffe

1.2.1 VOB

Die **Vergabe- und Vertragsordnung für Bauleistungen (**VOB**)** wurde geschaffen, um sowohl die Interessen des Bauherrn als auch die Interessen der Fachunternehmer zu regeln. Die VOB besteht aus den drei Teilen: 2

- **VOB/A** Allgemeine Bestimmungen für die Vergabe von Bauleistungen,
- **VOB/B** Allgemeine Vertragsbedingungen für die Ausführung von Bauleistungen und
- **VOB/C** Allgemeine Technische Vertragsbedingungen für Bauleistungen.

Die VOB/B ist in sich ausgewogen, sofern sie **als Ganzes** vereinbart wird. In der Praxis kommen Auftraggeber häufig auf den Gedanken, Regelungen in der VOB, die dem Auftragnehmer entgegenkommen, vertraglich auszuschlie- 3 ßen oder zum Vorteil des Auftraggebers zu verändern. Sie vereinbaren dann nicht mehr die VOB als Ganzes, sondern picken sich sozusagen die Rosinen heraus.

4 ***Hinweis***

Von dieser Vorgehensweise raten die Autoren ab, weil dann zusätzlich zu den vertraglichen Vereinbarungen diejenigen Regelungen der VOB, die nicht ausgeschlossen oder verändert wurden, einer sogenannten Inhaltskontrolle als Allgemeine Geschäftsbedingungen unterliegen. Die Inhaltskontrolle orientiert sich dann an den §§ 305 ff. BGB.

Im Rahmen einer solchen Inhaltskontrolle wird jede Regelung einzeln überprüft, ob diese den anderen Vertragspartner unzumutbar benachteiligt. Liegt dieser Fall vor, ist die Regelung unwirksam.

Beispiel

Gemäß § 16 Abs. 3 Nr. 2 VOB/B schließt die vorbehaltlose Annahme der Schlusszahlung Nachforderungen aus, wenn der Auftragnehmer über die Schlusszahlung schriftlich unterrichtet und auf die Ausschlusswirkung hingewiesen wurde.

Gemäß § 16 Abs. 3 Nr. 5 VOB/B ist ein Vorbehalt innerhalb von 28 Tagen nach Zugang der Mitteilung nach den Nummern 2 und 3 über die Schlusszahlung zu erklären und wird hinfällig, wenn nicht innerhalb von weiteren 28 Tagen eine prüfbare Rechnung über die vorbehaltenen Forderungen eingereicht oder, wenn das nicht möglich ist, der Vorbehalt eingehend begründet wird.

Wegen dieser einschneidenden Folgen ist die Regelung zurückhaltend auszulegen.[1]

Darüber hinaus hält die Klausel, sofern sie durch den Auftraggeber gestellt wurde, nach ständiger Rechtsprechung des BGH einer isolierten Inhaltskontrolle nicht stand.[2]

Der **sicherste Weg** ist es daher, die VOB/B **als Ganzes** in der zum Vertragsschluss geltenden Fassung zu vereinbaren.

5 Wichtig ist, dass die VOB **ausdrücklich** vertraglich vereinbart werden muss. Anderenfalls gilt das BGB-Werkvertragsrecht. Wird die VOB im Bauvertrag ver-

1 BGH, NJW 1987, 2582.
2 BGH, Baurecht 2007, 1404.

einbart, so bezieht sich die Vereinbarung auf die Teile B und C – gemäß § 1 Abs. 1 VOB/B.

Die Vereinbarung der VOB/B mit privaten Bauherren/Verbrauchern ist proble- 6
matisch. Im Wesentlichen ist dies nur möglich, wenn der private Auftraggeber die Einbeziehung der VOB/B von sich aus ausdrücklich wünscht oder aber von einem Architekten/Bauleiter wirksam durch entsprechende Vollmachten vertreten wird.[3]

1.2.2 BGB

Im BGB-Werkvertragsrecht finden sich die gesetzlichen Regelungen in den 7
§§ 631 ff. BGB.

Für die Auftraggeberseite sind von besonderer Bedeutung die 8

- Mängelrechte, die in den §§ 633 ff. BGB geregelt worden sind,
- die Abnahme gemäß § 640 BGB,
- die Fälligkeitsregelungen in § 641 BGB,
- die Mitwirkungsverpflichtungen des Auftraggebers in § 642 BGB und dessen Verantwortlichkeit gemäß § 645 BGB,
- die Kündigungsrechte gemäß den §§ 648 f. BGB sowie dann
- die Sonderregelungen zum Bauvertrag gemäß den §§ 650a ff. BGB und
- zum Verbraucherbauvertrag gemäß den §§ 650i ff. BGB sowie schließlich
- zum Bauträgervertrag gemäß den §§ 650u f. BGB.

Auf einzelne dieser Regelungen wird gesondert eingegangen werden.

BGB-Werkvertragsrecht gilt immer dann, wenn die VOB/B nicht ausdrücklich und wirksam in dem Vertrag vereinbart und einbezogen worden ist.

1.2.3 Gewerk und Leistungsbereich

Während der Bauausführung sind in der Regel unterschiedliche Unternehmen 9
aus den verschiedensten Handwerksberufen tätig, welche traditionell auch **Gewerke** genannt werden. Da der Begriff Gewerk fälschlicherweise auch für planende Berufe bzw. für einzelne Handwerkstätigkeiten gebraucht wird, wird im Folgenden der Begriff ausschließlich als Synonym für die Einteilung der technischen Vertragsbedingungen der VOB/C verwendet.

Den einzelnen Leistungsbereichen sind über die leistungsbereichsübergreifende DIN 18299 hinaus entsprechende Fachnormen (DIN 18300 ff.) zugeord-

3 OLG Köln, Baurecht 2024, 659.

net, in denen fachspezifische Informationen u.a. zu Stoffen, Ausführung und Abrechnung geregelt sind.

1.2.4 HOAI

10 Die Honorarordnung für Architekten und Ingenieure (HOAI) regelt die preisrechtlichen Vorschriften für Honorare für Ingenieur- und Architektenleistungen, sofern diese Leistungen durch die HOAI erfasst sind. Dies folgt aus § 1 HOAI.

Die HOAI ist zum 1.1.2021 geändert worden.

Die gesamten vertraglichen Verpflichtungen der Ingenieure und Architekten regeln sich nach dem Werkvertragsrecht des BGB. Für den Architektenvertrag und den Ingenieurvertrag sind insbesondere dort die Regelungen in den §§ 650p ff. BGB zu berücksichtigen.

Zu beachten ist, dass die vor der Neufassung der HOAI geltende Abrechnung unter Berücksichtigung der früheren Mindest- und Höchstsätze nicht mehr gilt. Vielmehr sind Honorartafeln erstellt worden, die Orientierungswerte abbilden, die an der Art und dem Umfang der Aufgabe sowie an der Leistung ausgerichtet sind gemäß § 2a HOAI. Danach enthalten die Honorartafeln für jeden Leistungsbereich Honorarspannen vom Basishonorarsatz bis zum oberen Honorarsatz, gegliedert nach den einzelnen Honorarzonen und den zugrunde liegenden Ansätzen für Flächen, anrechenbare Kosten oder Verrechnungseinheiten. Dabei ist der Basishonorarsatz der jeweils untere in den Honorartafeln der HOAI enthaltene Honorarsatz gemäß § 2a Abs. 2 HOAI.

11 Wichtig ist auch die Kenntnis des § 7 „Honorarvereinbarung" der HOAI. Dieser lautet wie folgt:

§ 7 Honorarvereinbarung

(1) Das Honorar richtet sich nach der Vereinbarung, die die Vertragsparteien in Textform treffen. Sofern keine Vereinbarung über die Höhe des Honorars in Textform getroffen wurde, gilt für Grundleistungen der jeweilige Basishonorarsatz als vereinbart, der sich bei der Anwendung der Honorargrundlagen in § 6 ergibt.

(2) Der Auftragnehmer hat den Auftraggeber, sofern dieser Verbraucher ist, vor Abgabe von dessen verbindlicher Vertragserklärung zur Honorarvereinbarung in Textform darauf hinzuweisen, dass ein höheres oder niedrigeres Honorar als die in den Honorartafeln dieser Verordnung enthaltenen Werte vereinbart werden kann. Erfolgt der Hinweis nach Satz 1 nicht oder nicht rechtzeitig, gilt für die zwischen den Vertragsparteien vereinbarten Grundleistungen anstelle eines Honorars ein Honorar in Höhe des jeweiligen Basishonorarsatzes als vereinbart.

Für die Fälligkeit des Honorars und von Abschlagszahlungen gilt die Sonderregelung des § 15 HOAI im Zusammenhang mit § 650g Abs. 4 BGB. Danach ist die Vergütung zu entrichten und fällig, wenn der Besteller das Werk abgenommen hat oder die Abnahme gemäß § 641 Abs. 2 BGB entbehrlich ist und der Unternehmer dem Beststeller eine prüffähige Schlussrechnung erteilt hat. 12

Für die Objektplanung von Gebäuden ist auf § 34 HOAI bei der Honorarberechnung zu verweisen, insbesondere auf die dort in § 34 Abs. 3 HOAI aufgeführten Leistungsphasen, die wie folgt lauten: 13

1. für die Leistungsphase 1 (Grundlagenermittlung) mit je 2 % für Gebäude und Innenräume,
2. für die Leistungsphase 2 (Vorplanung) mit je 7 % für Gebäude und Innenräume,
3. für die Leistungsphase 3 (Entwurfsplanung) mit 15 % für Gebäude und Innenräume,
4. für die Leistungsphase 4 (Genehmigungsplanung) mit 3 % für Gebäude und 2 % für Innenräume,
5. für die Leistungsphase 5 (Ausführungsplanung) mit 25 % für Gebäude und 30 % für Innenräume,
6. für die Leistungsphase 6 (Vorbereitung der Vergabe) mit 10 % für Gebäude und 7 % für Innenräume,
7. für die Leistungsphase 7 (Mitwirkung bei der Vergabe) mit 4 % für Gebäude und 3 % für Innenräume,
8. für die Leistungsphase 8 (Objektüberwachung – Bauüberwachung und Dokumentation) mit 32 % für Gebäude und Innenräume,
9. für die Leistungsphase 9 (Objektbetreuung) mit je 2 % für Gebäude und Innenräume.

1.2.5 DIN 276

Die DIN 276 definiert die Kostenplanung im Bauwesen und gibt Kriterien zur Gliederung von Kosten vor, die einen Vergleich von Kostenermittlungen ermöglichen, ohne die Kosten im Einzelnen zu beurteilen.[4] 14

Sie dient lediglich als Gliederungshilfe bei der Kostenermittlung, gibt jedoch keine Berechnungsmethodik vor. Die Kostengliederung der DIN 276 ist in drei Ebenen unterteilt, die jeweils mit einer dreistelligen Zahl gekennzeichnet sind. Je weiter der Planungsprozess fortschreitet und die Detaillierung zunimmt,

4 Vgl. DIN 276, Teil 1, Punkt 1.

desto detaillierter werden auch die Kostenermittlungen. Vgl. hierzu noch ausführlich unter 4.2.1.2 ff.

1.2.6 DIN 18299

15 Die DIN 18299 ist der Teil der VOB/C, der „Allgemeine Regelungen für Bauarbeiten jeder Art" enthält. Hierin sind folgende sechs Abschnitte enthalten:

- **Abschnitt 0** Hinweise zur Erstellung einer Leistungsbeschreibung,
- **Abschnitt 1** Geltungsbereich,
- **Abschnitt 2** Stoffe und Bauteile,
- **Abschnitt 3** Ausführung,
- **Abschnitt 4** Nebenleistungen, Besondere Leistungen und
- **Abschnitt 5** Abrechnung

Diese Unterteilung in sechs Abschnitte findet sich auch in den jeweiligen Fachnormen der einzelnen Leistungsbereiche wieder.

1.3 Vollmachten

16 Sowohl der für den Bauherrn tätige Architekt als auch der für den Auftraggeber arbeitende Bauleiter muss zunächst im Innenverhältnis mit seinem Auftraggeber/Arbeitgeber klären, ob und wenn ja welche Vollmachten er besitzt, die er auf der Baustelle ausüben darf.

Eine Bevollmächtigung, den Bauherrn/Auftraggeber in vollem Umfang zu vertreten, ohne dass dies vertraglich geregelt ist, besteht nicht.[5] Allenfalls im Bereich der tatsächlichen und technischen Feststellungen könnte eine Vertretung auf der Baustelle bejaht werden.

17 Rechtsgeschäftliche Erklärungen darf der Architekt oder der Bauleiter jedoch ohne ausdrücklich erteilte Vollmacht nicht abgeben. Insbesondere darf nicht

- die Vergabe von Zusatzaufträgen oder Änderungsaufträgen[6] erfolgen oder
- der Abschluss von Stundenlohnverträgen,[7]
- die rechtsgeschäftliche Abnahme im Sinne der §§ 640 BGB bzw. 12 VOB/B, soweit sie über die rein technische Abnahme hinausgeht,[8]

---

5 OLG Düsseldorf, Baurecht 2002, 1878.
6 OLG Karlsruhe, IBR 2018, 432.
7 OLG Dresden, IBR 2007, 467.
8 Werner/Pastor, Rn. 1288.

- die Änderung vertraglicher Vereinbarungen durch Bauherr und Bauunternehmer,[9]
- das Anerkennen von Rechnungen des Unternehmers oder der Abschluss von Vergleichen hierüber,
- die Vergabe von Aufträgen an Sonderfachleute oder andere Bauhandwerker,
- der Verzicht auf Gewährleistungsansprüche,
- die Änderung vertraglich vereinbarter Fertigstellungstermine,

um nur einige Beispiele zu nennen.

Demgegenüber können grundsätzlich tatsächliche, technische Feststellungen getroffen werden wie **18**

- die Aufnahme eines gemeinsamen Aufmaßes,[10]
- die Fristsetzungen zur Nacherfüllung,
- die Entgegennahme von Stundenzetteln sowie
- die Prüfung von Ausführungsunterlagen.

Im Zweifel ist jedoch die Vollmacht eng auszulegen, um den Bauherrn vor **19**
rechtsgeschäftlichen Verpflichtungen zu schützen, die nicht eingegangen werden sollten. Folglich ist es die Aufgabe des Architekten oder Bauleiters, klare Vereinbarungen bezüglich seiner Vollmacht zu treffen und dann auch zu prüfen, dass diese in den Verträgen mit den Auftragnehmern präzise aufgeführt werden, um spätere Streitigkeiten zu vermeiden.

Kommt es später zu Streitigkeiten bezüglich des Vollmachtumfanges, können allenfalls noch die Grundsätze der Duldungsvollmacht oder der Anscheinsvollmacht herangezogen werden.[11]

Ohne ausdrückliche Vollmacht des Auftraggebers darf der Bauleiter Aufträge über Änderungs- oder Zusatzleistungen nur in einem Umfang erteilen, der eine in Bezug auf den Gesamtauftrag geringfügige Leistungstiefe hat.

---

9 OLG Hamm, IBR 2011, 687.
10 OLG Oldenburg, OLGR 2003, 440.
11 Werner/Pastor, Rn. 1295 ff.

	Grundsätzlich zulässig	Vollmacht zwingend erforderlich
Technische Abnahmen	X	
Rechtsgeschäftliche Abnahmen		X
Abzeichnung von Stundenzetteln	X	
Vergabe von Stundenlohnarbeiten		X
Annahme Behinderungsanzeige	X	
Annahme Bedenkenanzeige		X
Anerkenntnis von Rechnungen		X
Fristverlängerungen		X
Erteilung von Zusatzaufträgen		X
Mängelrügen aussprechen	X	
Abrechnungen prüfen	X	
Gemeinsames Aufmaß	X	
Beauftragung von Sonderfachleuten		X
Beauftragung von Nachträgen		X
Vertragsabschlüsse		X

1.4 Organisation

1.4.1 Codierung von Unterlagen

20 In der Praxis kommt es häufig zu Änderungen gegenüber der zunächst vorgesehenen Ausführung. Dies bedingt, dass die Ausführungspläne auf dem neuesten Stand gehalten und den Unternehmern und Fachplanern zur Verfügung gestellt werden. Strukturiert man diesen Prozess nicht, geht der Überblick über die Planstände schnell verloren.

21 Jeder Plan ist mit einer eindeutigen und fortlaufenden Kennzeichnung zu versehen. Die Angaben enthalten mindestens

- Planinhalt (z.B. Grundriss EG, Bauabschnitt B),
- Maßstab (z.B. 1:50),
- Plannummer (z.B. B.EG.001),

- Fortlaufender Bearbeitungsindex (z.B. B.EG.001a) und
- Informationen über die seit dem letzten Planstand geänderten Inhalte mit Kürzel des Bearbeiters und Änderungsdatum (z.B. Anschlag der Tür zu Raum 042 geändert; 26.11.2009; TF).

Geänderte Pläne werden an alle betroffenen, weiteren Planer und Auftrag- 22
nehmer verschickt. Die Änderungen sollten auf dem Plan markiert werden, damit die Verwender die Änderung ohne umständlichen Planvergleich erkennen können.

Damit klar ist, wer welche Pläne erhält, legt der Bauleiter zusammen mit den Planern eine Planliefermatrix fest, damit die Versendung der Pläne reibungslos und vollständig funktioniert.

Hierbei sind die mit den Unternehmen vereinbarten, sonst die üblichen Planlieferfristen zu beachten, um das Auftreten hindernder Umstände (vgl. dazu noch 5.4.3) zu vermeiden und auch im Fall von Fehlern in der Planung noch rechtzeitig reagieren zu können.

Um den Versand der Pläne zu dokumentieren, werden Planlisten geführt, die 23
Auskunft darüber geben, welche Pläne existieren, wann welche Änderungen durch wen durchgeführt wurden und wer welche Pläne wann erhalten hat.

Aus Gründen der späteren Belegbarkeit erfolgt der Versand von Plänen stets mit Anschreiben, das in Kopie zu den Akten genommen wird (vgl. Musterschreiben 1).

Hintergrund ist, dass Auftragnehmer nach veralteten Plänen gebaut haben und der Nachweis der Zustellung der aktuellen Planstände durch den Auftraggeber nicht geführt werden konnte.

Wenn Pläne digital auf einem Server zur gemeinsamen Verwendung hochge- 24
laden werden, ist darauf zu achten, dass eine gleichwertige Dokumentation angelegt wird. Dazu gehört mindestens, dass dokumentiert wird, wer wann welchen Plan mit welchen Inhalten hochgeladen hat, ob es eine Planänderung gab, ob die Änderungen kenntlich gemacht worden sind und wer wann welchen Plan heruntergeladen hat. Da die Betroffenen eine Information erhalten müssen, wenn ein Plan hochgeladen wird, ist dies ebenfalls zu dokumentieren.

Von der Übermittlung von Planausschnitten sollte – auch im eigenen Interesse – abgesehen werden, weil diese auf der Baustelle oftmals „untergehen".

Eine Umsetzung ist bereits mit einer Tabellenkalkulation möglich und reicht auch in einem Großteil der Fälle aus.

25 **Musterschreiben 1: Übersendung von Unterlagen**

Auftragnehmer

Musterstraße 12

45654 Musterstadt

25.6.2010

Neubau Altenheim, Residenzstr. 23, 45654 Musterstadt
hier: Übersendung Bauzeichnung

Sehr geehrte Damen und Herren,

anliegend erhalten Sie den Plan EG.001a zu vorbezeichneter Baumaßnahme mit der Bitte um Beachtung.

Der bisherige Plan EG.001 ist nicht mehr gültig.

Mit freundlichen Grüßen

Karl Bauleiter

1.4.2 Dokumente in Papierform

26 Für den Bauleiter ist eine übersichtliche Ordnerstruktur wichtig, weil er bei Problemen die betreffenden Unterlagen in kürzester Zeit finden und ggf. gesammelt mit zur Baustelle nehmen muss.

Daher empfiehlt es sich, für jeden Auftragnehmer einen eigenen Ordner anzulegen, in dem alle Dokumente abgelegt werden. Eine mögliche einheitliche Struktur des Ordners könnte

- Schriftverkehr (Briefe, E-Mails, Faxe),
- Rechnungen (Abschlagsrechnungen bis Schlussrechnung),
- Nachträge (Nachtragsangebote und Beauftragungen)
- Angebot und Auftrag und
- Sonstiges

enthalten.

Um die Vollständigkeit der Akte sicherzustellen, ist zu empfehlen, auch alle elektronisch übermittelten Dokumente ausgedruckt zu archivieren, damit bei Recherchen ein Vorgang schnell und ohne großen Aufwand nachvollzogen werden kann.

1.4.3 Elektronische Dokumente

Während der Baudurchführung fallen zahlreiche Daten an, die elektronisch abgelegt werden. Zunehmend werden auch Schriftstücke digitalisiert, sodass die Bauakte vollständig digital vorhanden ist. Die Strukturierung seiner eigenen Ablage bleibt jedem Bauleiter selbst überlassen. Der Umfang der heutigen Datenmengen erschwert allerdings die Übersicht und erfordert eine strukturierte Arbeitsweise. 27

Um einen schnellen Zugriff auf die Schriftstücke, Tabellen und Pläne eines Bauvorhabens zu gewährleisten, ist eine Ordnerstruktur sinnvoll, die sich an der Organisationsstruktur des Projektes orientiert.

Tipp 28

Zu jedem Auftragnehmer existiert ein Verzeichnis auf dem Server, in dem die zugehörigen Daten abgelegt werden.

Weil auch elektronische Dokumente fortgeschrieben und überarbeitet werden, werden auch die entsprechenden Dateien angepasst und neu gespeichert. Damit die alten Stände nicht verloren gehen und der Stand der Daten rekonstruierbar bleibt, werden die Dateien „versioniert".

Das heißt, dass mit jeder Änderung der entsprechenden Datei eine Neuabspeicherung mit fortlaufender Versionsnummer und Bearbeiterkürzel durchgeführt wird.

Beispiel 29

Kostenermittlung v001fd.xls
Kostenermittlung v002ap.xls
Kostenermittlung v003tk.xls

Im Beispiel wurde die erste Kostenermittlung von Herrn Feuerabend (fd) erstellt. Die weitere Bearbeitung erfolgte durch die Herren Pick (ap) und Köster (tk).

Bei Dokumenten, die einen Datumsbezug haben, wie beispielsweise Schriftstücke, empfiehlt es sich, den Dateinamen das Datum im Format Jahr-Monat-Tag voranzustellen, weil die Dateien dann entsprechend sortiert werden.

30 ***Beispiel***

20091012 Zurückweisung Anzeige hUv001fd.doc
20091124 Abhilfeaufforderung v001fd.doc
20091127 Kündigung v001fd.doc

Die Verwendung von aussagefähigen Dateinamen versteht sich von selbst. Bewährt hat es sich, Ordner für inhaltsgleiche Dokumente anzulegen, also im Ordner „Schriftverkehr" einen Unterordner „Hindernde Umstände", „Mehrkostenanzeigen" etc. Sollten in dem Ordner Dokumente im PDF-Format abgelegt werden, so sind diese als durchsuchbare Versionen abzuspeichern. Das erleichtert es, Dokumente mit der Suchfunktion aufzufinden.

2 Grundlagen der Terminplanung

2.1 Terminplanungsebenen

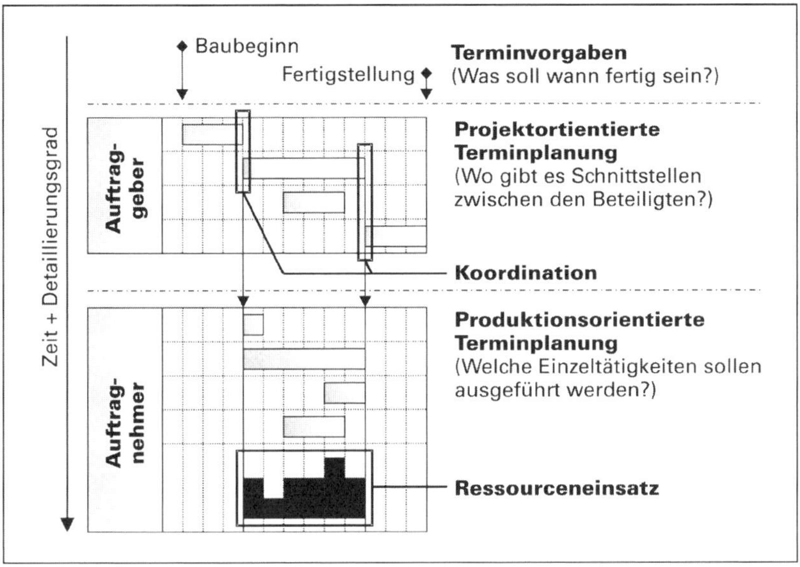

Abbildung 1: Terminplanungsebenen

Im Folgenden werden die Begriffe 31

- **Terminvorgabe**
  (Was soll wann fertig sein?),
- **Projektorientierte Terminplanung**
  (Wo gibt es Schnittstellen zwischen den Beteiligten?) und
- **Produktionsorientierte Terminplanung**
  (Welche Einzeltätigkeiten sollen ausgeführt werden?)

unterschieden (vgl. Abb. 1).

Diese Differenzierung ist notwendig, weil Terminplanungen regelmäßig in mehreren Schritten erstellt werden. Eine Vorgehensweise, die sehr sinnvoll ist, weil: 32

- zu früh detaillierte Terminplanungen in vielen Fällen noch einmal vollständig überarbeitet werden müssen und

- eine Detaillierung der „sehr fernen" Vorgänge im Terminplan noch keine weiteren Erkenntnisse für das aktuelle Tun liefert.

Im Weiteren wird erläutert, wie und wann welche Detaillierungsgrade eingesetzt werden sollten und wie eine Fortschreibung der bisherigen Terminplanung erfolgen kann.

2.1.1 Terminvorgaben

33 Unter **Terminvorgaben** werden zunächst die terminlichen Vorstellungen des Bauherrn verstanden.

Dabei erscheint der Fall „Terminvorgabe" nur auf den ersten Blick einfach zu bearbeiten. Vielmehr ist es Aufgabe des Terminplaners, die Vorgaben des Bauherrn auf ihre Realisierbarkeit hin zu prüfen. In vielen Fällen ist der Bauherr Laie in Bezug auf die Terminplanung von Bauprojekten und hat keine oder falsche Vorstellungen vom konkreten baubetrieblichen Ablauf und von den daraus resultierenden Ausführungsdauern.

Je nach Bauverfahren gilt es, den Ressourceneinsatz so zu optimieren, dass Kosten und Termine in einem ausgewogenen Verhältnis stehen. Diese Optimierung beruht auf einem ausgewogenen Verhältnis der eingesetzten Arbeitskräfte, Geräte und Bauverfahren, sodass sie wirtschaftlich arbeiten.

34 ***Beispiel***

Bei einem Gebäude aus Ortbeton können die Decken mit einem Schalsatz erstellt werden und eine Taktplanung ist möglich.

35 Das Gegenteil zu einem wirtschaftlichen Einsatz sind anfallende (Beschleunigungs-)Kosten für einen erhöhten Ressourceneinsatz (Überstunden, Mehrschichtbetrieb, komplexere Bauverfahren, spezielle Baustoffe etc.) ohne einen entsprechenden Zeitgewinn. Diese zusätzlichen Kosten resultieren in vielen Fällen aus zu kurzen Soll-Ausführungsdauern, die nicht wirtschaftlich realisiert werden können. In der Folge trägt der Bauherr diese unnützen Kosten durch höhere Preise der Unternehmer.

36 ***Beispiel***

Die üblicherweise im Winter eintretenden Witterungsverhältnisse werden nicht im Terminplan berücksichtigt. Der Terminrückstand wird durch – für den Bauherrn kostenintensive – Überstunden abgefangen.

Der Terminplaner ist gut beraten, wenn er Vorstellungen des Bauherrn auf ihre Realisierbarkeit hin untersucht und gegebenenfalls Vorschläge zur Anpassung unterbreitet. Vgl. ausführlich noch unter 2.4.1. 37

2.1.2 Projektorientierte Terminplanung

Die **projektorientierte Terminplanung** richtet ihr Augenmerk auf die Koordination der Projektbeteiligten und wird in der Regel auftraggeberseitig erstellt. 38

Die Feinheit der Untergliederung des Terminplans hängt davon ab, wie viele Abhängigkeiten zwischen den Beteiligten existieren.

Die Erstellung des projektorientierten Terminplans erfolgt in der Regel schon früh durch den zuständigen Projektleiter. Im Weiteren wird die Erstellung und Fortschreibung dieser frühen Terminpläne erläutert, weil in der Praxis in vielen Fällen der spätere Bauleiter bereits hierfür verantwortlich ist.

In Bezug auf die Planung kann beispielsweise ein Bemusterungstermin mit dem Bauherrn notwendig sein, um die Ausschreibungen fertigstellen zu können. Dieser Termin wird in der projektorientierten Terminplanung aufgeführt.

Für die Phase der Baudurchführung werden die Termine in der projektorientierten Terminplanung aufgeführt, die eine „Staffelstabübergabe" zwischen den Projektbeteiligen darstellen, beispielsweise der Termin „Gebäudehülle wetterdicht" als Leistungsende des Gewerks Fassade, der Voraussetzung für die folgenden Gewerke des Innenausbaus ist.

Der projektorientierte Terminplan ist somit mehr als nur eine erste grobe Orientierungshilfe. Der projektorientierte Terminplan gibt den terminlichen Rahmen für die einzelnen Projektbeteiligen vor, also deren Start- und Endtermine. Für den Bauherrn liefert er wichtige Informationen, z.B. in Bezug auf seine Finanzplanung.

2.1.3 Produktionsorientierte Terminplanung

Die **produktionsorientierte Terminplanung** dient dazu, die Ressourcen innerhalb eines aus der projektorientierten Terminplanung vorgegebenen Terminrahmens optimal zu nutzen und wird in der Regel für den Rohbau auftragnehmerseitig erstellt. 39

Im Bereich des Ausbaus werden in der Praxis in den wenigsten Fällen produktionsorientierte Terminpläne erstellt bzw. diese nicht von den Auftragnehmern überreicht. Vielmehr „ordnen" sich die Unternehmer der auftraggeberseitig erstellten Terminplanung unter. Diese durch den Auftraggeber zu stellende Ablaufplanung sollte dann aber mindestens eine räumliche Zuordnung der Ausbaugewerke für bestimmte Zeiträume vorsehen, da es sonst regelmäßig zu Behinderungen zwischen den Gewerken kommt.

Der Detaillierungsgrad wird durch die notwendigen Einzelschritte zur Zielerreichung bestimmt.

Innerhalb des Planungsprozesses ist es ratsam, die Reihenfolge der Erstellung der Ausschreibungen so zu wählen, dass Mengenermittlungen mehrfach genutzt werden können. Die Schnittstelle zwischen den Gewerken ist aus der projektorientierten Planung ersichtlich und muss bei den Ausschreibungen berücksichtigt werden.

40 ***Beispiel***

Es wird erst die Ausschreibung für die Trockenbauarbeiten erstellt, weil dadurch klar ist, welche Mengen an Wandfläche der Maler zu bearbeiten hat. Wenn der Trockenbauer die Wände „malerfertig" herstellt, müssen bei dem Maler keine Spachtel- oder andere Vorarbeiten berücksichtigt werden.

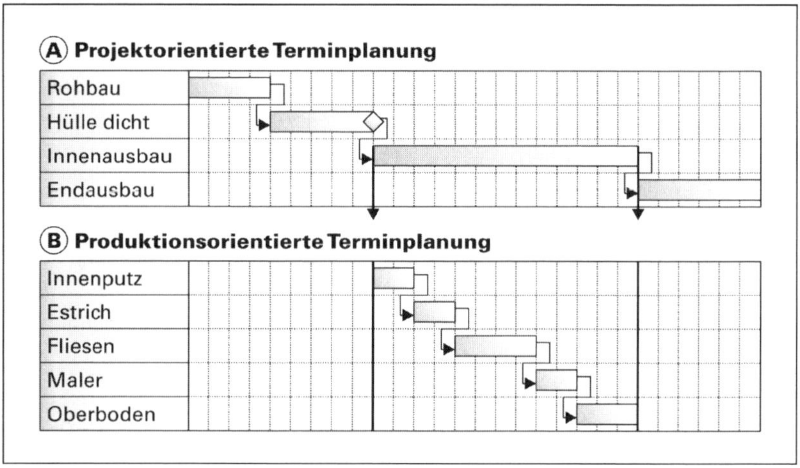

Abbildung 2: Überführung einer projekt- in eine produktionsorientierte Terminplanung

41 Bei der Baudurchführung dient der produktionsorientierte Terminplan zur Einteilung der Ressourcen und ist daher entsprechend fein detailliert. Wichtig ist, dass dem produktionsorientierten Terminplan entnommen werden kann, welches Unternehmen wann, wo und wie tätig ist.

Beispiel 42

Der Polier sieht im produktionsorientierten Terminplan nach, in welchem Bauabschnitt die Maurer heute tätig sein sollen.

Dabei ist zu beachten, dass die Einteilung des Ressourceneinsatzes ausschließlich Sache des Auftragnehmers ist und dass dem Auftraggeber kein Recht zusteht, direkt über die Ressourcen des Auftragnehmers zu verfügen. 43

Aus Sicht des Auftraggebers sind produktionsorientierte Terminpläne unter dem Aspekt einer „üblichen Umsetzbarkeit" zu sehen.

Die Terminplanung auf Auftraggeberseite sollte – um beispielsweise Fragen einer eventuell angeordneten Beschleunigungsanordnung von vornherein aus dem Weg zu gehen – lediglich vorgeben, was wann von wem in welcher Zeit zu erstellen ist.

2.1.4 Überführung der projektorientierten in eine produktionsorientierte Terminplanung

Mit abnehmendem Zeitabstand zur jeweiligen Ausführung wird die projektorientierte Terminplanung in eine produktionsorientierte Terminplanung umgeschrieben. Anders ausgedrückt: Die Vorgänge im projektorientierten Terminplan werden detailliert. 44

Hierzu wird der Terminrahmen des zu Detaillierenden aus dem produktionsorientierten Terminplan entnommen (vgl. Abb. 2, A) und so fortgeschrieben, dass der Terminrahmen weiter eingehalten wird (vgl. Abb. 2, B).

Diese Fortschreibung kann schrittweise, wie in Abb. 2 dargestellt, erfolgen.

Beispiel 45

Der Vorgang „Innenausbau" im projektorientierten Terminplan wird im produktionsorientierten Terminplan in die Vorgänge „Innenputz", „Estrich", „Fliesen", „Maler" und „Oberboden" aufgespalten.

2.2 Darstellungsformen

2.2.1 Grundsätzliches

Wie viele Informationen des täglichen Lebens können auch Termininformationen auf unterschiedliche Weise dargestellt werden. Dieser Abschnitt erklärt, 46 wie die Darstellungsformen zu lesen sind und welche Darstellungsform sich für welchen Zweck am besten eignet.

Terminplanungsprogramme können sämtliche hier vorgestellten Ansichten darstellen und bieten so die Flexibilität, beliebig zwischen den Darstellungsformen hin und her zu wechseln. So kann der Anwender stets die Sicht verwenden, die seinen konkreten Informationsbedürfnissen am besten entspricht. An einem einfachen Beispiel sollte man den Wechsel der Darstellungsformen im Programm testen, da diese Funktion zu Datenverlusten führen kann, zu einer unbrauchbaren Darstellung etc.

Über die nachfolgend besprochenen Darstellungsformen hinaus existieren noch weitere, die hier nicht gesondert erwähnt werden. Für die deutliche Mehrheit der Bauprojekte reichen die hier vorgestellten Darstellungsformen aus.

2.2.2 Balkenplan

47 Die bei Bauprojekten am weitesten verbreitete Darstellungsform ist der **Balkenplan**, in dem jeder Vorgang in einer Zeile dargestellt wird (vgl. Abb. 3, A).

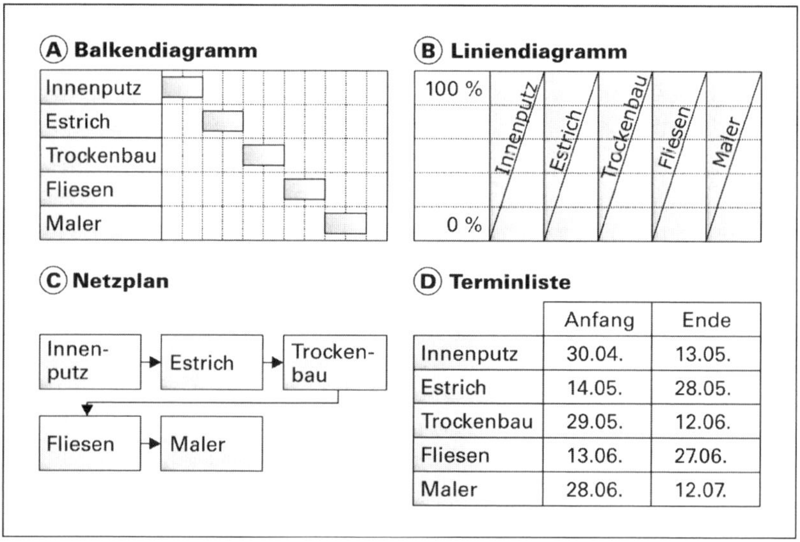

Abbildung 3: Darstellungsformen von Terminplänen

48 Auf der linken Seite werden zu jedem Vorgang typischerweise Informationen wie Dauer, Anfangsdatum und Enddatum angegeben. Auf der rechten Seite wird der Vorgang als Balken über die horizontale Zeitachse grafisch dargestellt.

Auf dem darüber abgebildeten Kalender lassen sich die konkreten Termine ablesen.

Balkenpläne eignen sich sehr gut dazu, festzustellen, was zu einem bestimmten Zeitpunkt ablaufen soll. Zudem geht aus der Anordnung der Balken in vielen Fällen auch die geplante Reihenfolge der Vorgänge hervor.

Ebenso gut können Balkenpläne zur Dokumentation der Ist-Termine dienen, die noch ausführlich besprochen wird.

Wenn es jedoch darum geht, das Beziehungsgeflecht eines komplexen Terminplans zu durchdringen, so ist die unter 2.2.4 beschriebene Darstellungsform als Netzplan besser geeignet.

2.2.3 Liniendiagramm

In einem **Liniendiagramm** werden die Vorgänge in einem Raster aus vertikal dargestelltem Leistungsstand und horizontaler Zeitachse abgebildet (vgl. Abb. 3, B). **49**

Man spricht von einem Weg-/Zeit-Diagramm, wenn der abgebildete Leistungsstand einem Weg entspricht. Diese Darstellung kommt beispielsweise bei Straßen- oder Tunnelbaumaßnahmen zum Einsatz, weil sie für diese Fälle die anschaulichste Form des Terminplans ist.

Im Hochbau kommen hingegen vorwiegend Volumen-/Zeit-Diagramme zum Einsatz, in denen der Leistungsstand der Vorgänge normiert ist. Die Einheit der Leistung ist daher in Prozent angegeben (vgl. Abb. 3, B).

Die Normierung der Darstellung führt dazu, dass die Vorgänge gleichwertig „erscheinen". Das Beziehungsgeflecht der Vorgänge untereinander hingegen kann nur indirekt über die Termine ermittelt werden.

Aufgrund der für viele Beteiligte schwer verständlichen Darstellung kommen Volumen-/Zeit-Diagramme bei Hochbauprojekten nur in seltenen Fällen zum Einsatz, z.B. bei Hochhausbauten.

2.2.4 Netzplan

Der **Netzplan** bildet das Beziehungsgeflecht zwischen den Vorgängen ab. **50**
Dabei werden die Vorgänge selbst in Knotenpunkten dargestellt und die Abhängigkeiten der Vorgänge durch Pfeile visualisiert (vgl. Abb. 3, C).

In den Knotenpunkten werden weitere Informationen zum Vorgang angegeben. Üblicherweise werden in den Knotenpunkten Anfangsdatum, Enddatum und die Dauer des Vorgangs wiedergegeben, sowie der freie Puffer und der Gesamtpuffer. Der Nutzer kann nur die Informationen ausweisen lassen, die seinen jeweiligen Bedürfnissen gerecht werden.

Anwendung findet der Netzplan vor allem dann, wenn es darauf ankommt, die Beziehungen zwischen den Vorgängen schnell zu überblicken oder Angaben über die Pufferzeiten direkt ablesen zu können. Kommt es auf einen Überblick an, welche Vorgänge zu einem bestimmten Zeitpunkt ablaufen, eignet sich eher die Darstellung als Balkenplan.

2.2.5 Terminliste

51 Die einfachste Form der Darstellung ist die Terminliste, die je Vorgang das Anfangs- und Enddatum enthält (vgl. Abb. 3, D).

Die Terminliste bietet den Vorzug, dass sie ohne grafische Elemente auskommt und somit nicht falsch interpretiert werden kann. Zudem kann Sie auf DIN-A4 ausgedruckt werden und ist daher auch für die schriftliche Kommunikation mit den Beteiligten gut geeignet.

Sie wird hauptsächlich eingesetzt, wenn Termine einfach und übersichtlich dargestellt werden sollen und es für den Adressaten nicht auf den Gesamtzusammenhang ankommt, beispielsweise in der Anlage zu einer Ausschreibung.

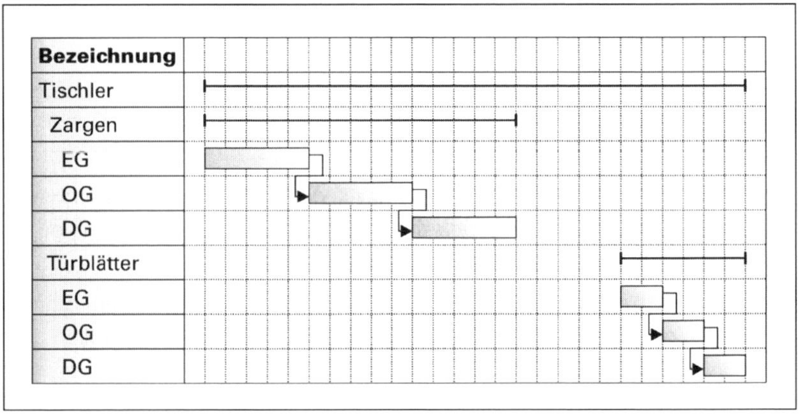

Abbildung 4: Sammelvorgänge im Terminplan

2.3 Begriffe

2.3.1 Vorgang

52 Tätigkeiten werden im Zusammenhang mit Terminplänen als Vorgänge bezeichnet. Ein **Vorgang** ist also die Visualisierung einer einzelnen Tätigkeit im Terminplan. Das ist zum Beispiel im Balkenplan ein Balken, im Netzplan ein Knotenpunkt.

Der Aufsteller des Ablaufplans entscheidet, in welchem Detaillierungsgrad er den Plan anfertigt. Daher kann es sein, dass ein Vorgang mehrere Tätigkeiten enthält. Beispielsweise weist der Balkenplan den Vorgang „Erdarbeiten" aus, der genau genommen mehrere Tätigkeiten enthält, zum Beispiel Abschieben Mutterboden, Aushub erste Lage, Herstellen der Böschung und der Berme, Aushub der zweiten Ebene etc. Im Folgenden wird auch dann von Vorgängen gesprochen, wenn diese sich aus mehreren Tätigkeiten zusammensetzen.

Je enger Terminvorgaben gesteckt werden, desto kleinteiliger wird in der Regel auch das Vorgangsgeflecht, weil durch einen höheren Zeitdruck die Feinheiten immer stärker durchleuchtet werden müssen.

2.3.2 Sammelvorgang

Ein **Sammelvorgang** bildet die „Summe" mehrerer Vorgänge in der Weise 53
ab, dass er mit dem frühesten Vorgang beginnt und mit dem am spätesten endenden Vorgang endet (Vgl. Abb. 4).

In der Terminplanung werden Sammelvorgänge gerne genutzt, um den Terminplan zu gliedern. Sammelvorgänge können auch verschachtelt werden, um eine mehrstufige Hierarchie zu erfassen.

Beispiel 54

Der Sammelvorgang „Tischler" in Abb. 4 setzt sich aus den Sammelvorgängen „Zargen" und „Türblätter" zusammen.

Die Terminplanungsprogramme bieten dem Bauleiter die Möglichkeit, ein- 55
zelne Hierarchieebenen gezielt ein- oder auszublenden, um die Informationsfülle der Darstellung zu verändern. Bei einer sinnvollen Gliederung des Terminplans können so den einzelnen Beteiligten durch Ausblenden der übrigen Sammelvorgänge ihre „eigenen" Terminpläne zur Verfügung gestellt werden, die dann entsprechend übersichtlicher sind.

2.3.3 Meilenstein

Ein Ereignis, das seinem Sinn nach einem Zeitpunkt entspricht, also keine Dauer 56
besitzt, wird im Terminplan durch das Symbol ◇ visualisiert. Man bezeichnet das als Meilenstein.

Meilensteine kennzeichnen im Terminplan regelmäßig besonders wichtige Termine, von denen weitere Vorgänge abhängen.

57 ***Beispiel***

Wichtige Meilensteine der Baudurchführung sind „Baubeginn", „Rohbau fertig", „Gebäudehülle dicht" und „Fertigstellung". Planliefertermine werden auch als Meilensteine abgebildet.

2.3.4 Ressourcen

58 Ressourcen sind Personal und Geräte, die für die Durchführung eines Vorgangs benötigt werden. Oftmals wird der Begriff Kapazitäten synonym verwendet.

Die Kenntnis des Ressourceneinsatzes, der einem Vorgang zugrunde liegt, ist für den Bauleiter während der Bauüberwachung notwendig, um anhand der auf der Baustelle tatsächlich eingesetzten Ressourcen prüfen zu können, ob ein Unternehmer ausreichend Personal und Gerät bereitstellt.

2.4 Terminplanung der Planung

2.4.1 Prüfung der Terminvorgaben des Bauherrn

59 Die primären Terminvorgaben von Bauherren beziehen sich in den meisten Fällen auf den Fertigstellungstermin des Bauprojektes. Es ist verständlich, dass der Bauherr in der Regel ein hohes Interesse an der frühen Nutzung seiner Immobilie hat und dass er daher auch enge Terminvorgaben treffen möchte.

Es ist jedoch von Anfang an zu prüfen, ob die Vorstellungen des Bauherrn nicht nur wirtschaftlich sinnvoll, sondern auch realistisch sind. Hierzu wird eine überschlägige Ermittlung der Bauzeit durchgeführt und rückwärts vom gewünschten Fertigstellungszeitpunkt der notwendige Baubeginn ermittelt. Der verbleibende Zeitraum bis zum ermittelten Baubeginn ist im Hinblick auf ausreichende Vorlaufzeiten zu prüfen (vgl. Abb. 5, oben).

60 Im Zweifelsfall sollte der kritische Weg (vgl. 2.6.1) noch einmal detaillierter untersucht werden. Im Wesentlichen kann im Fall einer unrealistischen Terminvorgabe

- die Bauzeit geändert werden (vgl. 2.4.2.1),
- die Planung beschleunigt werden (vgl. 2.4.2.2) oder
- die Terminvorgabe geändert werden.

2.4.2 Frühe Maßnahmen der Terminsteuerung

In den frühen Phasen eines Bauprojektes ist die Möglichkeit, Termine zu beeinflussen, am größten, weil noch Eingriffsmöglichkeiten vorhanden sind, die sich stark auf die Terminplanung auswirken. 61

In den folgenden Kapiteln wird exemplarisch dargestellt, welche Möglichkeiten der Terminsteuerung vorhanden sind und wie der Bauleiter diese für sich nutzen kann.

Beispiel 62

Schon in einem frühen Planungsstadium wird klar, dass eine Baudurchführung in Ortbetonbauweise zu lange dauern würde. Es wird daher der Einsatz von Fertigteilen eingeplant.

2.4.2.1 Reduktion der Bauzeit

Die Dauer der Baudurchführung wird maßgeblich durch die Bauverfahren und die Fertigungsmengen bestimmt. 63

Liegen keine eigenen Erfahrungswerte zu den Ausführungsdauern bestimmter Bauverfahren vor, so empfiehlt sich zunächst der Blick in einschlägige Baubetriebsbücher, welche Leistungs- oder Aufwandswerte für Tätigkeiten enthalten. Ergänzend kann ein Anruf bei einem Fachvertreter der Baustoffindustrie, bei Geräteherstellern oder bei einem ausführenden Unternehmen hilfreich sein. Bei seinen Gesprächen sollte der Bauleiter stets auch die Baukosten im Blick haben und auch diese Annahmen mitdiskutieren.

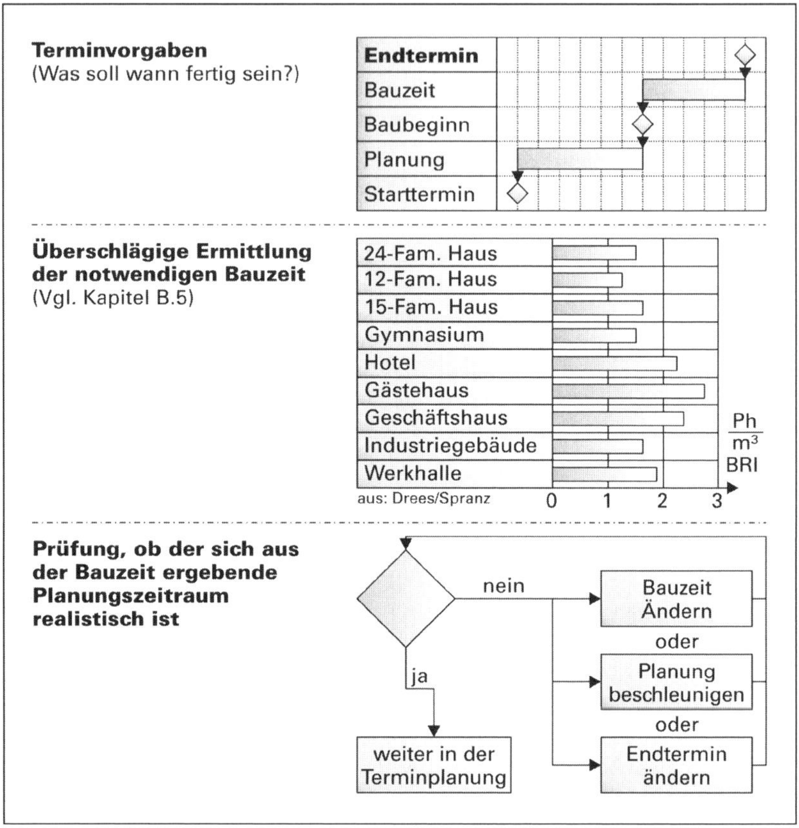

Abbildung 5: Prüfung von bauherrenseitigen Terminvorgaben

64 Eine Möglichkeit, die Ausführungsdauer zu reduzieren, besteht darin, die Menge der eingesetzten Ressourcen zu erhöhen, beispielsweise durch die Aufteilung in Teillose und die Beauftragung mehrerer Auftragnehmer für die Fliesenarbeiten.

Damit dann aber der Bauablauf frei von Störungen bleibt und funktionieren kann, ist eine entsprechend detaillierte räumliche Einteilung der Bauabschnitte notwendig, die einen erhöhten Koordinationsaufwand für den Bauleiter zur Folge hat.

Schließlich ist zu klären, ob mit Inbetriebnahme der Immobilie sämtliche Teile voll zur Verfügung stehen müssen oder bestimmte Tätigkeiten noch angehängt werden können, sodass sich der Bauablauf „entspannt" oder Pufferzeiten zur Verfügung stehen.

Beispiel 65

Der Bauherr möchte bei seinem Altenwohnheim zum Zeitpunkt der Inbetriebnahme zunächst nur eine Etage belegen. Die Belegung der weiteren Etagen erfolgt monatsweise.

Solche Überlegungen sollte der Bauleiter schon früh mit dem Bauherrn auch in den Fällen besprechen, in denen die Einhaltung der Termine zunächst problemlos möglich erscheint. Entstehen dann später Terminprobleme, kann der Bauleiter auf seine Überlegungen zurückgreifen und Vorschläge erarbeiten. 66

2.4.2.2 Beschleunigung des Planungsprozesses

Inwieweit der Planungsprozess beschleunigt werden kann, ist nur im Dialog mit den an der Planung Beteiligten zu klären. 67

Als Diskussionsbasis empfiehlt sich die Auflistung der zu erarbeitenden Ergebnisse und der zwischen den Ergebnissen vorhandenen Abhängigkeiten. Nur so kann festgestellt werden, wer wann welche Ergebnisse in welchen Bearbeitungszeiträumen zu erarbeiten hat.

Dabei sollte man stets im Blick haben, dass für einzelne Tätigkeiten nicht die „druckreifen" Fassungen der Endergebnisse notwendig sind. Meist reichen den Planern bereits Festlegungen des vorhergehenden Planers, um ihre eigene, darauf aufbauende Planung zumindest beginnen zu können.

Beispiel 68

Der Fachplaner Elektro benötigt keine fertige Statik, sondern nur die räumlichen Daten des Gebäudes.

2.4.3 Ermittlung des Planungsgeflechtes

Der auftraggeberseitige Bauleiter kann einige Vorgänge nur mittelbar beeinflussen, weil er von **weiteren Projektbeteiligten** begleitet wird, die für ihre Fachgebiete verantwortlich sind. So werden schon bei kleineren Projekten Fachingenieure hinzugezogen, die dann auch die Baudurchführung „ihrer" Handwerker kontrollieren. 69

Es ist dabei Aufgabe des Projektleiters, mit diesen Beteiligten in vertrauensvoller Zusammenarbeit ein **abgestimmtes Termingerüst** in Form eines projektorientierten Terminplans zu erarbeiten.

In diesem sollte festgehalten werden, wann welche Ergebnisse der Beteiligten zur Prüfung vorgelegt werden. Diese Vorgehensweise hat nichts mit Kontrolle von Kollegen zu tun, sondern dient dem Bauleiter dazu sicherzustellen, dass:

- die zugesagten Termine eingehalten werden und
- die vorgelegten Ergebnisse den Anforderungen entsprechen.

Im eigenen Interesse empfiehlt sich für den Projektleiter ein Hinweis an den Betroffenen auf den anstehenden Termin, der mindestens eine Woche vor Fristablauf erfolgen sollte.

70 ***Beispiel***

... Gemäß dem mit Ihnen abgestimmten projektorientierten Terminplan wollen Sie am 23. September die Ergebnisse Ihrer Vergaben vorlegen.

In diesem Zusammenhang möchte ich Sie bereits freundlich um einen Terminvorschlag bitten. Gegebenenfalls können Sie mir bereits erste Ergebnisse übermitteln ...

71 In den Fällen, in denen die Termine nicht gehalten werden können oder die Ergebnisse nicht zufriedenstellend sind, besteht eine frühere Möglichkeit gegenzusteuern.

72 ***Checkliste***

- *Kenne ich alle an der Planung Beteiligten?*
- *Weiß ich, wer welche Ergebnisse erarbeiten soll?*
- *Kenne ich die Ergebnisse, die für die Baudurchführung und ihre Vorbereitung notwendig sind?*
- *Kenne ich die Abhängigkeiten der Ergebnisse untereinander?*
- *Kenne ich den Inhalt der Baugenehmigung, etwaiger Zuwendungsbescheide oder sonstiger wichtiger Unterlagen?*

73 Oftmals ist den Beteiligten gar nicht klar, welche Auswirkungen eine Terminverzögerung in ihrem Bereich auf den Gesamtablauf des Bauprojektes hat. Hier empfiehlt es sich, den Projektbeteiligen aufzuzeigen, welche Wichtigkeit ihre Ergebnisse für die übrigen Beteiligten haben.

2.4.4 Ankoppeln der Baudurchführung

Wie die Baudurchführungstermine mit den Terminen der Bauplanung verwoben werden können, wird noch ausführlich besprochen. 74

2.5 Terminplanung der Baudurchführung

2.5.1 Überschlägige Ermittlung der Bauzeit

Im frühen Stadium der Terminplanung stellt sich die Frage nach der **Bauzeit**. 75
Dabei ist zu diesem Zeitpunkt noch keine detaillierte Terminplanung notwendig, sondern zunächst eine „erste Hausnummer" in Bezug auf die Ausführungsdauer.

Sofern der Bauleiter die Dauer der Baudurchführung nicht aufgrund seiner Berufserfahrung abschätzen kann, stehen für die verschiedenen Gebäudetypen grobe Kennwerte in Bezug auf den Aufwand zur Erstellung des Rohbaus als Hilfsmittel zur Verfügung. Die Kennwerte in Abb. 5, Mitte, aus Drees/Spranz geben den Verbrauch an Personenstunden pro Kubikmeter BRI[12] für konventionelle Bauverfahren an.

Mit Hilfe dieser Kennwerte kann errechnet werden:

a) wie viel Personal für die Erstellung des Rohbaus bei vorgegebener Bauzeit erforderlich ist oder

b) welche Bauzeit bei vorgegebener Anzahl Arbeitskräfte zu erwarten ist.

zu a) Ermittlung der erforderlichen Anzahl Arbeitskräfte

Zunächst ist die Anzahl der erforderlichen Personenstunden (Ph) über den Kennwert und den BRI des Bauprojektes zu ermitteln. Aus der Division durch die vorgesehene Bauzeit ergibt sich die Anzahl der erforderlichen Arbeitskräfte. 76

Es leuchtet ein, dass mit Hilfe dieses Verfahrens keine exakte Aussage zur tatsächlich notwendigen Anzahl der Arbeitskräfte gemacht werden kann; vielmehr dient es dazu, eine ungefähre Vorstellung davon zu bekommen, welcher Aufwand mit der Erstellung des Rohbaus verbunden ist und ob die ermittelten Kapazitäten realistisch sind.

12 Bruttorauminhalt nach DIN 277.

77 ***Beispiel***

Für ein Hotel mit einem Rauminhalt von 7.500 m³ BRI sind im Schnitt 2,2 Ph/m³ BRI erforderlich (vgl. Abb. 5, Mitte),[13] also 16.500 Ph.

Sieht man eine Bauzeit von fünf Monaten (20 Wochen) vor, so können in dieser Zeit pro Arbeitskraft 800 Ph (20 Wochen × 5 Tage pro Woche × 8 Personenstunden pro Tag) erbracht werden.

Es sind also etwa 21 Arbeitskräfte (16.500 Ph/800 Ph pro Arbeitskraft) erforderlich.

zu b) Ermittlung der Bauzeit bei vorgegebener Anzahl Arbeitskräfte

78 Kann abgesehen werden, welche Anzahl von Arbeitskräften realistisch auf der Baustelle eingesetzt werden kann, so kann die Berechnung der Bauzeit des Rohbaus direkt ermittelt werden.

79 ***Beispiel***

Für ein 12-Familien-Haus mit einem Rauminhalt von 5.000 m³ BRI sind im Schnitt 1,3 Ph/m³ BRI erforderlich (vgl. Abb. 5, Mitte), also 6.500 Ph.

Sieht man eine Anzahl von 15 Arbeitskräften als realistisch an und kann eine Arbeitskraft pro Tag acht Stunden arbeiten, so ergibt sich die Bauzeit als 6.500 Ph/(8 Ph pro Arbeitskraft und Tag × 15 Arbeitskräfte) zu ca. 55 Tagen. Das entspricht einer Bauzeit von ca. drei Monaten.

Deutung der Ergebnisse

80 Das zuvor beschriebene Verfahren bietet naturgemäß nur einen ersten Anhaltswert für die Abschätzung der Dauer des Vorgangs „Rohbau" in der projektorientierten Terminplanung.

Falls die erste Abschätzung den bisherigen Annahmen deutlich widerspricht, muss eine nähere Untersuchung durch die Fortschreibung in Richtung einer produktionsorientierten Terminplanung erfolgen.

Bestätigt die nähere Untersuchung ebenfalls Differenzen zu den bisherigen Annahmen, so können ggf. die unter 2.4.2 besprochenen Maßnahmen greifen.

13 Datenquelle: Drees/Spranz.

2.5.2 Ermittlung der Vorgänge (Vorgangplanung)

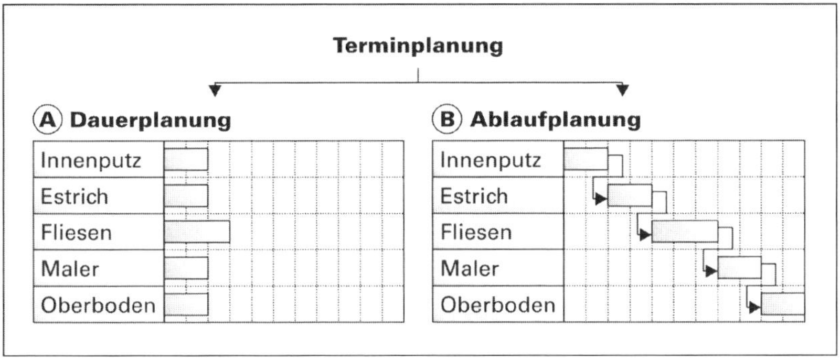

Abbildung 6: Schematische Darstellung von Vorgang- und Ablaufplanung

Im Folgenden wird die Terminplanung in: **81**

- die Vorgangplanung, in der die Vorgänge und ihre Dauern ermittelt werden, und
- die Ablaufplanung, die die Verknüpfungen herstellt und so den „Ablauf" generiert,

unterteilt (vgl. Abb. 6).

Die **Vorgangplanung** befasst sich mit der Frage, welche Vorgänge der Planung oder Baudurchführung bedeutsam sind und welche Dauer die Vorgänge haben.

Die **Ablaufplanung** beschäftigt sich mit der Reihenfolge und den Abhängigkeiten zwischen den Vorgängen und geht der Frage nach, wie die zahlreichen Vorgänge eines Terminplans in einen optimalen Ablauf gebracht werden können, und ermittelt so schließlich auch die Beginn- und Endtermine der einzelnen Vorgänge.

Die Vorgangplanung wird unter 2.5.2 besprochen; die Ablaufplanung unter 2.5.3.

2.5.2.1 Bauabschnitte

Als **Bauabschnitt** wird der kleinste Bereich eines Gebäudes bezeichnet, der im Terminplan gesondert ausgewiesen ist. **82**

Bei der Baudurchführung ist es sinnvoll, ein **paralleles Arbeiten** der ausführenden Unternehmen zu ermöglichen, **ohne dass diese in einem gemeinsamen Bauabschnitt arbeiten**. Das kann beispielsweise durch Teilung eines größeren Abschnitts in zwei kleinere Abschnitte erfolgen, in denen die ausführenden Unternehmen getrennt voneinander arbeiten können.

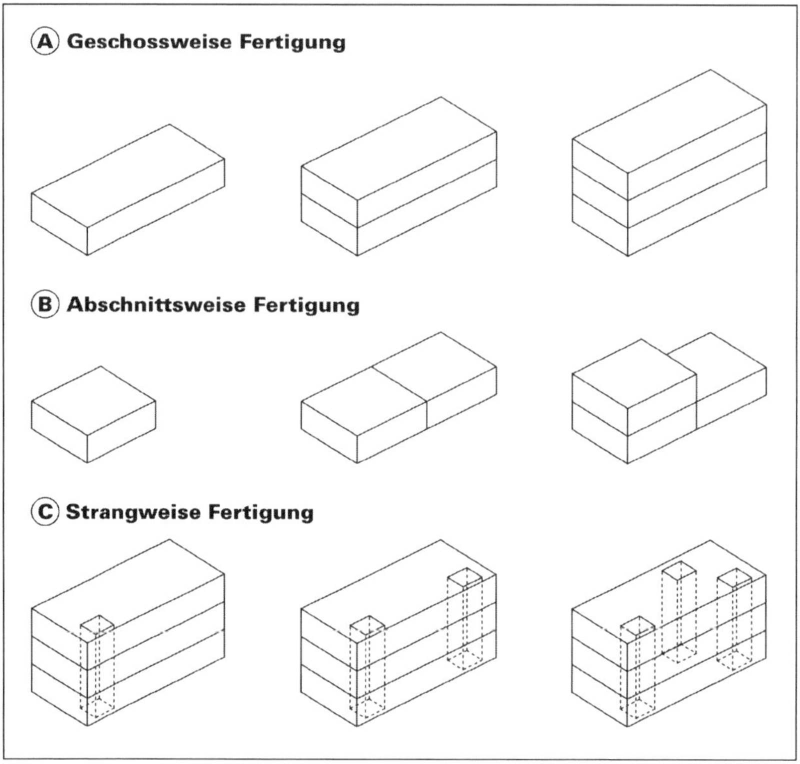

Abbildung 7: Einteilungsmöglichkeiten von Bauabschnitten

83 Durch ein räumlich getrenntes Arbeiten der Unternehmen kann sichergestellt werden:

- dass sich die Unternehmen nicht wechselseitig hindern und
- dass Beschädigungen, Verunreinigungen oder Ähnliches einem Unternehmen zweifelsfrei zugeordnet werden können.

In der Terminplanung gilt daher für das Optimum der Grundsatz: Ein Abschnitt – ein Unternehmen.

Einer Einteilung der **Bauabschnitte** hat zunächst die Überlegung voranzugehen, welcher Teil der Baudurchführung:

- geschossweise,
- abschnittsweise oder
- strangweise

erfolgen soll (vgl. Abb. 7).

Eine **geschossweise Fertigung** kommt vor allem bei kleineren und mittleren Projekten in Betracht, weil die kleinste Einteilung der Terminplanung das Geschoss ist. Ein Vorteil der geschossweisen Fertigung besteht darin, dass innerhalb eines Geschosses i.d.R. genug Ausweichmöglichkeiten vorhanden sind, die für Umstellungen genutzt werden können, wenn es zu Störungen kommt (vgl. Abb. 7, A). **84**

Eine **abschnittsweise Fertigung** teilt das Gebäude – zusätzlich zur Unterteilung in Geschosse – in Abschnitte auf (vgl. Abb. 7, B). Die zusätzliche Unterteilung hat für die Terminplanung im Wesentlichen zwei Konsequenzen: **85**

- Die Terminplanung wird umfangreicher, weil die Anzahl der Vorgänge des Terminplans mit zunehmender Anzahl der Bauabschnitte zunimmt.
- Die Dauer der Baudurchführung wird reduziert, weil durch die zunehmende Unterteilung eine größere Überlappung erreicht werden kann.

Bei der Einteilung der Bauabschnitte ist zu bedenken, welcher Detaillierungsgrad erforderlich ist. Auf der einen Seite führt eine zusätzliche Unterteilung zu einer Verkürzung der Bauzeit; auf der anderen Seite zu einem erhöhten Bauleitungsaufwand zur Sicherstellung der Einhaltung der Termine. **86**

Damit die verschiedenen Vorgänge im Zuge der Ablaufplanung besser koordiniert werden können, sollte zudem darauf geachtet werden, dass die Fertigungsmengen der einzelnen Abschnitte ungefähr gleich groß sind. Sollte es sich um Vorgänge verschiedener Gewerke handeln, ist ein Vergleich der Fertigungsmengen nicht sinnvoll. Dann muss die Ausführungsdauer für die jeweiligen Fertigungsmengen herangezogen werden. Damit kann sichergestellt werden, dass ein nachfolgendes Gewerk nicht das vorhergehende Gewerk überholt.

Die **strangweise Fertigung** ist vornehmlich bei den haustechnischen Leistungsbereichen anzutreffen, weil diese ihre Leitungen zunächst vertikal strangweise montieren (vgl. Abb. 7, C). **87**

Für den Bauleiter besteht die Schwierigkeit darin, die verschiedenen Einteilungen so zu kombinieren, dass die Kompatibilität weiter gewährleistet ist.

88 ***Beispiel***

Damit die Installation eines Strangs der Haustechnik erfolgen kann, müssen sämtliche Abschnitte, die an dem Strang liegen, entsprechend weit vorangeschritten sein.

Zuletzt ist durch den Bauleiter zu bedenken, dass die vorgesehene Einteilung des Gebäudes von den ausführenden Unternehmen nachvollzogen werden muss.

89 Die Bezeichnung der Bauabschnitte sollte daher so einfach wie möglich gewählt werden. Kommen verschiedene Gliederungsarten bei einer Baumaßnahme zum Einsatz, so ist zudem auf eine gute Unterscheidbarkeit der Bezeichnungen zu achten, um ein versehentliches Arbeiten in falschen Bereichen zu verhindern.

90 ***Beispiel***

Der Bauleiter bezeichnet die Abschnitte der abschnittsweisen Fertigung mit A, B und C, die Abschnitte der strangweisen Fertigung jedoch mit 1, 2 und 3.

2.5.2.2 Vorgänge bestimmen

91 Die Ermittlung und Aufteilung der Vorgänge, die in einen Terminplan aufzunehmen sind, erfolgen durch den Terminplaner oft in der Weise, dass er den Bauablauf antizipiert und die ihm dabei „einfallenden" Vorgänge in die Terminplanung aufnimmt.

92 Diese Vorgehensweise hat den Nachteil, dass:

- wichtige Vorgänge übersehen werden können und
- unbedeutend erscheinende Vorgänge erst gar nicht ihren Weg in die Terminplanung finden.

Es ist daher sehr zu empfehlen, die Bestimmung der Vorgänge systematisch und nachvollziehbar vorzunehmen.

Als Basis für die Ermittlung der während der Baudurchführung anfallenden Vorgänge bietet sich die **ausführungsorientierte Baubeschreibung** an, die noch ausführlich beschrieben wird und so neben der Kostenermittlung, der Ausschreibung und der Abrechnung noch einen weiteren Anwendungsbereich findet.

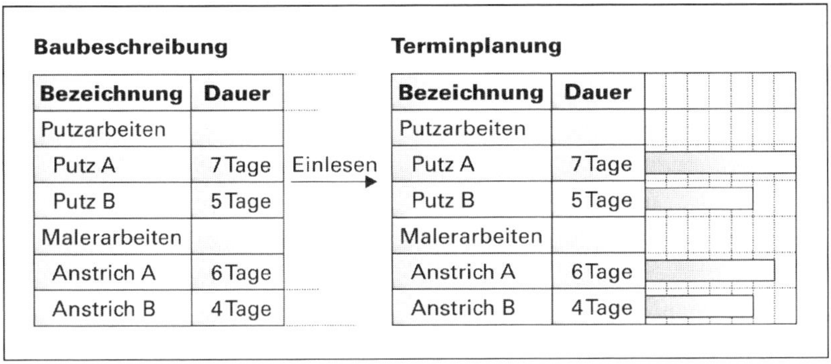

Abbildung 8: Übernahme der Bauelemente der Baubeschreibung in die Terminplanung

Die ausführungsorientierte Baubeschreibung enthält sämtliche Bauelemente, aus denen sich ein Bauprojekt zusammensetzt, und ist bereits systematisch strukturiert. **93**

Die im Folgenden beschriebene Berechnung der Vorgangsdauern kann durch den Einsatz einer Tabellenkalkulation komfortabel innerhalb der Baubeschreibung erfolgen.

Aufgrund ihrer Tabellenstruktur kann die Baubeschreibung sogar direkt in eine Vielzahl der Terminplanungsprogramme eingelesen werden. Der Bauleiter hat so bereits eine erste Basis für den Terminplan (vgl. Abb. 8): die erste Planung der Vorgangsdauern.

Der Bauleiter kann diese Basis durch das Zusammenfassen von Bauelementen bzw. durch Weglassen derjenigen Bauelemente, die keine terminliche Relevanz besitzen, fortschreiben.

Dabei ist für jedes Bauelement zu prüfen: **94**

- ob seine Aufnahme in den Terminplan notwendig ist,
- ob gegebenenfalls die Ausführung mit weiteren Bauelementen zusammenfallen kann oder
- ob die Ausführung in mehreren Schritten erfolgen muss.

95 ***Beispiel***

Die verschiedenen Typen von Trockenbauwänden werden im Terminplan zum Vorgang „Trockenbauwände" zusammengefasst, der in die Vorgänge „Beplankung 1. Seite" und „Beplankung 2. Seite" aufgespalten wird, um den Einbau der Haustechnik in die Wände zu ermöglichen.

96 Aus Sicht des Auftraggebers bietet sich für die Terminplanung der Baudurchführung folgende **Hierarchie** an:

- **Vergabeeinheit,**
  die ausgewiesen werden sollte, um die notwendigen Vorlaufzeiten für den Planungs- und Ausschreibungsprozess ankoppeln zu können,
- **Leistungsbereich,**
  der dargestellt werden sollte, um den ausführenden Unternehmen einen „eigenen" Terminplan für ihre Leistungen übermitteln zu können,
- **Bauelement,**
  das als Hierarchieebene dienen sollte, damit klar ist, was zu einem bestimmten Zeitpunkt zu erbringen ist, und
- **Bauabschnitt,**
  der angibt, wo ein ausführendes Unternehmen seine Leistung erbringen soll.

97 In der Praxis kommen auch andere Gliederungen zum Einsatz, die für den jeweiligen Einzelfall möglicherweise besser geeignet sind. Der Bauleiter sollte jedoch schon beim Anlegen der ersten Struktur bedenken, welche Gliederung für das Bauvorhaben am besten geeignet ist.

Eine Terminplanung, die in ihrer Struktur kompatibel zu den restlichen Informationen ist, kann auch als Basis für weitere Erkenntnisse genutzt werden; beispielsweise für die Mittelbedarfsplanung. Bei der vorgeschlagenen Struktur und Vorgehensweise können jedem Vorgang (Bauelement) die Kosten aus der Kostenermittlung zugewiesen werden.

98 ***Beispiel***

Aus dem Terminplan können die Ausführungstermine für die Baudurchführung direkt abgelesen werden. Der Terminplan kann daher ohne Weiteres auch für den Ausschreibungsprozess oder die Liquiditätsplanung genutzt werden.

2.5.2.3 Bauverfahren

Als **Bauverfahren** bezeichnet man den Herstellprozess, der zur Erstellung eines Bauelementes ausgeführt werden muss. Bei den Rohbauarbeiten sind Bauverfahren beispielsweise Ortbeton-, Teilfertigteil- und Fertigteilbauweise. 99

Der Wahl der Bauverfahren kommt in Bezug auf die Terminplanung eine große Bedeutung zu, weil die Geschwindigkeit der Baudurchführung wesentlich von den Bauverfahren abhängt.

2.5.2.4 Aufwandswert

Ein **Aufwandswert** gibt den zeitlichen Aufwand zur Erstellung pro Mengeneinheit an. Üblicherweise wird der Aufwandswert in Personenstunden pro Einheit ermittelt. 100

Die Formel zur Ermittlung des Aufwandswerts lautet:

$$\text{Aufwandswert AW} = \frac{\text{Anzahl der Personenstunden Ph}}{\text{ausgeführte Menge M}}$$

Aufwandswerte werden ermittelt, um Baustellen mit unterschiedlichen Personalstärken miteinander vergleichen zu können. Innerhalb gewisser Grenzen kann man davon ausgehen, dass die Leistung zur Anzahl der eingesetzten Ressourcen proportional ist (vgl. 2.3.4).

Bauleiter der Auftragnehmer ermitteln beispielsweise zu Kontrollzwecken den Ist-Aufwandswert einer Baustelle und können an diesem – im Vergleich mit dem Soll-Aufwandswert aus der Kalkulation – erkennen, ob die Baudurchführung wie geplant läuft.

Bei der Verwendung von Aufwandswerten kommt es darauf an, den Aufwandswert zu verwenden, der für das vorgesehene Bauverfahren ermittelt worden ist. Verwendet man zum Beispiel einen Aufwandswert für das Betonieren von Stützen, muss man unterscheiden, ob mit Kran, mit Kübel oder mit Pumpe betoniert wird.

In Anbetracht der in einem Aufwandswert enthaltenen „Toleranzen" (Größe der Baustelle, ungestörter Bauablauf, Fähigkeiten der Mitarbeiter und Qualität der Baustoffe etc.) kommt der Wahl eines geeigneten Aufwandes eine wesentliche Bedeutung zu – der Ausgleich eines Fehlers im Aufwandswert ist auch durch eine noch so akribische Ermittlung der Fertigungsmengen[14] nicht wettzumachen.

14 Vgl. 2.5.2.7.

101 ***Beispiel***

Der Aufwandswert für Deckenschalungen variiert je nach Schalungstyp und Einsatzhäufigkeit zwischen 0,5 und 1,5 Ph/m². Die Verwendung des falschen Aufwandswerts kann möglicherweise erhebliche Abweichungen in der Terminplanung nach sich ziehen.

Eine Liste einiger wesentlicher Aufwandswerte findet sich im Anhang.

2.5.2.5 Leistungswert

102 Ein **Leistungswert** gibt die Leistung von Ressourcen je Zeiteinheit an und findet im Bauwesen hauptsächlich in Bezug auf Geräte Anwendung. Es handelt sich schlicht um den Kehrwert des Aufwandswertes.

Die Formel zur Ermittlung des Leistungswertes lautet:

$$\text{Leistungswert LW} = \frac{\text{ausgeführte Menge M}}{\text{Zeiteinheit [h]}}$$

Im Gegensatz zu Aufwandswerten werden Leistungswerte vornehmlich dann eingesetzt, wenn die Leistung nicht von der Anzahl des eingesetzten Personals, sondern von der Leistungsfähigkeit eines Gerätes abhängt.

2.5.2.6 Kolonnengrößen

103 Viele Tätigkeiten in der Baudurchführung können nicht von einer einzelnen Person durchgeführt werden, weil die Bauverfahren auf eine bestimmte Anzahl von Arbeitskräften zugeschnitten sind. Andererseits werden für Tätigkeiten mehrere Arbeitskräfte an einem Ort eingesetzt, da es schneller geht. Eine Anzahl von Arbeitnehmern, die gemeinsam in einer Gruppe tätig sind, bezeichnet man als Kolonne.

Um beurteilen zu können, wie lange die Ausführung eines Vorgangs dauern wird, benötigt der Bauleiter eine Vorstellung von der Kolonnengröße, die er bei einem Vorgang ansetzen kann.

Für bestimmte Tätigkeiten haben sich in der Praxis bestimmte Kolonnengrößen als sinnvoll erwiesen. Diese Kolonnengrößen werden i.d.R. auch von den Auftragnehmern eingesetzt.

Leistungsbereich	Kolonnengröße
Trockenbauarbeiten	4
Putzarbeiten	3
Estricharbeiten	3
Fliesenarbeiten	2
Malerarbeiten	4
Bodenbelagsarbeiten	2

Abbildung 9: Typische Kolonnengrößen verschiedener Leistungsbereiche

Für einige Leistungsbereiche des Ausbaus sind typische Kolonnengrößen in Abb. 9 angegeben. **104**

Auch in Verhandlungen mit Bietern oder Auftragnehmern ist die Kenntnis der zur Termineinhaltung notwendigen Ressourcen ein Diskussionspunkt, auf den noch ausführlich eingegangen wird.

2.5.2.7 Fertigungsmenge

Die **Fertigungsmenge** ist die Menge, die bei der Erstellung eines Vorgangs erzeugt oder bearbeitet wird. **105**

Weil die kleinste hier vorgestellte Unterteilung des Terminplans der Bauabschnitt ist, wird in dieser Darstellung davon ausgegangen, dass sich die jeweilige Fertigungsmenge als Menge pro Abschnitt ergibt.

Bei der Mengenermittlung ist darauf zu achten, welche Mengenermittlungsparameter den verwendeten Aufwands- oder Leistungswerten zugrunde lagen.

Wurden die Kennwerte auf Basis von abgerechneten Mengen ermittelt, so liegen regelmäßig die Mengenermittlungsparameter der VOB/C zugrunde; wurden die Werte jedoch anders ermittelt – beispielsweise durch Kalkulation in Bezug auf einen m² Wandanstrich –, so ist dies bei der Mengenermittlung zu beachten, um die Ergebnisse realistisch zu halten.

Beispiel **106**

Der Aufwandswert für den Wandanstrich wurde auf Basis abgerechneter Projekte ermittelt. Öffnungen bis 2,5 m² sind nach VOB/C daher zu übermessen.[15]

15 Vgl. DIN 18363, Punkt 5.2.1.1.

2.5.2.8 Vorgangsdauern bestimmen

107 Die Dauer eines Vorgangs ergibt sich wie folgt:

$$\text{Dauer D} = \frac{\text{Aufwandswert AW} \times \text{Fertigungsmenge M}}{\text{Anzahl Arbeitskräfte AK} \times \text{Tägliche Arbeitszeit TA}}$$

Die **Anzahl der Arbeitskräfte** sollte in der auftraggeberseitigen Terminplanung den üblichen Kolonnengrößen des jeweiligen Leistungsbereiches entsprechen.

Die **tägliche** Arbeitszeit kann in Deutschland mit acht Stunden angenommen werden bei fünf Arbeitstagen je Woche.

108 Es empfiehlt sich, die der Dauer eines Vorgangs zugrunde liegenden Annahmen zu dokumentieren, um auf Basis dieser Dokumentation:

- Vergabegespräche in Bezug auf die Termine fundiert führen zu können und
- während der Baudurchführung prüfen zu können, ob die eingesetzten Ressourcen den Annahmen der Terminplanung entsprechen.

Bei der Berechnung der Vorgangsdauern unterscheidet sich der Blick des auftraggeberseitigen Bauleiters jedoch grundlegend von dem des Bauleiters des Auftragnehmers.

So ist es für die Steuerung der Beteiligten nicht erforderlich, jede Tätigkeit einzeln auszuweisen. Vielmehr reicht es in vielen Fällen aus, die Gesamtdauer bis zur Fertigstellung der Leistung zu kennen.

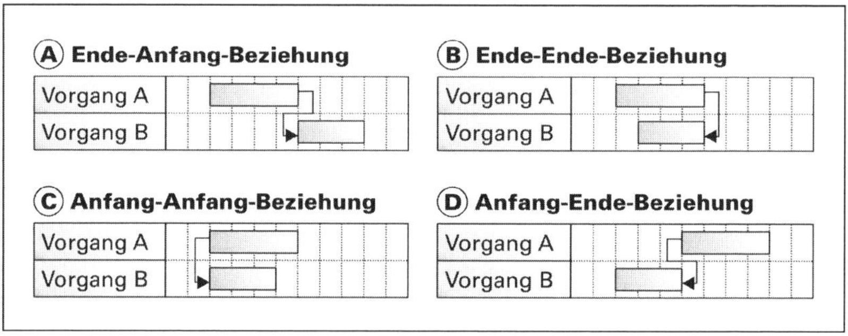

Abbildung 10: Anordnungsbeziehungen zwischen zwei Vorgängen A und B

2.5.3 Abhängigkeiten zwischen den Vorgängen (Ablaufplanung)

2.5.3.1 Anordnungsbeziehungen

Im Folgenden wird dargestellt, wie Abhängigkeiten zwischen zwei Vorgängen in der Terminplanung abgebildet werden können. 109

2.5.3.1.1 Ende-Anfang-Beziehung

Soll ein Vorgang B erst dann beginnen, wenn ein Vorgang A abgeschlossen ist, so spricht man von einer **Ende-Anfang-Beziehung** (vgl. Abb. 10, A). 110

Diese Anordnungsbeziehung ist bei Hochbauprojekten mit weitem Abstand am häufigsten anzutreffen und bestimmt daher die Systematik der meisten Terminpläne.

Beispiel 111

Der Estrich soll gelegt werden, wenn der Innenputz fertig ist.

2.5.3.1.2 Ende-Ende-Beziehung

Sollen zwei Vorgänge A und B zum gleichen Zeitpunkt enden, so kommt eine **Ende-Ende-Beziehung** zum Einsatz (vgl. Abb. 10, B). 112

Sinnvoll ist diese Anordnungsbeziehung insbesondere dann, wenn eine frühe Ausführung des kürzeren Vorgangs eher nachteilig ist. Das kann beispielsweise dann der Fall sein, wenn dem Bauherrn durch die frühere Ausführung höhere Finanzierungskosten entstehen, aber kein Nutzen.

Beispiel 113

Die Fertigstellung der Außenanlagen soll mit der Fertigstellung des Gebäudes zusammenfallen.

2.5.3.1.3 Anfang-Anfang-Beziehung

Soll ein Vorgang A zusammen mit einem Vorgang B beginnen, so verwendet man eine **Anfang-Anfang-Beziehung** (vgl. Abb. 10, C). 114

Diese Anordnungsbeziehung eignet sich für Vorgänge, die zusammen starten können – oder sogar müssen – und deren frühe Ausführung Vorteile bietet.

115 **_Beispiel_**

Das Gerüst soll zusammen mit der Gebäudehülle aufgestockt werden.

2.5.3.1.4 Anfang-Ende-Beziehung

116 Soll Vorgang B enden, wenn Vorgang A startet, so handelt es sich um eine **Anfang-Ende-Beziehung** (vgl. Abb. 10, D).

Hängt ein Vorgang von einem Folgevorgang in der Art ab, dass der Folgevorgang auf die Fertigstellung angewiesen ist, so sollte diese Anordnungsbeziehung gewählt werden.

117 **_Beispiel_**

Bevor die Feininstallation beginnt, sollen die Innentüren eingebaut sein, um die Bereiche abschließbar zu machen.

2.5.3.1.5 Zeitabstände

118 Sollen Zeitabstände zwischen den Vorgängen eingebaut werden, die z.B. als Pufferzeiten (vgl. 2.6.1) dienen sollen, so können diese in der Terminplanung zusätzlich berücksichtigt werden.

Während der Baudurchführung treten erfahrungsgemäß bei bestimmten Arbeiten Mängel auf, die beseitigt werden müssen, bevor die nachfolgenden Arbeiten durchgeführt werden können.

Es ist daher ratsam, für diese Mangelbeseitigungmaßnahmen entsprechende Zeitabstände im Terminplan vorzusehen, damit die Überarbeitung der Leistungen nicht parallel zum Folgevorgang durchgeführt werden muss.

119 **_Beispiel_**

Der Terminplaner sieht zwischen den Malerarbeiten und den Bodenbelagsarbeiten einen Zeitabstand von zwei Arbeitstagen vor, der als Pufferzeit zur Mängelbeseitigung dienen soll.

2.5.3.2 Der Grobablauf der Leistungsbereiche

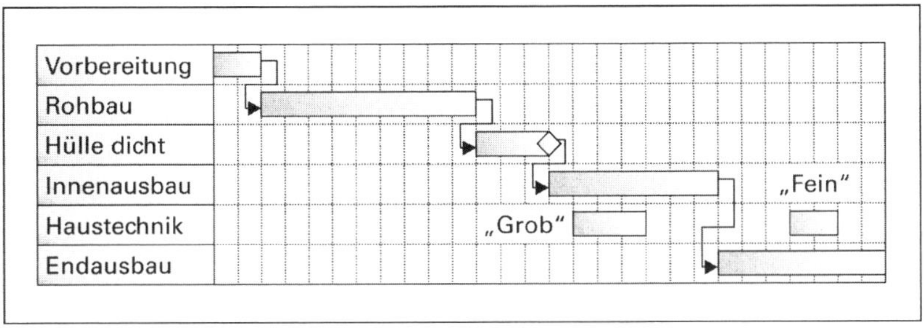

Abbildung 11: Der Grobablauf der Bauausführung

Der Ablauf der Baudurchführung einer Hochbaumaßnahme folgt einer grundsätzlichen Systematik (vgl. Abb. 11). **120**

Zunächst erfolgt die **Vorbereitung** der Baudurchführung, in der ein etwaiger Abriss, die Zuwegung und Freimachung der Baustelle sowie die Baustelleneinrichtung erfolgen.

Nach dem Abschluss der vorbereitenden Maßnahmen erfolgt die Erstellung des **Rohbaus**. Dazu zählen neben den Rohbauarbeiten im engeren Sinne (Erd-, Mauer- und Betonarbeiten) auch Zimmerarbeiten an Dachkonstruktionen, Stahlbauarbeiten und alle weiteren Arbeiten an der tragenden Konstruktion des Gebäudes.

Anschließend ist das Gebäude so zu schließen, dass feuchteempfindliche Arbeiten im Gebäudeinnern durchgeführt werden können. Zur Gebäudehülle zählen die abdichtenden Arbeiten am Dach und der Einbau der Fenster, einer etwaigen Fassade sowie der Außentüren. In vielen Fällen kommen zur Herstellung des Zustands **Hülle dicht** provisorische Abdichtungen zum Einsatz, wie das Aufbringen zunächst nur der Dampfsperre der Dachabdichtung oder das Verschließen der Gebäudeöffnungen mit Folien oder Bautüren.

Beim Schließen der Gebäudehülle muss schon bei kleineren Bauprojekten die Abführung des Niederschlagswassers gewährleistet sein. Dies erfolgt in der Regel durch die ausführenden **Unternehmen der Haustechnik**, die also schon kurz vor dem Zustand „Hülle dicht" erstmals auf der Baustelle tätig sind.

Im Anschluss erfolgt der **Innenausbau,** zu dem u.a. die Trockenbau-, Putz- und Estricharbeiten gehören, sowie als Finishgewerke zum Beispiel die Fliesen-, Maler- und Bodenbelagsarbeiten zählen. Ziel ist es, einen Zustand herzustellen, in dem dann die Ausstattung des Gebäudes mit Hochwertigerem und Empfindlicherem erfolgen kann. **121**

Parallel zum Innenausbau erfolgt die **Rohinstallation** der Haustechnik, auf die unter 2.5.3.3.5 noch ausführlich eingegangen wird.

122 Im **Endausbau** werden schließlich die Einrichtungsgegenstände eingebracht und die abschließenden Maßnahmen durchgeführt, wie beispielsweise die Endreinigung.

In der Regel ist das der Fall, wenn die Wand- und Bodenbeläge fertiggestellt und die einzelnen Bereiche vor unbefugtem Zutritt schützbar sind, beispielsweise durch den Einbau der Türblätter und der Schließanlage.

Aus der nachfolgenden Abbildung 12 kann abgelesen werden, welcher Phase des Grobablaufs ein Leistungsbereich zuzuordnen ist. Durch die „Einsortierung" der Leistungsbereiche in die entsprechenden Phasen des Grobablaufs erhält der Terminplan eine erste Struktur.

123 In den folgenden Abschnitten wird auf die einzelnen Phasen des Grobablaufs noch ausführlich eingegangen.

DIN 18xxx	Bezeichnung des Leistungsbereichs/ Beschreibung des Bauelements	VM	RB	GH	IA	HT	EA
300	Erdarbeiten	◇	◇				
330	Mauerarbeiten	◇	◇				
331	Betonarbeiten	◇	◇				
332	Naturwerksteinarbeiten				◇		
333	Betonwerksteinarbeiten				◇		
334	Zimmer- und Holzbauarbeiten		◇		◇		
336	Abdichtungsarbeiten		◇				
338	Dachdeckungs- und Dachabdichtungsarbeiten		◇	◇			
339	Klempnerarbeiten			◇			
340	Trockenbauarbeiten				◇		
345	Wärmedämm-Verbundsysteme			◇			
350	Putz- und Stuckarbeiten			◇	◇		
351	Vorgehängte hinterlüftete Fassaden			◇			
352	Fliesen- und Plattenarbeiten				◇		
353	Estricharbeiten				◇		

DIN 18xxx	Bezeichnung des Leistungsbereichs/ Beschreibung des Bauelements	VM	RB	GH	IA	HT	EA
354	Gussasphaltarbeiten		◇		◇		
355	Tischlerarbeiten				◇		◇
356	Parkettarbeiten				◇		
358	Rollladenarbeiten			◇	◇		◇
360	Metallbauarbeiten			◇	◇		◇
363	Maler- und Lackierarbeiten				◇		
364	Korrosionsschutzarbeiten an Stahlbauten		◇		◇		
365	Bodenbelagsarbeiten				◇		
366	Tapezierarbeiten				◇		
367	Holzpflasterarbeiten				◇		
379	Raumlufttechnische Anlagen					◇	
380	Heizanlagen und zentrale Wassererwärmungsanlagen					◇	
381	Gas-, Wasser- und Entwässerungsanlagen innerhalb von Gebäuden					◇	
382	Nieder- und Mittelspannungsanlagen mit Nennspannungen bis 36kV					◇	
384	Blitzschutzanlagen			◇			
385	Förderanlagen, Aufzugsanlagen, Fahrtreppen und Fahrsteige			◇		◇	◇
386	Gebäudeautomation			◇		◇	
451	Gerüstarbeiten			◇			
459	Abbruch- und Rückbauarbeiten	◇					

Abbildung 12: Zuordnung der Leistungsbereiche zu den Projektphasen der Baudurchführung

2.5.3.3 Der Feinablauf der Vorgänge

2.5.3.3.1 Vorbereitende Maßnahmen

124 Um mit der Erstellung des Rohbaus beginnen zu können, sind zahlreiche **vorbereitende Maßnahmen** erforderlich. Hierzu zählen beispielsweise:

- die Herstellung der Zuwegung,
- ein etwaiger Abriss und die Freimachung des Baufeldes sowie
- die Baustelleneinrichtung.

2.5.3.3.2 Rohbau

125 Nachdem die grobe Abschätzung der Dauer der Rohbauarbeiten unter B 5.1 besprochen wurde, wird an dieser Stelle eine feinere Untersuchungsmethode vorgestellt.

Bei der Detaillierung eines Vorgangs „Rohbau" ist aus auftraggeberseitiger Sicht zu beachten, dass in den wenigsten Fällen eine detaillierte produktionsorientierte Terminplanung notwendig ist. Vielmehr reicht eine gröbere Betrachtung des Bauablaufs aus.

Zunächst kann durch die Anzahl der Bauabschnitte abgeschätzt werden, welche Ausführungsdauer für die Fertigstellung eines Bauabschnitts zur Verfügung steht.

126 ***Beispiel***

Für die Erstellung des Rohbaus ist ein Zeitrahmen von vier Monaten vorgesehen. Es bietet sich die Einteilung in sieben Bauabschnitte an. Dann steht bei serieller Fertigung für jeden Bauabschnitt ein Zeitrahmen von etwa zwei Wochen zur Verfügung.

127 Der Bauleiter muss jedoch auch im eigenen Interesse sichergehen, dass seine **Terminplanung des Rohbaus realistisch** ist.

Hierzu kann für einen oder mehrere Abschnitte überprüft werden, ob der angedachte Zeitrahmen einhaltbar ist. Zur Prüfung eines Terminrahmens reicht es dabei aus, die Tätigkeiten zu betrachten, die auf dem kritischen Weg liegen und diesen auch wesentlich beeinträchtigen können (vgl. 2.6.1).

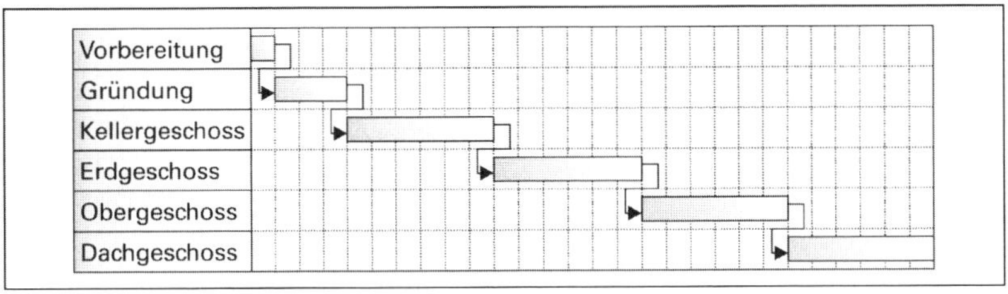

Abbildung 13: Beispiel für eine frühe Terminplanung des Rohbaus

Für Abhängigkeiten einzelner Vorgänge des Innenausbaus untereinander sehen Sie Seite 46 und 47.

2.5.3.3.3 Gebäudehülle

Viele Arbeiten des Innenausbaus sind feuchteempfindlich. Das Schließen der Gebäudehülle vor Wasser und im Winter vor Kälte ist daher eine wichtige Voraussetzung für die weiteren Arbeiten im Gebäudeinnern. **128**

An der Schließung der Gebäudehülle sind die Leistungsbereiche beteiligt, die Bauelemente erstellen, die für eine dichte Gebäudehülle unerlässlich sind. Hierzu zählen das Dach, die Außentüren und -fenster sowie die sonstigen Durchdringungen der Gebäudehülle.

2.5.3.3.4 Innenausbau

Zur Koordination des Innenausbaus ist durch den Bauleiter zunächst zu untersuchen, welche Abhängigkeiten zwischen den Gewerken und den Vorgängen des Innenausbaus bestehen. Der konkrete Ablauf ergibt sich dann aus der Auswertung der zahlreichen Abhängigkeiten und der Bauabschnitte. **129**

Die folgende Abb. 14 gibt für zahlreiche Leistungsbereiche und Bauelemente einen ersten Hinweis darauf, welche Abhängigkeiten bestehen. Die Tabelle stellt in den Zeilen die jeweiligen Leistungsbereiche bzw. Bauelemente dar und in den Spalten die jeweiligen Vorgänger.

Beispiel **130**

> *Bei den Fliesen- und Plattenarbeiten werden die Wandfliesen vor den Bodenfliesen eingebaut.*

Welche Abhängigkeiten im konkreten Einzelfall bestehen, ist sorgfältig zu ermitteln. Abb. 14 kann dabei nur als erster Anhaltspunkt dienen.

Wichtigster Ausgangspunkt für die Überlegungen zu den Abhängigkeiten ist die Betrachtung der Übergänge der Bauelemente untereinander.

DIN 18xxx	Bezeichnung des Leistungs-bereichs/Beschreibung des Bauelements	**Naturwerksteinarbeiten**	Bodenbelag	Wandbekleidung	**Betonwerksteinarbeiten**	Bodenbelag	Wandbekleidung	**Trockenbauarbeiten**	Trockenestrich	Doppel-, Hohlraumböden	Trennwände, 1. Seite	Trennwände, 2. Seite	Vorsatzschalen o.Ä.	Abgehängte Decke
332	**Naturwerksteinarbeiten**													
a	Bodenbelag			◇			◇		◇	◇	◇	◇	◇	◇
b	Wandbekleidung								◇	◇	◇	◇	◇	
333	**Betonwerksteinarbeiten**													
a	Bodenbelag			◇			◇		◇	◇	◇	◇	◇	◇
b	Wandbekleidung								◇	◇	◇	◇	◇	
340	**Trockenbauarbeiten**													
a	Trockenestrich										?	?	?	
b	Doppel-, Hohlraumböden										?	?	?	
c	Trennwände, 1. Seite								?	?				
d	Trennwände, 2. Seite								?	?	◇			
e	Vorsatzschalen o.Ä.								?	?	◇	◇		
f	Abgehängte Decke			◇			◇		◇	◇	◇	◇	◇	
350	**Putz- und Stuckarbeiten**													
a	Wandputz (Innen)										◇	◇	◇	
b	Deckenputz (Innen)										◇	◇	◇	
352	**Fliesen- und Plattenarbeiten**													
a	Bodenbelag			◇			◇		◇	◇	◇	◇	◇	◇
b	Wandbekleidung								◇	◇	◇	◇	◇	◇
353	**Estricharbeiten**										**?**	**?**	**?**	
354	**Gussasphaltarbeiten**										**?**	**?**	**?**	
355	**Tischlerarbeiten**													
a	Zargen aus Holz		◇	◇		◇	◇		◇	◇	◇	◇	◇	◇
b	Zargen aus Metall										◇			
c	Holzglastrennwände		◇	◇		◇	◇		◇	◇	◇	◇	◇	◇
356	**Parkettarbeiten**		◇	◇		◇	◇		◇	◇	◇	◇	◇	◇
360	**Metallbauarbeiten**		**?**	◇		**?**	◇		◇	◇	◇	◇	◇	◇
363	**Maler- und Lackierarbeiten**													
a	Innenanstrich		◇	◇		◇	◇		◇	◇	◇	◇	◇	◇
b	Lackierung Türzargen		◇	◇		◇	◇		◇	◇	◇	◇	◇	◇
365	**Bodenbelagsarbeiten**		◇	◇		◇	◇		◇	◇	◇	◇	◇	◇
366	**Tapezierarbeiten**		◇	◇		◇	◇		◇	◇	◇	◇	◇	◇
367	**Holzpflasterarbeiten**		◇	◇		◇	◇		◇	◇	◇	◇	◇	◇
379 ff.	**Haustechnik Roh**										**?**			

Abbildung 14: Abhängigkeiten einzelner Vorgänge des Innenausbaus untereinander

Putz- und Stuckarbeiten	Wandputz (Innen)	Deckenputz (Innen)	**Fliesen- und Plattenarbeiten**	Bodenbelag	Wandbekleidung	**Estricharbeiten**	**Gussasphaltarbeiten**	**Tischlerarbeiten**	Zargen aus Holz	Zargen aus Metall	Holzglastrennwände	**Parkettarbeiten**	**Metallbauarbeiten**	**Maler- und Lackierarbeiten**	Innenanstrich	Türzargen lackieren	**Bodenbelagsarbeiten**	**Tapezierarbeiten**	**Holzpflasterarbeiten**	**Haustechnik Roh**
	◇	◇			◇	◇	◇			◇										◇
	◇	◇				◇	◇			◇										◇
	◇	◇			◇	◇	◇			◇										◇
	◇	◇				◇	◇			◇										◇
	◇	◇								◇										◇
	◇	◇								◇										◇
	?	?				**?**	**?**													**?**
	?	?				**?**	**?**													◇
	?	?				**?**	**?**													◇
	◇	◇			◇	◇	◇			◇										◇
		◇								◇										◇
										◇										◇
	◇	◇			◇	◇	◇			◇										◇
	◇	◇				◇	◇			◇										◇
	◇	◇								◇										◇
	◇	◇				**?**				◇										◇
	◇	◇		◇	◇	◇	◇			◇		◇			◇	◇	◇	◇	◇	◇
	◇	◇		◇	◇	◇	◇								◇	◇			**?**	◇
	◇	◇		◇	◇	◇	◇								◇	◇				◇
	◇	◇		**?**	◇	◇	◇			◇		**?**			◇		**?**	◇	**?**	◇
	◇	◇		◇	◇	◇	◇			◇								◇		◇
	◇	◇		◇	◇	◇	◇		◇	◇	◇	◇	◇		◇		◇	◇	◇	◇
	◇	◇		◇	◇	◇	◇			◇		◇			◇			◇	◇	◇
	◇	◇		◇	◇	◇	◇			◇										◇
	◇	◇		◇	◇	◇	◇			◇					◇			◇		◇

◇ Fertigstellung i.d.R. erforderlich

Die konkrete Ausgestaltung der Detailpunkte eines Gebäudes beeinflusst auch den Bauablauf. Werden Trockenbauwände auf den Estrich gesetzt, so erfolgt deren Ausführung entsprechend später als bei einem Einbau der Wände auf der Rohdecke.

Die Einflechtung der Haustechnik in die Terminplanung wird gesondert unter 2.5.3.3.5 besprochen.

2.5.3.3.5 Haustechnik

131 Die Leistungsbereiche der Haustechnik werden schon bei kleineren Projekten durch die Fachingenieure koordiniert und überwacht. Es ist daher der Regelfall, dass der Bauleiter sich mit den Fachingenieuren über die **Einbindung der Haustechnik in den Bauablauf** abstimmt.

Dabei ist mit den Fachingenieuren für Haustechnik abzustimmen, welche Voraussetzung die Arbeiten haben und wie lange sie dauern.

Zusätzlich sollte besprochen werden, welche Abfolge innerhalb der Haustechnik eingehalten werden soll.

132 ***Checkliste***

- *Ist bekannt, welche baulichen Voraussetzungen erfüllt sein müssen, damit die Arbeiten der Haustechnik beginnen können?*
- *Ist geklärt, ob die haustechnischen Gewerke mit der Einteilung der Bauabschnitte des sonstigen Ausbaus ausgeführt werden können oder ob eine besondere (strangweise) Bauabschnittseinteilung notwendig ist?*
- *Sind die Ausführungsdauern der haustechnischen Leistungsbereiche bekannt und ist die Leistungsfähigkeit der Unternehmen überprüft?*
- *Ist geklärt, welche Leistungen von den übrigen Leistungsbereichen erbracht werden sollen (z.B. das Einmörteln von Brandschutzklappen) und wann diese Leistungen ausgeführt werden sollen?*

2.5.3.3.6 Endausbau

133 Der Endausbau kann erfolgen, wenn:

- keine Schmutz verursachenden Arbeiten mehr anfallen,
- die Bodenbeläge weitestgehend fertiggestellt sind und
- sichergestellt ist, dass keine hochwertigen Materialien entwendet werden können.

In welcher Reihenfolge der Endausbau erfolgt, hängt nicht zuletzt von der Wertigkeit der Materialien und deren Empfindlichkeit ab und kann nicht allgemeingültig vorgesehen werden. Der Bauleiter sollte im Endausbau jedoch beachten, dass gerade bei terminkritischen Bauprojekten der Endausbau schnell im Chaos endet, wenn er nicht entsprechend vorbereitet wird.

Danach kann die Endreinigung erfolgen.

2.5.3.4 Zu beachtende Punkte

2.5.3.4.1 Witterung

Obschon die Witterung in den verschiedenen Jahreszeiten für verschiedene Bauverfahren unterschiedlich gut bzw. schlecht ist, werden in einigen Projekten die Bauleiter von der Witterung „überrascht". **134**

Eine Ursache ist oftmals die Verschiebung von Vorgängen von besseren in schlechtere Jahreszeiten. Dabei werden jedoch aufgrund der komfortablen Unterstützung durch Software die Auswirkungen der Witterung übersehen.

Um die Witterungseinflüsse zu berücksichtigen, hat sich folgende Methode als praktikabel erwiesen: Die Leistungen der Ressourcen werden über eine **Äquivalenzzeit** in der Form berücksichtigt, dass die Terminplanung entsprechend „verzerrt" wird.[16]

Dieser Vorgehensweise liegt der Gedanke zugrunde, dass beispielsweise in Winter- oder Urlaubsmonaten nicht die gleiche Arbeitsleistung zu erwarten ist, wie in „normalen" Monaten. Um diesen Leistungsabfall zu berücksichtigen, wird die mittlere tägliche Arbeitszeit entsprechend reduziert.

In Gegenden mit relativ mildem Winter kann dieser Leistungsabschlag unter 50 Prozent liegen, wohingegen in Gebieten mit strengem Winter ein Wert deutlich über 50 Prozent anzunehmen ist.

Anwendungsbeispiel **135**

> *Der Bauleiter reduziert die Arbeitstage in den Wintermonaten um 30 Prozent, um einen üblichen Winter zu berücksichtigen. Die Vorgänge im Terminplan werden dadurch entsprechend länger.*

16 In den aktuellen Terminplanungsprogrammen kann die tägliche Arbeitszeit von Datum zu Datum individuell eingestellt werden. Verschieben sich Vorgänge in Zeiten mit reduzierter täglicher Arbeitszeit, so verlängern sich diese Vorgänge automatisch. Dabei ist zu beachten, dass die geänderten Kalender nur auf witterungsempfindliche Arbeiten Anwendung finden.

2.5.3.4.2 Ressourceneinsatz

136 Ausführende Unternehmen müssen ihr Personal so disponieren, dass sie alle Bauaufträge bedienen können, die das jeweilige Unternehmen angenommen hat. Hierin besteht – auch aufgrund der üblichen Terminverzögerungen im Bauwesen – eine besondere Schwierigkeit für die Unternehmen.

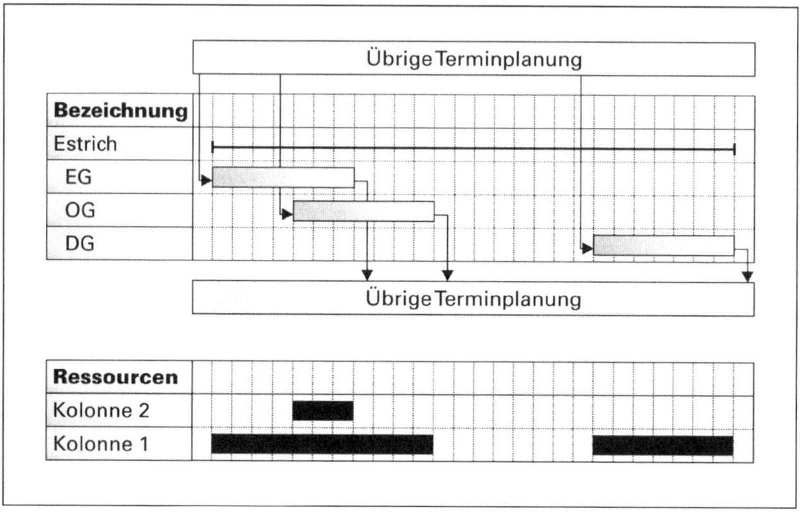

Abbildung 15: Zusammenhang zwischen Terminplanung und Ressourceneinsatz

Eine häufige Ursache für Meinungsverschiedenheiten mit ausführenden Unternehmen sind Ressourcenspitzen oder -lücken in der Terminplanung. Das Beispiel in Abb. 15 verdeutlicht dies für den **Ressourceneinsatz** eines Estrichunternehmens.

137 Bereits nach wenigen Tagen ist der Einsatz einer zweiten Kolonne vorgesehen, die die Arbeiten im OG aufnimmt, jedoch nicht mehr notwendig ist, sobald der Estrich im EG fertiggestellt wurde. Sodann folgt ein längerer Leerlauf. In diesem Beispiel ist davon auszugehen, dass der Estrichleger nur eine Kolonne stellt, die versuchen wird, durchzuarbeiten. Das hat zur Konsequenz, dass:

- der Estrich im OG später fertiggestellt wird als angenommen,
- der Estrichleger bereits früher als vorgesehen im DG zu arbeiten versuchen wird und dort noch laufende Arbeiten behindert.

Durch Berücksichtigung eines stetigen Ressourceneinsatzes kann der Bauleiter in der Terminplanung bereits späteren Ärger auf der Baustelle vermeiden.

In unserem Beispiel aus Abb. 15 kann dies dadurch erfolgen, dass der Vorgang 138
„Estrich EG" als Vorgänger (Ende-Anfang) des Vorgangs „Estrich OG" und „Estrich DG" definiert wird. Falls dann noch eine signifikante Lücke zwischen „Estrich OG" und „Estrich DG" besteht, können die ersten beiden Vorgänge nach hinten verschoben werden.

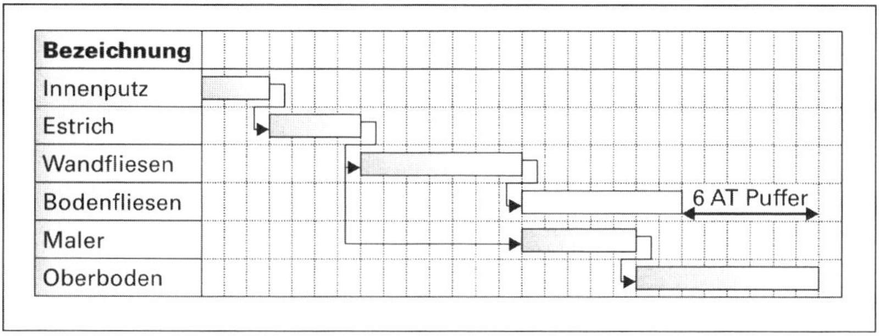

Abbildung 16: Kritischer Weg und freie Pufferzeiten

2.6 Terminsteuerung

2.6.1 Kritischer Weg und Pufferzeit

Ein Vorgang eines Terminplans liegt dann auf dem **kritischen Weg**, wenn 139
seine Verlängerung sich direkt auf den Endtermin auswirkt und diesen hinausschiebt.

In Abb. 16 liegen alle Vorgänge – mit Ausnahme der Bodenfliesen – auf dem kritischen Weg.

Im Zusammenhang mit dem kritischen Weg soll hier auch der Begriff der **Pufferzeit** erläutert werden. Unter Pufferzeit wird die Zeitspanne verstanden, um die ein Vorgang nach hinten verschoben werden kann, ohne den Endtermin des Terminplans zu beeinflussen.

Beispiel 140

Der Vorgang Bodenfliesen in Abb. 16 hat eine Pufferzeit von sechs Arbeitstagen. Der Vorgang kann also bis zu sechs Tage später fertiggestellt werden, ohne den Endtermin zu beeinträchtigen.

Moderne Terminplanungsprogramme beherrschen die Berechnung des kritischen Weges und der Pufferzeiten. Der Bauleiter kann daher praktisch auf

Knopfdruck prüfen, ob sich ein Vorgang direkt auf den Endtermin auswirkt bzw. wie weit man einen Vorgang noch hinauszögern kann, bevor es zu Problemen kommt. Zu beachten ist jedoch, dass sich der kritische Weg ändern kann, wenn es zu Umstellungen oder Verzögerungen während der Bauausführung kommt. Es gibt also nicht „einen" kritischen Weg für das gesamte Projekt, sondern zu jedem Zeitpunkt der Ausführung möglicherweise einen anderen kritischen Weg. Sollte in dem vorhergehenden Beispiel also das Gewerk Bodenfliesen sieben Tage verspätet beginnen, kommt es auf den kritischen Weg.

2.6.2 Änderung der Bauverfahren

141 Die Bauverfahren beeinflussen die Bauzeit wesentlich. Werden Terminprobleme früh genug erkannt, kann noch über **alternative Bauverfahren** nachgedacht werden.

142 ***Beispiel***

Anstelle von Ortbetondecken werden Fertigteile eingesetzt.

Vor einer Änderung der Bauverfahren sollte jedoch geprüft werden, ob durch die Modifikation weitere Bauelemente von den Änderungen betroffen sind, beispielsweise Folgegewerke, die andere Oberflächen vorfinden als erwartet.

2.6.3 Das „Vorziehen" einzelner Bereiche

143 Das Vorziehen einzelner Bereiche gibt dem Auftraggeber die Möglichkeit, trotz weiterlaufender Bauarbeiten einzelne Bereiche bereits zu nutzen, ob für die Ausführung weiterer Arbeiten oder zur Endnutzung.

Diese Möglichkeit der Verkürzung der Termine findet vornehmlich im Bereich gewerblich genutzter Immobilien Anwendung.

144 ***Beispiel***

Ein Bürogebäude wird bereits in Teilen in Betrieb genommen.

2.6.4 Reduktion der Vorlaufzeiten der Baudurchführung

145 Wie noch ausführlich besprochen wird, benötigt die Baudurchführung einen zeitlichen Vorlauf für Ausschreibung, Angebotsprüfung und Vergabe.

Diese Vorlaufzeiten können gegebenenfalls reduziert werden. Allerdings ist dabei zu beachten, dass die ausführenden Unternehmen in der Regel einen gewissen Vorlauf benötigen, um sich auf die Leistungserstellung einzustellen. Zudem wird durch die Unternehmen durchaus erkannt, dass eine Leistung beispielsweise aus Zeitdruck „freihändig" vergeben werden soll – mit entsprechenden Auswirkungen auf den Angebotspreis.

2.7 EDV-Einsatz

2.7.1 Softwarelösungen

Bei der Vielzahl angebotener Terminplanungsprogramme ist es notwendig, Kriterien festzulegen, anhand derer der Terminplaner feststellen kann, ob sich die Software für ihn eignet oder nicht. Zu diesen unabdingbaren Kriterien gehören unter anderem: **146**

- Definition von Größe und Inhalt der Vorgangsfelder,
- Definition von Anordnungsbeziehungen,
- Eingabe von positiven/negativen Zeitabständen,
- Berechnung der freien und der gesamten Pufferzeit,
- mögliche Terminbedingungen für Vorgänge und
- Formatierung.

Die wahrscheinlich am häufigsten verwendete Software im Bereich der Terminplanung ist das Programm **Microsoft Project**, das in Bezug auf Oberfläche und Bedienung sehr stark an das ebenfalls weit verbreitete Microsoft Office-Paket angelehnt ist. Dadurch ist das Programm sehr leicht zu erlernen und beinhaltet alle im Hochbau benötigten Darstellungsformen wie Balken- und Netzpläne. Alle oben genannten Kriterien werden von Microsoft Project erfüllt, das somit für den Terminplaner ein umfassendes Planungswerkzeug darstellt.

Auch die Software **SureTrak** von Primavera bietet sowohl die Ausgabe von Netz- als auch von Balkenplänen. Es überzeugt zudem durch eine klare Übersichtlichkeit der ausgegebenen Pläne und übertrifft nach Auffassung des Autors in diesem Punkt die Software von Microsoft. Das Programm findet aber in der Praxis weniger Verwendung, da die Oberflächen komplexer sind und somit mehr Einarbeitungszeit des Planers erfordern. Dennoch ist dieses Programm für das Terminmanagement im Hochbau insbesondere bei komplexen Baumaßnahmen zu empfehlen.

Des Weiteren kann für die Terminplanung und -steuerung auch auf kostenlose Software zurückgegriffen werden. Eines dieser kostenlos im Internet zur Verfügung stehenden Planungsprogramme ist die Software **GanttProject**. Diese frei zugänglichen Terminplanungsprogramme bieten nicht die Fülle an Funktionen, können aber je nach Komplexität des Bauvorhabens bereits voll ausreichen.

2.7.2 Logischer Aufbau und Formatierung eines Terminplans

147 Vor der Erstellung des Terminplans ist zunächst zu überlegen, wie der zu erstellende Terminplan formatiert wird. Die Übersichtlichkeit eines Terminplans hängt maßgeblich von der Formatierung der Elemente

- Vorgangsspalten,
- Vorgangsbalken,
- Anordnungsbeziehungen,
- Zeilenhöhe und
- Zeitachse

ab.

148 In der **Vorgangsspalte** werden alle Vorgänge, die im gesamten Bauablauf zu erwarten sind, eingetragen.

149 Mit Hilfe der Terminplanungs-Software lassen sich die einzelnen Teilvorgänge durch Einrücken zu Vergabeeinheiten oder Bauabschnitten gruppieren und durch **Sammelvorgänge** darstellen. Durch das Ausblenden von Teilvorgängen lässt sich sehr schnell ein übersichtlicher Terminplan mit wenigen übergeordneten Sammelvorgängen wie beispielsweise Rohbau, Gebäudehülle ausgeben.

150 Aus Gründen der Lesbarkeit empfiehlt es sich, die **Vorgangsbalken** einzelner Leistungsbereiche optisch voneinander zu unterscheiden. Die Zugehörigkeit von Vorgängen z.B. zu Bauabschnitten oder Vergabeeinheiten erfolgt durch Zuordnung einer Schraffur, eines Musters oder einer Farbe, die sich von den anderen Vorgängen unterscheidet.

151 Die **Anordnungsbeziehungen** lassen sich durch Angaben in den Vorgangsinformationen einstellen. Diesen Vorgangsinformationen können auch nachträglich noch weitere Verknüpfungsbedingungen hinzugefügt oder auch gelöscht werden, sodass ein bereits erstellter Terminplan problemlos weiterbearbeitet und ergänzt werden kann. Ein großer Vorteil der Software ist die problemlose Modifikation des Terminplans. Soll aus bestimmten Gründen die Ablaufreihenfolge der Vorgänge untereinander geändert werden, so erfolgt eine automatische Neuberechnung der Termine aller Vorgänge.

Bereits zu Beginn ist die Formatierung der **Zeilenhöhe** zu bedenken, damit bei der Fortschreibung und Kontrolle des Terminplans händische Eintragungen im Ausdruck vorgenommen werden können. **152**

Die Formatierung der **Zeitachse** kann je nach Detaillierungsgrad der Terminplanung angepasst werden. Kommen für einen projektorientierten Terminplan im Bauwesen üblicherweise Monate und Wochen eines Kalenderjahres als Zeitskala in Betracht, so sind es beim produktionsorientierten Terminplan Tage. **153**

3 Vorbereitung der Baudurchführung

3.1 Dokumentation der Verantwortlichkeiten

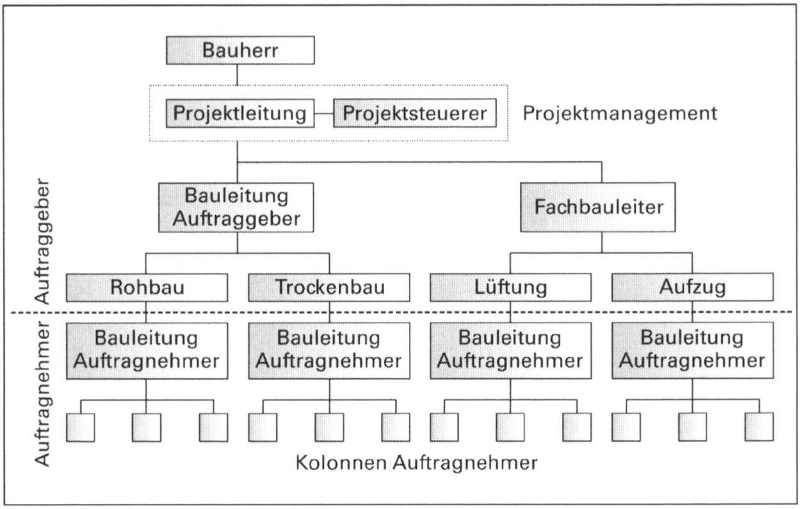

Abbildung 17: Aufbauorganisation eines Bauprojektes

154 Je nach Komplexität eines Bauvorhabens und den damit verbunden Beteiligten ist es ratsam, die Aufbauorganisation zu dokumentieren, indem ein Organigramm erstellt (vgl. Abb. 17) und den Beteiligten zur Verfügung gestellt wird.

Durch das Organigramm wird der Aufbau des Bauprojektes hinsichtlich der einzelnen technischen Aufgaben und technischen Kompetenzen vereinfacht dargestellt.

Durch die hierarchische Darstellung werden den Beteiligten die Zuständigkeiten veranschaulicht. In der obersten Ebene steht der **Bauherr**, der als Investor und Initiator des Bauvorhabens für alle wichtigen Entscheidungen verantwortlich ist.

Der Projektsteuerer kontrolliert die Einhaltung der durch den Auftraggeber festgelegten Kosten, Qualitäten und Termine und gibt Handlungsempfehlungen an den Projektleiter, der diese Entscheidungen dann umsetzt.

In der **Bauleitung** nimmt der auftraggeberseitige Bauleiter des Leistungsbildes Objektplanung den „Primus inter Pares" unter den Bauleitern ein, da er die Fachbauleiter zusätzlich koordinieren muss. Außerdem übernimmt er die

Kontrolle und Koordination der einzelnen Auftragnehmer. Wesentlich ist aber, dass dieses „technische" Organigramm nicht die rechtlichen Handlungsmöglichkeiten abbildet. Beispielsweise kann der Fachbauleiter des Auftraggebers keine ändernden Anordnungen erteilen, da er im Regelfall keine Vollmacht für die Abgabe von Willenserklärungen für den Bauherrn hat.

3.2 Rechtzeitige Planlieferung durch den Auftraggeber

In der Praxis ist es üblich, dass die Ausführungsplanung erst nach der Ausschreibung fertiggestellt wird. Für die Auftragnehmer ist der Fall besonders schwierig, da in der Regel keine Planliefertermine vereinbart sind. 155

Werden die Ausführungspläne nicht rechtzeitig bereitgestellt, kann der Auftragnehmer nicht termingerecht mit der Arbeit beginnen, da die nötigen Vorlaufzeiten zur Prüfung etc. nicht vorhanden sind.

Beispiel 156

Bei Metallbauarbeiten, wie Geländern, müssen die nötigen Ausführungspläne mit den erforderlichen Detailplänen frühzeitig bereitgestellt werden, da Vorlaufzeiten zur Vorfertigung notwendig sind.

Erfolgt die Planlieferung zu spät, verzögert sich der Beginn.

Pflicht des Auftraggebers ist gemäß § 3 Abs. 1 VOB/B die rechtzeitige Bereitstellung der nötigen Unterlagen, also auch der von ihm zu stellenden Planung. Kommt der Auftraggeber der Verpflichtung nicht nach, sind Störungen des Bauablaufs die Folge und häufig eine spätere Fertigstellung und Mehrkosten.

Die Folgen fehlender auftraggeberseitiger Mitwirkungspflichten können durch die Einhaltung angemessener Planlieferfristen minimiert werden (vgl. Abb. 18).[17]

17 Vgl. Kapellmann/Schiffers, Band 1, Rn. 1314.

Pläne	Beschreibung	Vorlaufzeit
Schalpläne	Vorabzüge zur generellen Schalungsplanung	6 Wochen
	Ausführungsunterlagen	3 Wochen bis 20 Arbeitstage
Bewehrungspläne		3 Wochen bis 25 Arbeitstage
Aussparungspläne		5 Arbeitstage
Fertigteilpläne		1–2 Wochen mehr als die oben genannten
Sonstige	Pläne mit Baustoffen in Sonderanfertigung	Individuell, abstrakt nicht bestimmbar

Abbildung 18: Übliche Planlieferfristen

Wurden Planlieferfristen vereinbart, so sind diese einzuhalten. Vor dem eigentlichen Termin der Übermittlung der Pläne ist mit ausreichendem Vorlauf beim zuständigen Planer nachzufragen, ob der Liefertermin eingehalten werden kann.

3.3 Baustelleneinrichtung

3.3.1 Grundsätzliches

157 Der Begriff der Baustelleneinrichtung bezeichnet sämtliche zur Errichtung eines Bauwerks notwendigen Geräte und Materialien, die keiner Leistungsposition direkt zuordenbar sind, allenfalls Positionen für die Baustelleneinrichtung. Die dafür notwendigen Flächen werden dem Auftragnehmer vom Auftraggeber zur Verfügung gestellt und richten sich nach der Größe des jeweiligen Bauvorhabens.

158 Zur Baustelleneinrichtung gehören u.a.:

- Erschließung der Baustelle,
- Lagerflächen,
- Ver- und Entsorgung,
- Geräte und Hebezeuge und
- Elemente der Sicherheit.

Bei Bauvorhaben, die in den Wintermonaten abgewickelt werden, können zusätzliche Vorkehrungen notwendig werden.

Es gibt immer wieder Elemente der Baustelleneinrichtung, die keinem Unternehmen direkt zugeordnet werden können, beispielsweise eine Zugangskontrolle der Arbeitskräfte.

Es liegt im Entscheidungsbereich des Auftraggebers, ob er diese Teile der Baustelleneinrichtung selbst beistellt, oder ob er ein ausführendes Unternehmen damit beauftragt, z.B. einen Generalunternehmer.

3.3.2 Baustelleneinrichtungsplan

Der Baustelleneinrichtungsplan (vgl. Abb. 19, nächste Seite) dient der Organi- **159**
sation der Baustelle und weist die einzelnen Flächen für Container, Erdaushub, Materiallagerung etc. aus. Baustelleneinrichtungspläne sind Ausführungspläne, die alle erforderlichen Maße mit den nötigen Abständen enthalten.

Eine überschlägige Planung der Baustelleneinrichtung wird vom Auftraggeber durchgeführt, um im Vorfeld zu prüfen, ob mit Problemen zu rechnen ist. Die eigentliche Planung und die damit verbundene Disposition von Gerät und Ausstattungen übernimmt der jeweilige Auftragnehmer für seine Leistungen. Dabei erfolgt die Zuweisung der Flächenbereiche an die einzelnen Unternehmer durch den Auftraggeber.

Im Baustelleneinrichtungsplan werden u.a. die Fläche der Baugrube, Container (Bürocontainer, Wohncontainer, Sanitärcontainer, Tagesunterkünfte, Magazin), Lagerflächen, Parkplätze, Stellflächen für Krane, Transportfahrzeuge, Baustellenfahrzeuge und Geräte und Baustraße ausgewiesen.

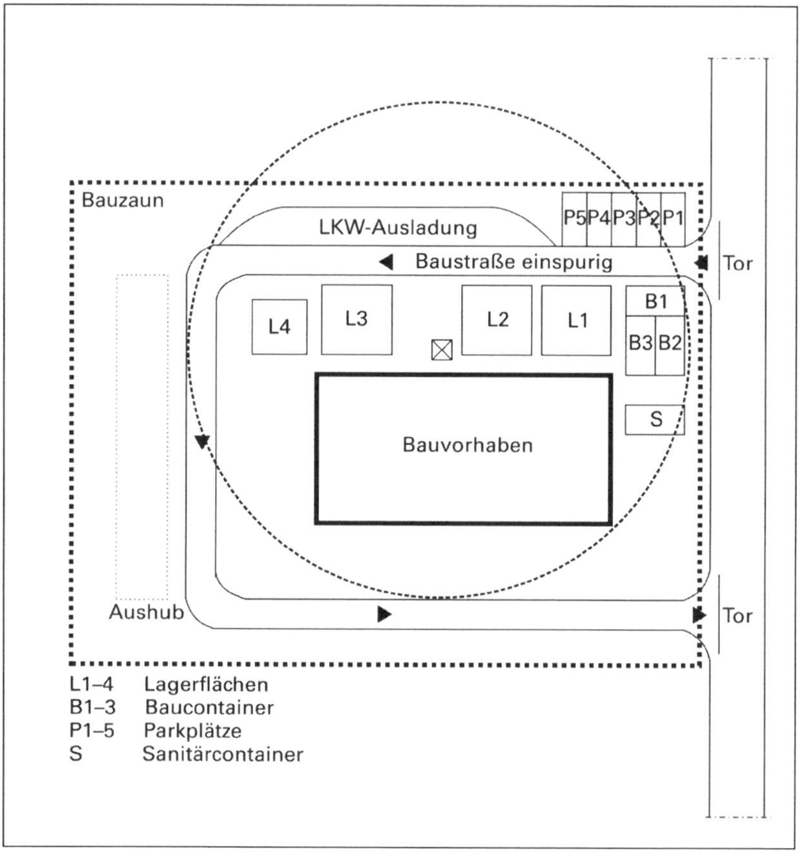

Abbildung 19: Schematische Darstellung eines Baustelleneinrichtungsplans

3.3.3 Erschließung der Baustelle

160 Die Erschließung der Baustelle ist in Bezug auf die örtliche Situation so weit zu planen, dass ein Transport von Bau- und Bauhilfsstoffen, Personal, Baumaschinen und Geräten zur Baustelle reibungslos gewährleistet werden kann.

Je nach Bauvorhaben sind aufgrund der unterschiedlichen Baustoffe und einzusetzenden Geräte Transportfahrzeuge bzw. Hebezeuge für den Transport zur Baustelle notwendig. Bei Großgeräten und Schwertransporten ist darauf zu achten, dass diese nicht nur im direkten Umfeld der Baustelle freien Zugang haben, sondern auch Zugangsstraßen im weiteren Umfeld geeignet sind.

Vom Bauleiter ist zu überprüfen, ob 161

- die vorhandenen Straßen ausreichend sind,
- die Zufahrt zur Baustelle ausreichend ist,
- zusätzliche Baustraßen benötigt werden und
- die Tragfähigkeit des Untergrunds ausreichend und ggf. eine Schotterung oder Asphaltierung notwendig ist.

Sofern die Prüfung einen Handlungsbedarf ergibt, ist von Seiten des Bauleiters entsprechend zu reagieren. In einigen Fällen ist vor Beginn der Bauarbeiten eine Baustraße durch den Auftraggeber zu planen und als vorbereitende Maßnahme ausführen zu lassen.

3.3.4 Lagerflächen

Bezüglich der Lagerung von Baumaterialien wird bei der Bauausführung in 162
Roh- und Ausbau unterschieden.

Während des Rohbaus werden die Materialien außerhalb des Gebäudes gelagert, da sich das zu errichtende Gebäude noch in der Entstehung befindet. Die einzelnen Stoffe oder Fertigteile werden je nach Lage so deponiert, dass der Bauablauf nicht gestört wird.

Beim Ausbau bietet es sich an, vorhandene Räume bzw. Lagerflächen im Inneren des Gebäudes zu nutzen, weil diese besser gegen Witterungseinflüsse und gegen Diebstahl geschützt sind.

Art und Umfang können im Vorfeld mit den Auftragnehmern besprochen bzw. überschlägig berechnet werden.

Die einzelnen Räume bzw. Lagerflächen werden so ausgewählt, dass andere Auftragnehmer bei der Ausführung ihrer Arbeiten nicht behindert werden und ein optimierter Ablauf mit möglichst kurzen Wegen zu den Einsatzorten gewährleistet werden kann.

Problematischer ist die Situation bei Baumaßnahmen an in Betrieb befindlichen Gebäuden. Da sich nur bedingt Lagerflächen im Gebäude nutzen lassen, muss im Vorfeld genau ermittelt werden, in welchem Umfang Lagerflächen und Räume zur Verfügung stehen.

3.3.5 Sicherheit und Verkehrssicherungspflichten

Eine Grundvoraussetzung jeder Baumaßnahme ist die Absicherung der Bau- 163
stelle selbst. Eine Kennzeichnung der Baustelle durch Beschilderungen, Bauzäune etc. muss bereits zu Beginn der Arbeiten vollständig gewährleistet sein.

Sind zusätzliche Absperrungen öffentlicher Flächen oder Straßen notwendig, müssen die erforderlichen Genehmigungen bei den Behörden mit entsprechendem Vorlauf eingeholt werden. Es ist ratsam, die angedachten Maßnahmen, die benötigten Flächen und die Dauern mit den entsprechenden Mitarbeitern der Ämter im Vorfeld zu besprechen.

164 Nach Baubeginn obliegt die **Verkehrssicherungspflicht** dem Eigentümer, dem Bauherrn und dem Bauleiter, in erster Linie aber dem Unternehmer, da er mit seinen Bauarbeiten die Gefahrenquelle unmittelbar schafft und auch die Möglichkeiten hat, die notwendigen und zumutbaren Sicherungsmaßnahmen zu treffen.[18]

Im Übrigen folgt dies auch aus § 4 Abs. 2 VOB/B.

Maßstab für Art und Umfang von Verkehrssicherungspflichten sind vor allem die relevanten DIN-Normen wie exemplarisch die DIN 4420 für Leitergerüste[19] oder Unfallverhütungsvorschriften der Berufsgenossenschaft.[20]

Neben dem Unternehmer selbst bleibt auch der Bauleiter des Auftraggebers verkehrssicherungspflichtig und für die Sicherheit auf der Baustelle verantwortlich. Das gilt insbesondere auch dann noch, wenn andere Beteiligte Aufgaben der Sicherheit auf der Baustelle übernommen haben, zum Beispiel ein Sicherheits- und Gesundheitskoordinator.

Neben dem Unternehmer selbst bleibt auch der Bauleiter des Auftraggebers verkehrssicherungspflichtig und für die Sicherheit auf der Baustelle verantwortlich. Das gilt insbesondere auch dann noch, wenn andere Beteiligte Aufgaben der Sicherheit auf der Baustelle übernommen haben, zum Beispiel ein Sicherheits- und Gesundheitskoordinator.

18 OLG Celle, Baurecht 2006, 388, 389.

19 OLG Stuttgart, NJW-RR 2000, 752.

20 Z.B. OLG Hamm, OLGR 2006, 683; OLG Köln, Baurecht 2004, 1321; Brandenburgisches OLG, NZBau 2003, 441.

4 Ausschreibung, Vergabe und Abrechnung

4.1 Allgemeines

Schon lange vor der Ausschreibung sind vom Auftraggeber Vorüberlegungen anzustellen, mit welcher Vertragsart er seine Ziele am besten erreichen kann. Zunächst ist zu klären, ob ein BGB-Werkvertrag geschlossen oder die VOB/B in der bei Vertragsabschluss geltenden Fassung Vertragsgrundlage werden soll. **165**

Im Anschluss daran ist dann zu klären, welche Vertragsart gewählt wird.

Die ausgewählte Vertragsart bildet unter anderem die Grundlage für **166**

- die Ausschreibung,
- die Terminplanung,
- den Bauablauf,
- die Nachtragsabwicklung,
- die Vergütung und
- die Mängelrechte.

Daher werden die Vertragsarten im Folgenden kurz besprochen, um eine einheitliche Terminologie sicherzustellen.

4.2 Vertragsarten

Nach Festlegung, ob ein BGB- oder ein VOB-Werkvertrag geschlossen wird, ist zu klären, welche Vertragsart vorliegt. **167**

Zu berücksichtigen sind dabei alternativ der Einheitspreisvertrag, der Pauschalpreisvertrag getrennt nach Detail-Pauschalvertrag oder Global-Pauschalvertrag, der Stundenlohnvertrag oder der Selbstkostenerstattungsvertrag gemäß nachfolgender Abbildung.

BGB-Werkvertrag oder VOB-Werkvertrag			
Einheitspreis-vertrag	Pauschalpreis-vertrag	Stundenlohn-vertrag	Selbstkosten-erstattungsvertrag
	Detailpauschal-vertrag oder Globalpauschal-vertrag		

4.2.1 Einheitspreisvertrag

168 Der **Einheitspreisvertrag** zeichnet sich dadurch aus, dass die Vorgaben des Auftraggebers zu Art und Umfang der geforderten Leistungen so detailliert sind, dass seitens des Auftragnehmers

- keine Planungsleistungen erbracht und
- keine Mengen ermittelt werden müssen.

169 Beim Einheitspreisvertrag erfolgt die Leistungsbeschreibung in Form eines Leistungsverzeichnisses, das sich aus den Elementen

- Ordnungszahl (Position),
- Vordersatz pro Ordnungszahl als voraussichtliche Leistungsmenge,
- Mengeneinheit der Abrechnung,
- Leistungsbeschreibung für die in dieser Ordnungszahl erfasste Teilleistung,
- Einheitspreis und
- Gesamtpreis, der sich aus der Multiplikation des Vordersatzes mit dem Einheitspreis ergibt,

zusammensetzt.

170 Die endgültige Vergütung des Auftragnehmers erfolgt auf Basis der **tatsächlich ausgeführten Mengen**, die zu dem im Vertrag vereinbarten Einheitspreis abgerechnet werden. Eine Änderung des feststehenden Einheitspreises ist grundsätzlich ausgeschlossen.

Eine Ausnahme bildet § 2 Abs. 3 VOB/B: Bei einer Abweichung der tatsächlich ausgeführten Mengen um mehr als 10 v.H. von den Vordersätzen können beide Vertragsparteien eine Anpassung der Einheitspreise verlangen.

Für an die VOB gebundene Auftraggeber ist nach § 4 Abs. 1 VOB/A im Regelfall einen Einheitspreisvertrag abzuschließen. Dies folgt unmittelbar auch aus § 2

Abs. 2 VOB/B. Danach ist der Einheitspreisvertrag die Regel und der Abschluss eines Pauschalpreisvertrages, eines Stundenlohnvertrages oder eines Selbstkostenerstattungsvertrages die Ausnahme. Der Einheitspreisvertrag ist auch bei nicht an die VOB gebundenen Auftraggebern in der Praxis am häufigsten anzutreffen.

4.2.2 Pauschalpreisvertrag

Der zweite Typ des Leistungsvertrags ist der **Pauschalpreisvertrag**, der sich 171
in die Unterarten

- Detail-Pauschalvertrag und
- Global-Pauschalvertrag

gliedern lässt.

Im Gegensatz zum Einheitspreisvertrag errechnet sich die Vergütung des Auftragnehmers nicht nach den tatsächlich ausgeführten Mengen, multipliziert mit dem jeweils festgeschriebenen Einheitspreis, sondern wird pauschal für jede einzelne Teilleistung vereinbart.

Dabei bezieht sich die pauschale Vergütung auf das, was vertraglich vereinbart wurde. Greift der Auftraggeber in das Bau-Soll ein, so besteht seitens des Auftragnehmers zumindest beim Detail-Pauschalvertrag ein Recht auf finanziellen und terminlichen Ausgleich.

Gemäß § 2 Abs. 7 VOB/B trifft zwar das Kalkulationsrisiko für Mengenänderungen gemäß § 2 Abs. 7 Nr. 1 VOB/B primär den Auftragnehmer. Bei Änderungen des vertraglich geschuldeten Bau-Solls oder bei zusätzlich gewünschten Leistungen seitens des Auftraggebers bestehen jedoch dieselben Nachtragsansprüche zugunsten des Auftragnehmers wie bei einem Einheitspreisvertrag. Dies folgt unmittelbar aus § 2 Abs. 7 Nr. 2 VOB/B, der zunächst für den Detail-Pauschalvertrag anzuwenden ist.

4.2.2.1 Detail-Pauschalvertrag

Die Leistungsbeschreibung des **Detail-Pauschalvertrags** unterscheidet sich 172
nicht von der des Einheitspreisvertrags, da beiden Vertragstypologien eine detaillierte Leistungsbeschreibung zugrunde liegt. Gegebenenfalls besteht die Leistungsbeschreibung auch aus Ausführungsplänen, aus denen das zu Erstellende hervorgeht, sodass der Bieter die Mengen selbst ermitteln kann.

Der entscheidende Unterschied zum Einheitspreisvertrag liegt in der Abrechnung, die beim Detail-Pauschalvertrag mengenunabhängig – also pauschal – zum vertraglich vereinbarten Pauschalpreis erfolgt.

173 Aus den **Mengenermittlungskriterien** wie Leistungsverzeichnis, Angebote, Zeichnungen, Pläne u.a. gehen die Mengen zum Zeitpunkt des Vertragsschlusses hervor. Für beide Seiten besteht kein Mengenänderungsrisiko; allerdings trägt der Auftragnehmer das Risiko seiner fehlerhaften Mengenermittlung.

Durch eine gewissenhafte und genaue Mengenermittlung kann dieses Risiko vom Auftragnehmer eingegrenzt werden.

Beabsichtigt der Auftraggeber, einen Detail-Pauschalvertrag auf der Basis der Leistungsbeschreibung mit Leistungsverzeichnis – inklusive Mengenangaben – zu vereinbaren, so muss er dem Bieter ausreichende Mengenermittlungskriterien zur Verfügung stellen.

Nachdem die Ausschreibung einer Vergabeeinheit auf Basis eines Einheitspreisvertrags durchgeführt wurde, stellt der Bauherr den in Frage kommenden Bietern die entsprechenden Ausführungspläne zur Mengenermittlung zur Verfügung und bittet um ein Angebot über eine Pauschalierung der Vergütung.

Ist es dem Bieter zum Zeitpunkt des Vertragsschlusses nicht möglich, die Mengen selbst zu ermitteln bzw. zu prüfen, um seine Pauschalpreise zu kalkulieren, besteht ein Kalkulationsrisiko des Auftragnehmers.

Wichtig ist somit für die Auftraggeberseite, von vornherein zu klären, ob das Bau-Soll nach Art und Umfang hinreichend bestimmt ist. Anderenfalls besteht das Risiko, dass der Auftragnehmer bei Änderungen oder Ergänzungen des Bau-Solls später Nachtragsansprüche über § 2 Abs. 7 Nr. 2 VOB/B bzw. bei einem BGB-Vertrag über die §§ 650b f. BGB geltend machen kann.

Speziell bei dem Detail-Pauschalvertrag gilt gerade nicht der häufig bemühte Satz „Pauschale bleibt Pauschale". Dies gilt es bei der Vertragsgestaltung und beim Vertragsabschluss für die Bauleitung und den Auftraggeber zwingend zu beachten, um spätere tatsächliche, wirtschaftliche oder rechtliche Nachteile zu vermeiden.

4.2.2.2 Global-Pauschalvertrag

174 Muss der Bieter über das bloße Kalkulieren der Leistung hinaus Planungsleistungen erbringen, so handelt es sich um einen **Global-Pauschalvertrag**. Seine Vereinbarung erfolgt durch Vorgabe von Zielen wie Funktionsfähigkeit oder Vollständigkeit.

Dabei verpflichtet sich der Auftragnehmer, über das in der Leistungsbeschreibung Geforderte hinaus zur Erbringung einer funktionsfähigen Leistung.

Diese Vertragsart bietet den Vorteil, dass sich der Auftraggeber die Planungs- und Fachkompetenz des Bieters zu Nutze machen kann, um die Bauleistung durch den Auftragnehmer zu optimieren. Der Bieter kann dabei auf die ihm bekannten Bauverfahren und Baustoffe zurückgreifen und so ggf. kostengünstiger arbeiten.

Es ist möglich, dass zur Zielerreichung mehr Leistungen notwendig sind als 175
die in der Leistungsbeschreibung beschriebenen. Diese zur Zielerreichung notwendigen Leistungen werden bei einem Global-Pauschalvertrag vom Auftragnehmer ebenfalls geschuldet und sind im vereinbarten Preis bereits enthalten.

Wie und mit welchen Qualitäten der Auftragnehmer die Ziele erreicht, ist seine Sache. Er schuldet auf jeden Fall die Einhaltung der anerkannten Regeln der Technik im Zeitpunkt der Abnahme.

Das Risiko dieser Vertragsart liegt für den Auftraggeber jedoch naturgemäß 176
darin, dass der Auftraggeber zunächst nicht genau weiß, was er für sein Geld bekommt, insbesondere welche Qualitätsstandards eingehalten werden, da der Auftragnehmer lediglich nach den anerkannten Regeln der Technik als Mindeststandard auszuführen hat.

Auch welche Leistungen genau von dem vertraglich geschuldeten Bau-Soll umfasst sind, ist in der Baupraxis regelmäßig strittig. Der Global-Pauschalvertrag ist aufgrund der damit verbundenen erheblichen Risiken mit Vorsicht zu genießen.

In der Leistungsbeschreibung eines Aufzugs ist nirgendwo erwähnt, dass die Kabine eine Beleuchtung erhalten soll. Der Auftragnehmer schuldet für den Fall, dass er sich zum Bau einer funktionsfähigen Anlage verpflichtet hat, auch die Beleuchtung.

Ein besonderes plastisches und anschauliches Beispiel dafür, dass Auftragge- 177
ber und Auftragnehmer erhebliches Streitpotenzial begründen, wenn sie einen Global-Pauschalvertrag abschließen und das Bau-Soll unklar ist, findet sich in der berühmten Entscheidung des Oberlandesgerichts Düsseldorf.[21]

In dieser rechtskräftigen Entscheidung ging es darum, dass eine Auftragge- 178
berin in Köln die Nord-Süd-Fahrt durch ein Bekleidungshaus überbauen ließ, welches höchsten architektonischen Anforderungen genügen sollte. Ein namhaftes deutsches Bauunternehmen erhielt für diese Arbeiten den Zuschlag zu einem Pauschalpreis. Der Clou an dem Fall war, das lediglich eine Teilbaugenehmigung vorlag und die eigentliche Entwurfsplanung erst noch von einem Star-Architekten erbracht werden sollte. Dies war auch ausdrücklich in dem Vertrag so vereinbart worden. Nachdem dieser Architekt seine Wünsche geäußert hatte, stellte die Auftragnehmerin eine erhebliche Unterdeckung fest und

21 OLG Düsseldorf, IBR 2003, 345.

machte diverse Nachträge geltend, deren Beauftragung durch den Auftraggeber jedoch verweigert wurde mit dem Hinweis darauf, dass nur eine funktionale Leistungsbeschreibung vorlag.

179 Nach jahrelangem Rechtsstreit hat das Oberlandesgericht Düsseldorf im Einklang mit der Rechtsprechung des Bundesgerichtshofes entschieden, dass der Auftragnehmer vorliegend offenkundig bewusst ein erhebliches Kalkulationsrisiko eingegangen ist, indem er auch die erst noch zu erstellende Entwurfsplanung des Star-Architekten zum Gegenstand des Vertrages und damit des Pauschalpreises gemacht hat. Der Auftragnehmer war dadurch verpflichtet, die von dem Architekten angedachten Arbeiten mit auszuführen. Es handelte sich dabei um ein „Millionengrab für den Auftragnehmer". Da bei diesem funktionalen, global beschriebenen Vertrag das Kalkulationsrisiko bei dem Auftragnehmer lag, standen ihm Nachtragsansprüche nicht zu.

180 Der BGH führte in einem ähnlichen Fall in einer früheren Entscheidung hierzu aus:

> *„Für die Wirksamkeit eines Vertragsschlusses ist nicht von Bedeutung, dass die übernommenen Verpflichtungen kalkulierbar sind."*[22]

4.2.3 Stundenlohnvertrag

181 Bei diesem Typ richtet sich die Vergütung nach dem tatsächlich anfallenden Aufwand.

182 Beim **Stundenlohnvertrag** wird die Anzahl der zur Erbringung der Leistung aufgewendeten Stunden vergütet.

§ 4 Abs. 2 VOB/A bestimmt, dass diese Vertragsart nur für Bauleistungen geringeren Umfangs, die im Wesentlichen nur Lohnkosten erzeugen, angewendet werden sollte. Auch für private Bauherren stellt diese Bestimmung der VOB eine Empfehlung dar. Im BGB ist dieser Vertragstyp nicht ausdrücklich geregelt, während bei einem VOB-Werkvertrag die §§ 2 Abs. 10 und 15 VOB/B zu berücksichtigen sind. Sind bei einem BGB-Werkvertrag Stundenlohnarbeiten vereinbart worden, nicht jedoch deren Höhe, gilt § 632 Abs. 2 BGB, wonach im Zweifel die „übliche Vergütung" als vereinbart anzusehen ist.

Die Problematik liegt für den Auftraggeber darin, dass der Auftragnehmer bei einem Stundenlohnvertrag keinen Ansporn hat, seine Effektivität zu steigern, denn er wird unabhängig von seiner Effektivität nach Stunden bezahlt. Das ist auch der Grund, warum viele Auftraggeber vor Stundenlohnverträgen zurückschrecken. Dennoch kann im Einzelfall ein Stundenlohnvertrag sinnvoll sein.

---

22 BGH, IBR 1996, 487.

Diese Vorgehensweise ist in den meisten Fällen sinnvoll, weil aus der Erfahrung heraus bekannt ist, dass in einer Vielzahl der Fälle Stundenlohnarbeiten für zusätzliche Arbeiten anfallen werden. Damit die Stundensätze in die Wertung des Angebots mit einfließen, werden in der Regel einige wenige Stunden ausgeschrieben.

Beispiel 183

In der Ausschreibung der Malerarbeiten sind „10 Facharbeiterstunden" enthalten.

Weil Stundenlohnarbeiten in der Praxis häufig zu Streitigkeiten über die Anzahl der tatsächlich erbrachten Stunden führen, möchten wir an dieser Stelle nochmal explizit auf die Voraussetzungen der §§ 2 Abs. 10, 15 VOB/B eingehen, die dem Bauleiter einen guten Leitfaden für Stundenlohnarbeiten bieten.

Folgende Voraussetzungen sind für den Auftragnehmer zu erfüllen, um auf Stundenlohnbasis abrechnen zu können 184

- ausdrückliche vertragliche Vereinbarung der Stundenlohnarbeiten gemäß § 2 Abs. 10 VOB/B,
- Anzeige der Stundenlohnarbeiten vor Beginn gegenüber dem Auftraggeber gemäß § 15 Abs. 3 Satz 1 VOB/B und
- Einreichung von Stundenlohnzetteln gemäß § 15 Abs. 3 VOB/B.

§ 2 Abs. 10 VOB/B befasst sich mithin mit dem Vergütungsanspruch dem 185 **Grunde nach**, während § 15 VOB/B die **Höhe der Vergütung** regelt. Wenn ein Stundenlohnvertrag entgegen § 2 Abs. 10 VOB/B nicht geschlossen worden ist, kommt es mithin nicht mehr auf die weitere Prüfung des § 15 VOB/B an.

Wesentlich ist, dass die Stundenlohnvereinbarung ausdrücklich und unmissverständlich erfolgen muss und somit auch eine Duldung der Arbeiten als solche grundsätzlich nicht ausreicht. Natürlich kann eine Vereinbarung auch nachträglich genehmigt werden.

Kann eine Stundenlohnvereinbarung vom Auftragnehmer nicht bewiesen werden, erfolgt die Abrechnung der ausgeführten Leistungen gemäß § 2 Abs. 2 VOB/B auf Einheitspreisbasis. Ausnahmsweise erhält der Auftragnehmer für die Leistungen überhaupt keinen Werklohn, wenn er eigenmächtig gehandelt hat, weil ihm dann grundsätzlich keine gesonderte Vergütung zusteht mit Ausnahme des Eingreifens der Regelungen über § 2 Abs. 8 VOB/B.

Die **Höhe** der vertraglich vereinbarten Stundenlohnarbeiten richtet sich sodann nach § 15 VOB/B.

186 Gemäß § 15 Abs. 1 Nr. 1 VOB/B werden Stundenlohnarbeiten nach den vertraglichen Vereinbarungen abgerechnet. Sofern derartige Vereinbarungen zur Höhe nicht getroffen worden sind, regelt § 15 Abs. 1 Nr. 2 Satz 1 VOB/B, dass dann die ortsübliche Vergütung gilt. Sollte auch diese nicht zu ermitteln sein, regelt sich die Abrechnung dann nach den Ausführungen in § 15 Abs. 1 Nr. 2 Satz 2 VOB/B.

187 Bezüglich der **Fristen** für die Einreichung der Stundenlohnabrechnungen ist § 15 Abs. 4 VOB/B maßgeblich, wonach Stundenlohnrechnungen alsbald nach Abschluss der Stundenlohnarbeiten, längstens jedoch in Abständen von vier Wochen einzureichen sind.

188 Gemäß § 15 Abs. 3 VOB/B sind über die geleisteten Stunden und den damit verbundenen Aufwand Stundenlohnzettel einzureichen. Gibt der Auftraggeber die von ihm gegengezeichneten Stundenzettel nicht innerhalb von sechs Werktagen nach Zugang zurück, gelten diese gemäß § 15 Abs. 3 VOB/B als „anerkannt". Dabei ist jedoch zu berücksichtigen, dass dadurch lediglich eine **Umkehr der Beweislast** eintritt, sodass dem Auftraggeber weiterhin die Möglichkeit offengehalten wird, den Gegenbeweis dahingehend zu führen, dass selbst die Stundenlohnzettel unrichtig sind und er von diesen keine Kenntnis hatte.[23] Dasselbe gilt, wenn die Stundenzettel von dem Auftraggeber oder den von ihm bevollmächtigten Architekten oder Bauleitern unterzeichnet worden sind und es sich dabei um ein deklaratorisches Schuldanerkenntnis handelt, was ebenfalls zur Umkehr der Beweislast führt.[24] Wichtig für Auftraggeber und Auftragnehmer ist, dass Tagelohnzettel die durchgeführten Arbeiten nachvollziehbar beschreiben müssen, damit überhaupt eine Prüfung stattfinden kann.[25]

189 Es hat sich in der Praxis als sinnvoll herausgestellt, dass der Bauleiter bei Stundenlohnarbeiten – sofern möglich – so vorgeht, dass er **vor Beginn der Arbeiten**:

- vor Ort genau abspricht, was zu erledigen ist und auf einem Stundenzettel detailliert dokumentiert,
- bespricht, welche Materialien und Geräte eingesetzt werden sollen,
- zusammen mit dem Auftragnehmer überlegt, welcher Stundenanfall voraussichtlich entstehen wird und
- die örtliche Situation fotografisch dokumentiert, damit er später gegenüber dem Bauherrn die Stundenlohnarbeiten nachvollziehbar darstellen kann.

---

23 Werner/Pastor, Rn. 2525.
24 BGH, Baurecht 2000, 1196.
25 Werner/Pastor, Rn. 2522.

Zu berücksichtigen ist, dass die unterschriebenen Stundenlohnzettel lediglich aussagen, dass die Arbeiten ausgeführt worden sind, nicht jedoch, dass die Arbeiten auf Stundenlohnbasis tatsächlich vergütet werden.[26] Auch wenn der Bauleiter des Auftraggebers den Stundenlohnzettel abgezeichnet hat, bedeutet dies kein Anerkenntnis, dass die Arbeiten nach Stundenlohn zu vergüten sind, beispielsweise, wenn sich bei der Abrechnung herausstellt, dass für die Arbeiten eine Leistungsposition vorhanden ist.[27]

4.2.4 Selbstkostenerstattungsvertrag

Bei einem **Selbstkostenerstattungsvertrag** werden – auch wenn der Name dies nahelegt – keineswegs nur die Kosten des Auftragnehmers erstattet. Vielmehr erfolgt die Vergütung auf Basis vereinbarter Kosten beispielsweise für Löhne, Stoffe und Geräte zuzüglich der darauf aufzuschlagenden Deckungsbeiträge für Gemeinkosten, Wagnis und Gewinn. Der Unternehmer muss sämtliche ihm entstandenen Kosten darlegen und im Zweifel beweisen, dass diese die Basis der Abrechnung sind.[28] Geregelt ist der Selbstkostenerstattungsvertrag in § 2 Abs. 2 VOB/B. **190**

Der Selbstkostenerstattungsvertrag hat in der Praxis nur eine geringe Bedeutung.

4.3 Unterschiede und Gründe für die Wahl der Vertragsarten

Die in der Baupraxis am häufigsten anzutreffende Vertragsart ist der **Einheitspreisvertrag**. Dies ist in § 2 Abs. 2 VOB/B für VOB-Verträge auch genau so normiert. **191**

Dieser enthält eine weitestgehend abgeschlossene Planung mit Leistungsverzeichnissen, Plänen und Mengenangaben. Auch in Vergabeverfahren, denen die VOB/A zugrunde liegt, ist der Einheitspreisvertrag in § 4 Abs. 1 Nr. 1 VOB/A grundsätzlich vorgesehen. Auf der anderen Seite können gerade beim Einheitspreisvertrag bei Leistungsänderungen oder zusätzlichen Leistungen oder auch bei Mengenabweichungen über 10 % Nachträge über § 2 VOB/B durch den Auftragnehmer generiert werden. Dasselbe gilt bei einem BGB-Vertrag über die §§ 650b bis d BGB.

Bei einem **Detail-Pauschalvertrag** gelten über § 2 Abs. 7 Nr. 2 VOB/B dieselben Nachtragsmöglichkeiten wie beim Einheitspreisvertrag mit Ausnahme des **192**

26 BGH, Baurecht 2003, 1892, 1896; OLG Dresden, Baurecht 2008, 364.
27 BGH, Baurecht 2003, 1892, 1896 und OLG Düsseldorf, IBR 2009, 196; anderer Ansicht OLG Oldenburg, Baurecht 2009, 1917.
28 OLG Karlsruhe, IBR 2009, 72.

Mengenrisikos, welches beim Detail-Pauschalvertrag anders als beim Einheitspreisvertrag bis zur „Zumutbarkeitsgrenze" gemäß § 2 Abs. 7 Nr. 1 VOB/B der Auftragnehmer zu tragen hat.

193 Ist die Planung noch nicht so weit vorangeschritten, dass hierauf ein detailliertes Leistungsverzeichnis oder eine Leistungsbeschreibung erstellt werden kann, und liegt lediglich eine funktionale Leistungsbeschreibung vor, ist schließlich der **Global-Pauschalvertrag** denkbar mit den damit verbundenen skizzierten Risiken für Auftraggeber und Auftragnehmer. Bei technisch komplexen Leistungen, bei denen der Auftragnehmer ein überlegenes Wissen besitzt, kann dies eine denkbare Variante sein, wobei der Auftraggeber und auch die Architekten und Bauleiter wissen müssen dann nicht genau vorab erkennen, was sie erstellt bekommen. Der Auftragnehmer ist dann nämlich in wesentlichen Bereichen in der Ausführung frei, muss aber natürlich die anerkannten Regeln der Technik als Mindeststandard im Zeitpunkt der Abnahme einhalten.

4.4 Qualitätsfestlegung

4.4.1 Systematiken

194 Damit eine Bauleistung (detailliert) ausgeschrieben werden kann, müssen Qualität und Quantität der Leistungen feststehen. Schon bei kleineren Projekten ist für die **Dokumentation der Qualitäten** eine Systematik erforderlich, um bei der Fortschreibung der Qualitäten den Überblick behalten zu können.

In der Praxis haben sich zwei grundsätzliche Systematiken etabliert, die im Folgenden besprochen werden. Welche Systematik letzten Endes zum Einsatz kommt, hängt vom Einzelfall ab.

4.4.1.1 Raumbuch

195 Das **Raumbuch** wird auf Basis des Raumprogramms entwickelt. Es dient der Beschreibung der Eigenschaften der einzelnen Räume eines Gebäudes sowie der Anforderungen hinsichtlich der Qualität. Das Raumbuch hat sich bislang nur in einzelnen Phasen des Lebenszyklus eines Bauwerks durchgesetzt, weil Planer Zeichnungen und Pläne für die Darstellung von Informationen bevorzugen.

Zusätzlich zu den Qualitäten enthalten Raumbücher in der Regel auch Mengen wie die Grundfläche des Raumes oder Art und Anzahl der Objekte der Technischen Ausrüstung.[29]

Je nach Anwendung werden drei Formen unterschieden.

29 Vgl. Feuerabend, S. 31 f.

Beim Anforderungsraumbuch handelt es sich um das schriftliche Festhalten allgemein formulierter Informationen zu Größen, Mengen und Qualitäten. Es dient schon während der Phase der Grundlagenermittlung zur systematischen Erfassung der Anforderungen und zur Dokumentation der Bauherrenwünsche.

Beispiel 196

Der Bauherr wünscht in den Besprechungsräumen einen höheren Schallschutz als gesetzlich gefordert.

Im Ausstattungsraumbuch werden hinsichtlich der raumbildenden Konstruktion sowie der Raumausstattung detaillierte Festlegungen getroffen (Baustoffe, Materialien), welche im Verlauf der Planung weiter konkretisiert werden.

Im Bestandsraumbuch wird der Zustand nach Vollendung des Bauwerks festgehalten. Es wird u.a. zur abschließenden Baudokumentation und beim Facility-Management genutzt.

Raumbücher haben den Nachteil, dass sie aufgrund ihres raumweisen Aufbaus unübersichtlich („In welchem Raum ist der PVC, Typ A?") und daher auch umständlich fortzuschreiben sind.

Zudem sind sie nicht gut geeignet, als Basis für weitere Unterlagen (Kostenermittlung und Terminplanung) zu dienen.

4.4.1.2 Baubeschreibung mit Bauelementen

4.4.1.2.1 Begriff Bauelement

Während das Raumbuch raumweise die Ausstattung eines Gebäudes wiedergibt, geht die **Baubeschreibung mit Bauelementen** einen anderen Weg: Hier wird die Ausstattung eines Gebäudes insgesamt aufgelistet und den jeweiligen Räumen zugeordnet. 197

Diese Vorgehensweise stellt die Anforderungen an die einzelnen Bauelemente übersichtlich dar und bietet den großen Vorteil, dass der Umfang der Baubeschreibung bei gleichem Inhalt wesentlich geringer ist als Raumbücher und eine Fortschreibung mit wesentlich geringerem Aufwand erfolgen kann.

Eine sinnvolle Gliederung der Ausstattung stellt die Untergliederung in Bauelemente dar. Ein Bauelement ist:[30] 198

a) ein Bestandteil des Gebäudes, der nach der Kostengruppe der dritten Ebene der DIN 276 eindeutig bestimmt ist und

b) eindeutig einem Leistungsbereich zugeordnet werden kann.

30 Aus: Bielefeld/Feuerabend, S. 44.

Zu a) Dritte Ebene der Kostengruppen nach DIN 276

199 Eine Gliederung der Elemente bis zur dritten Ebene der Kostengruppen nach DIN 276 ist notwendig, um z.B. eine Wand nicht mit allen Schichten in einem Element zu beschreiben; vielmehr werden die **Grobelemente** der zweiten Ebene der DIN 276 (Außenwände, Innenwände, Decken etc.) in ihre einzelnen Bestandteile zerlegt (vgl. Abb. 20).

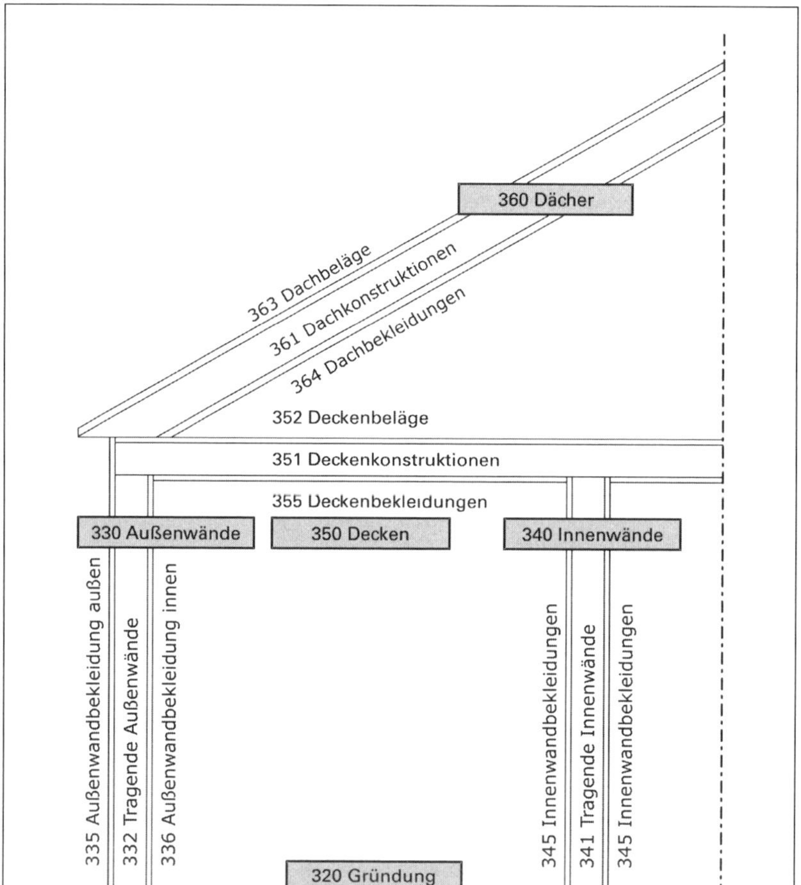

Abbildung 20: Schematische Darstellung der Struktur der DIN 276

Zudem ist eine Gliederung der Baubeschreibung nach den Kostengruppen der DIN 276 deshalb ratsam, weil diese die Erstellung der Baubeschreibung erleichtert, indem sie als übersichtliche **Checkliste** genutzt wird. Die so aufgebaute Baubeschreibung nach Bauelementen bildet anschließend **ohne zusätzlichen Aufwand die Basis für die Kostenermittlung.**

Die Gliederung nach den Kostengruppen der DIN 276 nutzt eine projektübergreifende Systematik zur sinnvollen Einteilung eines Gebäudes in seine Bestandteile. Gerade bei der Qualitätsfestlegung bietet die **gebäudeorientierte Gliederung der DIN 276** den Vorzug, dass die Zuordnung zu den Vergabeeinheiten noch geändert werden kann.

Beispiel 200

Der Bauherr wünscht statt eines Parkettbodens nun einen Natursteinbelag.

Die Bauelemente des Gebäudes können anhand der Liste der Kostengruppen der DIN 276 dokumentiert werden; die Kostengruppen dienen hier als Checkliste.

Zu b): Eindeutige Zuordenbarkeit zu einem Leistungsbereich

Durch die Forderung nach einer Aufspaltung der Bauelemente in die Leistungsbereiche bzw. Vergabeeinheiten kann gewährleistet werden, dass die darauf aufbauende: 201

- Kostenermittlung in Budgets für die einzelnen Vergabeeinheiten umgeschrieben werden kann,[31]
- Liste der Bauelemente als Basis für die Ausschreibung dienen kann und
- Liste der Bauelemente als Basis für die Ermittlung der Vorgänge eines detaillierten Terminplans einer Vergabeeinheit herangezogen werden kann.

Beispiel 202

Eine „Trockenbauwand mit Dispersionsanstrich" ist eine „Trockenbauwand" und ein „Dispersionsanstrich".

Eine wie vor beschrieben gegliederte Baubeschreibung lässt sich geordnet nach den Kriterien Kostengruppe oder Leistungsbereich bzw. Vergabeeinheit darstellen.

31 Die Budgetbildung ist elementar, weil die Vergaben i.d.R. zeitversetzt erfolgen und sonst keine Aussage zur Angebotssumme im Verhältnis zu den eingeplanten Kosten (Kostenermittlung) möglich ist.

203 Nach Kostengruppen sortiert, erhält man eine **gebäudeorientierte Sicht**, bei der die Bauelemente nach ihrer Funktion im Gebäude gegliedert sind. Dies ist vor allem bei der Qualitätsfestlegung und bei der Überprüfung auf Vollständigkeit eine große Unterstützung.

204 Nach Leistungsbereichen der VOB/C sortiert, erhält man eine **ausführungsorientierte Sicht**, die beispielsweise als Basis für die Ausschreibung hilfreich ist.

Die Art der Informationsdarstellung nach Kostengruppen oder nach Leistungsbereichen kann beliebig gewechselt werden. Der in der Praxis oftmals auftretende Bruch zwischen den Informationen der frühen und denen der späteren Leistungsphasen wird so vermieden. Die Umstellung zu einem bestimmten Zeitpunkt ist nicht erforderlich.

4.4.1.2.2 Beschreibung der Bauelemente

205 Die Baubeschreibung dient der internen Information des Auftraggebers und sollte daher so verfasst sein, dass sie eindeutig ist und die auftraggeberseitigen Projektbeteiligen diese gleich verstehen.

Dabei geht es nicht darum zu beschreiben, wie die Bauelemente erstellt werden – das ist Sache der Leistungsbeschreibung. Vielmehr geht es um die qualitätsprägenden Merkmale und Anforderungen an das jeweilige Bauelement.

206 ***Beispiel***

Trockenbauwand, Dicke 12,5 cm, F 90A.

Bei der Formulierung ist es in jedem Fall ratsam, die Qualitäten so zu beschreiben, dass sie auch von fachfremden Personen ohne Weiteres verstanden werden können.

Selbstverständlichkeiten werden weggelassen, beispielsweise wird bei einer Trockenbauwand nicht beschrieben, welche Stärke die Profile des Ständerwerks haben.

4.4.1.2.3 Zuordnung der Bauelemente zu ihren Einbauorten

207 Um zu dokumentieren, wo die beschriebenen Bauelemente zum Einsatz kommen sollen, sind ihnen ihre genauen Einbauorte zuzuordnen.

Dies kann durch Bezeichnung der Raumgruppe (Büroräume, Lagerräume, Foyer) oder auch der konkreten Raumbezeichnungen mit Raumnummer erfolgen. Im eigenen Interesse sollte die Ortsangabe so kurz und präzise wie möglich sein.

Beispiel 208

Trockenbauwand, Dicke 12,5 cm, F 90A	*Räume 001, 002*
Trockenbauwand, Dicke 10 cm	*Besprechungsraum*

4.4.2 Qualitätseingrenzung

Jede Kostenermittlung ist abhängig von den zugrunde liegenden Qualitäten. 209
Die zu Projektbeginn nur global festgelegten Qualitäten – im Normalfall nur zwischen niedrig, mittel und hoch unterschieden – werden im Laufe der Planung weiter detailliert.

Idealerweise werden bereits während des Entwurfs die Bauelemente mit ihren Oberflächen und Ausführungsdetails definiert. Durch eine frühe Festlegung der kostenbeeinflussenden Faktoren lassen sich genauere Kostenaussagen treffen, die später als Entscheidungsgrundlage dienen.

Die in Frage kommenden Qualitäten werden von zahlreichen gesetzlichen Anforderungen eingeschränkt. Dazu zählen beispielsweise Brand- und Schallschutzanforderungen an Bauelemente wie Türen oder Trennwände (vgl. Abb. 21).

Beispiel 210

Wird eine Trockenbauwand mit der Feuerwiderstandsklasse F 90A und einer Dicke von 10 cm benötigt, so kommt (nur) eine Wand vom Typ W112 in Frage.

Die gesetzlichen Anforderungen können anhand des Verwendungszwecks und des Einsatzbereiches der einzelnen Bauelemente ermittelt werden. Für die meisten Bauelemente können die möglichen Einsatzbereiche und Eigenschaften den entsprechenden Herstellerinformationen entnommen werden, die von den Herstellern kostenlos zur Verfügung gestellt werden. Viele Hersteller bieten diese Informationen online auf ihren Internet-Seiten an.

Daneben hat auch der Bauherr eine konkrete Vorstellung von den Qualitäten oder kann zumindest einen Qualitätsstandard wie „ausreichend", „mittel" oder „hoch" angeben.

Durch die gesetzlichen Bedingungen und die Vorgaben des Bauherrn werden die in Frage kommenden Qualitäten eingeschränkt. Dem Bauherrn können dann Qualitäten empfohlen werden, die sowohl seinen Anforderungen als auch den gesetzlichen Anforderungen gerecht werden.

	W 111 Metallständerwand einfach beplankt, WD = 75 mm	W 111 Metallständerwand einfach beplankt, WD = 100 mm	W 111 Metallständerwand einfach beplankt, WD = 125 mm	W 112 Metallständerwand doppelt beplankt, WD = 100 mm	W 112 Metallständerwand doppelt beplankt, WD = 125 mm	W 112 Metallständerwand doppelt beplankt, WD = 150 mm	W 113 Metallständerwand dreifach beplankt, WD = 125 mm	W 113 Metallständerwand dreifach beplankt, WD = 150 mm	W 113 Metallständerwand dreifach beplankt, WD = 175 mm	W 115 Metalldoppelständerwand doppelt beplankt, WD = 150 mm	W 115 Metalldoppelständerwand doppelt beplankt,WD = 200 mm	W 115 Metalldoppelständerwand doppelt beplankt,WD = 250 mm	W 116 Installationswand Metallständer, F30	W 116 Installationswand Metallständer, F90	W 116 Installationswand Metallständer, F120	W 116 Installationswand Metallständer, F180	W 118 Sicherheitswand
maximale Wandhöhe																	
4,50 m	■	■	■	■	■	■	■	■	■	■	■	■	■	■	■	■	■
5,00 m	■	■	■	■	■	■	■	■	■	■	■	■	■	■	■	■	■
5,50 m	■	■	■	■	■	■	■	■	■	■	■	■	■	■	■	■	■
6,00 m				■	■	■	■	■	■	■	■	■	■	■	■	■	■
6,50 m				■	■	■	■	■	■	■	■	■					■
7,00 m				■	■	■											■
7,50 m				■	■	■											■
8,00 m				■	■	■											■
8,50 m				■	■	■											■
Brandschutz																	
F30-A	■	■	■	■	■	■	■	■	■	■	■	■	■	■	■	■	■
F30-AB																	
F30-B																	
F60-A																	
F60- AB																	
F60-B																	
F90-A				■	■	■	■	■	■	■	■	■		■	■	■	■
F90-AB																	
F90-B																	
F120-A							■	■	■	■	■	■			■	■	
F120-AB																	
F120-B																	
F180-A										■	■	■				■	
F180-AB																	
F180-B																	
Schallschutz																	
*	■	■	■	■	■	■	■	■	■	■	■	■	■	■	■	■	■
**			■	■	■	■	■	■	■	■	■	■	■	■	■	■	■
***										■	■	■					
Wanddicke																	
75 mm	■																
100 mm		■		■													
125 mm			■		■		■										
150 mm						■		■		■							
175 mm									■								■
200 mm											■		■	■	■	■	
250 mm												■					
325 mm																	

Abbildung 21: Eignung der Bauelemente für bestimmte Einsatzbereiche am Beispiel von Trockenbauwänden

4.4.3 Bemusterung

4.4.3.1 Begriffsbestimmung

Die Festlegung der endgültig zur Ausführung kommenden Qualitäten – und natürlich der damit verbundenen Quantitäten – ist die **Bemusterung**. Bei einer Baudurchführung mit Einzelvergaben erfolgt die Bemusterung analog zu den jeweiligen Ausschreibungen in mehreren Schritten. 211

Spätestens bei der Erstellung der Leistungsbeschreibung sollte jedoch klar sein, welche Qualitäten verlangt werden. Die in der Praxis in Leistungsbeschreibungen oft anzutreffenden aufschiebenden Elemente im Hinblick auf eine spätere Qualitätsfestlegung durch den Bauherrn schieben die Entscheidung – für viele Bauherren unbekannt – nur auf und führen später oft zu Streitigkeiten über die Vergütung der nach Vertragsschluss festgelegten Qualitäten. Der Bauleiter sollte daher in seinem eigenen Interesse zur Vermeidung von Streitigkeiten versuchen, eine verspätete Qualitätsfestlegung zu vermeiden.

Eine Ankopplung der Termine der Qualitätsfestlegung kann direkt an den Ausschreibungsprozess der jeweiligen Vergabeeinheit im projektorientierten Terminplan als Meilenstein mit angemessenem Vorlauf für die jeweiligen Entscheidungen erfolgen.

Die zuvor besprochene interne auftraggeberseitige Bemusterung vor der Ausschreibung ist nicht mit der Bemusterung zu verwechseln, die bei der Bauausführung eine Rolle spielt. Denn bei dieser geht es darum, z.B. spezielle Betonfertigteile oder Fassaden, individuelle Bodenbeläge oder Wandbekleidungen als vertragsgerecht anzuerkennen und sie zur Ausführung freizugeben.

4.4.3.2 Bemusterung vor der Ausschreibung

Der Prozess der Bemusterung vor der Ausschreibung dient dazu, 212

- alternative Qualitäten z.B. an Bodenbelägen und
- Vergleichsprodukte verschiedener Qualitätsstufen im Hinblick auf ihre Vor- und Nachteile

kennen zu lernen, um auf dieser Basis festzulegen, was ausgeschrieben werden soll.

Für die Dokumentation der bemusterten Qualitäten hat sich die gebäudeorientierte Baubeschreibung bewährt, weil sich ihre Struktur auch fachfremden Bauherren schnell erschließt.

4.4.3.3 Bemusterung zusammen mit dem Auftragnehmer

213 Für viele Leistungsbereiche sieht die VOB/C die Bemusterung ausdrücklich als Nebenleistung vor und trägt damit der Baupraxis Rechnung, in der der Auftragnehmer vor der Ausführung ein Muster erstellt, das der anschließenden Ausführung entspricht und bei Streitigkeiten als Vergleichsnormal herangezogen werden kann.

Musterproben sind daher bis zur Abnahme aufzubewahren.

Sofern es in Einzelfällen, wie beispielsweise bei individuellen Wandbekleidungen, notwendig ist, kann eine – über die jeweiligen Nebenleistungen der VOB/C hinausgehende – Bemusterung ausgeschrieben werden, in der Umfang und Qualität der Muster festgelegt werden, die vom Auftragnehmer zu liefern bzw. zu erbringen sind.

214 ***Beispiel***

Der Bauherr möchte die Farbe seiner Büroräume in einem „Musterbüro" sehen und sich dann entscheiden.

Diese Musterfläche geht über die vom Maler als Nebenleistungen geschuldeten drei Musterflächen mit einer Größe bis 1 m² hinaus (vgl. DIN 18363).

In das Leistungsverzeichnis ist daher eine entsprechende Position für die Erstellung der Musterflächen aufzunehmen.

4.5 Bildung der Vergabeeinheiten

4.5.1 Begriffsbestimmung

215 In der Praxis werden z.B. bei Aluminiumfenstern die Leistungen der Leistungsbereiche „Metallbauarbeiten", „Verglasungsarbeiten" und „Beschlagsarbeiten" in den wenigsten Fällen getrennt ausgeschrieben.

Vielmehr werden diese Leistungsbereiche zur sogenannten Vergabeeinheit „Metallbau" zusammengefasst.

4.5.2 Einteilung

216 Bei der Einteilung ist zu beachten, dass mit zunehmender Breite der Ausschreibung die Anzahl der Unternehmen, die an dieser Ausschreibung teilnehmen können, eingeschränkt wird. Denn die anbietenden mittelständischen Bauunternehmen – vor allem die des Ausbaus – sind auf die Erstellung bestimm-

ter Bauelemente wie Aluminiumtüren oder Kunststofffenster spezialisiert. Der Ausschreibende tut gut daran, wenn er diese markttypische Einteilung beachtet.

Berücksichtigt man die späteren Vergabeeinheiten schon bei der Erstellung der Baubeschreibung und führt diese konsequent über die Kostenermittlungsstufen fort, kann auf dieser Basis eine nach Vergabeeinheiten sortierte Ausschreibungsgrundlage erstellt und fortgeschrieben werden.

In der Praxis haben sich bestimmte Einteilungen etabliert, für die der Deutsche Vergabe- und Vertragsausschuss für Bauleistungen (DVA) Übersichten bietet, aus denen hervorgeht, welche Leistungsbereiche in welchen Vergabeeinheiten sinnvoll gebündelt werden können (vgl. Abb. 22).

Es empfiehlt sich, den Vorschlägen des DVA zu folgen, weil anderenfalls **217**

- die Zahl der Firmen, die an den Ausschreibungen teilnehmen können, erheblich eingeschränkt wird[32] und
- bei öffentlichen Auftraggebern Beschwerden über die Einteilung der Vergabeeinheiten auftreten können.

Greift der Ausschreibende hingegen auf die Vorschläge des DVA zurück, so kann er die Einteilung der Vergabeeinheiten entsprechend begründen.

4.5.3 Einteilung in Lose

Unter Losen sind Teile einer Gesamtleistung zu verstehen. Hierbei spricht man **218**

- von **Fachlosen**, wenn eine Unterteilung nach Fachgebieten vorliegt, und
- von **Teillosen**, wenn es sich um räumlich aufgeteilte Leistungen handelt.

In der Praxis ist bis zu mittlerer Projektgröße häufig die Einteilung in Fachlose anzutreffen, die durch die Einteilung in geeignete Vergabeeinheiten gut systematisiert werden kann.

Wird aufgrund des Umfangs der Bauleistungen eine zusätzliche Einteilung in Teillose notwendig, so ist dies auch bei der projektorientierten Terminplanung durch eine zusätzliche Hierarchiestufe zu berücksichtigen.

Gemäß § 5 Abs. 2 VOB/A werden Bauleistungen in der Menge aufgeteilt (Teillose) und getrennt nach Art oder Fachgebiet (Fachlose) vergeben. Bei der Vergabe kann aus wirtschaftlichen oder technischen Gründen auf eine Aufteilung oder Trennung verzichtet werden.

32 Mit der Folge, dass höhere Angebotssummen zu erwarten sind.

4.5.3.1 Vergabe nach Fachlosen

219 Die **Vergabe nach Fachlosen** orientiert sich am Leistungsspektrum, das von den meisten ausführenden Unternehmen erbracht werden kann. Diese Art der Einteilung bildet den Regelfall nach § 4 Abs. 1 VOB/A.

220 Dabei kann die zusätzliche Abspaltung einer Vergabeeinheit von Vorteil sein, wenn

- die Spezialisierung einzelner Firmen genutzt werden soll oder
- die auszuführenden Leistungen zeitlich im Bauablauf weit auseinander liegen.

Mit der größeren Flexibilität ist jedoch auch der Nachteil verbunden, dass sich der auftraggeberseitige Bauleiter einem erhöhten Koordinierungsaufwand gegenübersieht, weil er mehr Firmen auf der Baustelle zu koordinieren hat und mit einer größeren Zahl von Ansprechpartnern kommunizieren und verhandeln muss.

221 ***Beispiel***

Während der frühen Rohbauphase werden Abdichtungsarbeiten ausgeführt.

Diese Arbeiten können von der Ausführung der übrigen Dachdeckungs- und Dachabdichtungsarbeiten getrennt vergeben werden, wenn z.B. die Planung der Dachabdichtung noch nicht abgeschlossen ist.

DIN 18...	Bezeichnung des Leistungsbereichs	Gruppe 1 Vorbereitende Arbeiten und Rohbauarbeiten für Gebäude						Gruppe 2 Ausbauarbeiten						Gruppe 3	Gruppe 4 Technische Ausrüstung					Gruppe 5 Außenanlagen				
		Vorbereitende Arbeiten	Rohbauarbeiten	Putz- und Trockenbauarbeiten	Dacharbeiten (Winterfester Rohbau)	Betonsanierung	Fassadensanierung	Estrich	Fliesen, Natur- und Betonwerkstein	Boden, Parkett	Fenster (Holz,Metall, Kunststoff)	Türen (Holz, Metall, Kunststoff)	Trockenausbau	Raumbildende Kosntuktionen	Gas-, Wasser- und Abwasser	Heizung, Warmwasser	Raumlufttechnik, TGA	Dämmarbeiten	Starkstrom, Fernmelde, IT	Gärtnerische Arbeiten	Sport- und Spielflächen	Straßen-, Brücken-, Gleisbauarbeitne	Allgemeiner Ingenieurbau	Wasserbauliche Anlagen
300	Erdarbeiten	X																		X	X	X	X	X
303	Verbauarbeiten	X																						X
304	Rammarbeiten	X																						X
306	Entwässerungskanalarbeiten		X																		X	X	X	X
307	Druckrohrleitungen im EB																							X
308	Dränarbeiten																				X	X	X	X
311	Naßbaggerarbeiten																							X
313	Schlitzwandarbeiten	X																						
314	Spritzbetonarbeiten	X																						
315	Verkehrswegebauarbeiten																			X		X		
316	Verkehrswegebauarbeiten																					X		
317	Verkehrswegebauarbeiten																					X		
318	Verkehrswegebauarbeiten																			X		X		
320	Landschaftsbauarbeiten																			X	X	X	X	
330	Mauerarbeiten		X																					
331	Betonarbeiten		X			X															X	X	X	X
332	Naturwerksteinarbeiten								X											X	X	X	X	
333	Betonwerksteinarbeiten								X											X	X	X	X	
334	Zimmer- und Holzbauarbeiten				X								X							X	X			
335	Stahlarbeiten													X										
336	Abdichtungsarbeiten		X					X	X					X							X		X	
338	Dachdeckungs- und Dachabdichtungsarbeiten				X																			
339	Klempnerarbeiten				X									X										
340	Trockenbauarbeiten			X									X											
345	WDVS			X			X																	
350	Putz- und Stuckarbeiten			X			X						X											
351	Vorgehängte hinterlüftete Fassaden																							
352	Fliesen- und Plattenarbeiten								X															
353	Estricharbeiten							X																
355	Tischlerarbeiten										X	X												
356	Parkettarbeiten									X														
357	Beschlagarbeiten										X	X												
358	Rolladenarbeiten										X			X										
360	Metallbauarbeiten										X	X		X										
361	Verglasungsarbeiten										X	X		X										
363	Maler- und Lackierarbeiten					X	X				X	X		X						X	X	X	X	
364	Korrosionsschutzarbeiten an Stahlbauten					X								X						X	X	X	X	
365	Bodenbelagsarbeiten									X														
366	Tapezierarbeiten												X											
379	Raumlufttechnische Anlagen																X							
380	Heizanlagen und zentrale Wassererwärmungsanlagen															X								
381	Gas-, Wasser- und Entwässerungsanlagen														X									
382	Nieder- und Mittelspannungsanlagen													X					X					
384	Blitzschutzanlagen																		X					
385	Förder- und Aufzugsanlagen		X														X							
386	Gebäudeautomation																		X					
421	Dämmarbeiten TGA																	X						
451	Gerüstarbeiten		X	X		X	X																X	

Abbildung 22: Vorschlag zur Zusammenstellung der Vergabeeinheiten nach DVA

4.5.3.2 Vergabe nach Teillosen

222 Bei der **Vergabe nach Teillosen** wird das Bauvorhaben in größere Abschnitte gegliedert, die getrennt vergeben werden.

Der Wunsch nach einer solchen Unterteilung ergibt sich zumeist aus dem Gedanken, umfangreiche Arbeiten an mehrere Unternehmen zu vergeben. Eine Vorgehensweise, die vor allem bei sehr großen Bauprojekten sinnvoll sein kann. Die Regelungen des § 5 Abs. 2 VOB/A entsprechen dem Leistungsumfang durchschnittlicher Unternehmen, um möglichst vielen die Teilnahme an der Ausschreibung zu ermöglichen und so den Wettbewerb zu intensivieren.

Ein weiterer Anwendungsfall ist die Einholung von Angeboten vorerst nur für das erste Los, um aus diesen Erfahrungen Schlüsse für die Ausschreibung der weiteren Lose zu ziehen.

Eine unerlässliche Voraussetzung für die Vergabe nach Teillosen ist deren praktische Umsetzbarkeit. Beispielsweise dürfen sich durch die Zerlegung der Leistungen keine Behinderungen der Auftragnehmer untereinander und keine Schnittstellenproblematiken bei der Gewährleistung ergeben.

4.5.4 Gebäude- und ausführungsorientierte Kostengliederung

223 Die Kostenberechnung in Leistungsphase 3 wird in der Regel nach den Kostengruppen der DIN 276 strukturiert erstellt. Diese Sortierung der Kosten bezeichnet man als **gebäudeorientierte Kostengliederung**.

224 Für den Ausschreibungsprozess benötigt man aus Gründen der Zweckmäßigkeit jedoch eine Gliederung nach den vorgesehenen Vergabeeinheiten – **die ausführungsorientierte Kostengliederung**.

In dem Fall, dass die Kostenermittlung nach Bauelementen erfolgt ist, kann die Unterscheidung auf „Knopfdruck" erfolgen.

4.5.5 Budget einer Vergabeeinheit

225 Die Ausschreibungen der unterschiedlichen Vergabeeinheiten eines Bauvorhabens erfolgen i.d.R. zeitversetzt.[33] Um die Angebotssummen nicht nur untereinander vergleichen zu können, bedarf es eines **Budgets**, an dem die Angebotssummen gemessen werden können. Dieses Budget ergibt sich aus der vorhergehenden Kostenermittlung – i.d.R. aus der Kostenberechnung.

Bei der Bewertung der Angebote ist zu prüfen, ob die Angebotssummen im Rahmen dessen liegen, was in der vorhergehenden Kostenermittlung dafür

33 Zunächst Rohbau und Gebäudehülle, schließlich der Ausbau.

angenommen wurde. Anderenfalls droht die Gefahr, dass Abweichungen der tatsächlichen Kosten von der vorangegangenen Kostenermittlung zu spät erkannt werden, sodass kostensteuernde Maßnahmen nicht mehr wirksam greifen können (vgl. Abb. 23).

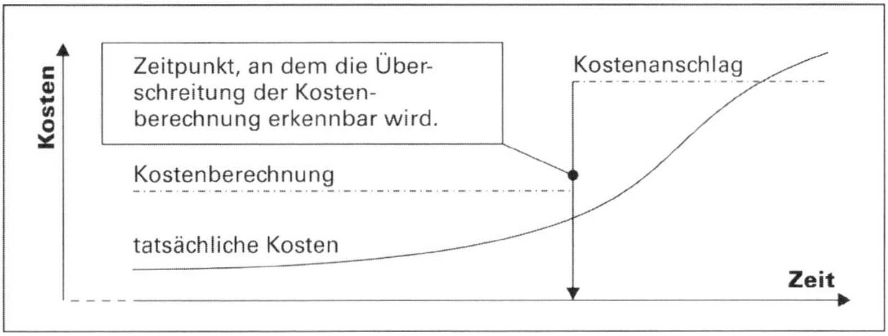

Abbildung 23: Erkennbarkeit von Kostenüberschreitungen beim Fehlen von Budgets für die Vergabeeinheiten

Im Idealfall wurde bereits in der Kostenermittlung die Vergabeeinheit eindeutig mit angegeben. In diesem Fall kann die ausführungsorientierte Kostenermittlung quasi auf Knopfdruck erstellt werden.

Anderenfalls sind die Budgets der Vergabeeinheiten zusätzlich zu ermitteln und zu dokumentieren.

Einen gangbaren Weg stellt bereits die Aufstellung einer Kostenermittlung **226**
nach Bauelementen dar. Hierzu ist in LP 3 zwar eine über die DIN 276 hinausgehende Genauigkeit notwendig, die Mehrarbeit zahlt sich jedoch schnell dadurch aus, dass

- eine höhere Genauigkeit der Kostenermittlung besteht,
- der Bauherr bereits die vorgesehene Qualität und die Kosten kennt und
- die Kostenermittlung über die folgenden Leistungsphasen durchgehend eingesetzt werden kann.

4.6 Ausschreibung

Die Form der Ausschreibung beeinflusst sowohl die Terminplanung des Aus- **227**
schreibungsprozesses als auch die des Bauablaufs und ist daher für jedes Projekt sorgfältig und frühzeitig festzulegen. Sie beeinflusst die Arbeit der Bauleitung wesentlich, denn viele Diskussionen während der Bauausführung resultieren aus ungenau oder nachlässig erstellten Ausschreibungen.

Liegen Unklarheiten oder Widersprüche in der Ausschreibung vor, hat dies zur weiteren Konsequenz, dass seitens des Auftragnehmers z.B. Behinderungsansprüche oder Nachträge geltend gemacht werden könnten.

228 Eine grundlegende Vorschrift ist § 7 VOB/A, der in Auszügen wie folgt lautet:

- § 7 Abs. 1 Nr. 1 VOB/A: Die Leistung ist eindeutig und so erschöpfend zu beschreiben, dass alle Unternehmen die Beschreibung im gleichen Sinne verstehen müssen und ihre Preise sicher und ohne umfangreiche Vorarbeiten berechnen können.
- § 7 Abs. 1 Nr. 3 VOB/A: Dem Auftragnehmer darf kein ungewöhnliches Wagnis aufgebürdet werden für Umstände und Ereignisse, auf die er keinen Einfluss hat und deren Einwirkung auf die Preise und Fristen er nicht im Voraus schätzen kann.
- § 7 Abs. 1 Nr. 4 VOB/A: Bedarfspositionen sind grundsätzlich nicht in die Leistungsbeschreibung aufzunehmen. ... Stundenlohnarbeiten dürfen nur in dem unbedingt erforderlichen Umfange in die Leistungsbeschreibung aufgenommen werden.
- § 7 Abs. 1 Nr. 6 VOB/A: Die für die Ausführung der Leistung wesentlichen Verhältnisse der Baustelle, z.B. Boden- und Wasserverhältnisse, sind so zu beschreiben, dass der Unternehmer ihre Auswirkungen auf die bauliche Anlage und die Bauausführung hinreichend beurteilen kann.
- § 7 Abs. 1 Nr. 7 VOB/A: Die „Hinweise für das Aufstellen der Leistungsbeschreibung" in Abschnitt 0 der Allgemeinen Technischen Vertragsbedingungen für Bauleistungen, DIN 18299 ff., sind zu beachten.

229 Anhand dieser Regelungen, die zunächst für das Vergaberecht gelten, jedoch auch allgemeine Hinweise zur sachgerechten Ausschreibung enthalten und damit auch gleichzeitig als Auslegungshilfe bei anderen Verträgen heranzuziehen sind,[34] können die Eckpunkte und Inhalte einer Ausschreibung festgelegt werden.

4.6.1 Die verschiedenen Auftraggeber

230 Bei der Ausschreibung und der Vergabe von Bauleistungen ist hinsichtlich der Auftraggeberart zwischen öffentlichen und privaten Auftraggebern zu unterscheiden.

4.6.1.1 Öffentliche Auftraggeber

231 Bei dem Begriff **öffentlicher Auftraggeber** ist zwischen der institutionellen und der vergaberechtlichen Bedeutung zu differenzieren.

34 Kapellmann/Messerschmidt, VOB, § 7 VOB/A, Rn. 5.

Auftraggeber im institutionellen Sinne sind der Bund, die Bundesländer, die Gemeinden und die Gemeindeverbände sowie sonstige juristische Personen des öffentlichen Rechts. Ausgenommen sind Einrichtungen, die zu dem besonderen Zweck gegründet wurden, im Allgemeininteresse liegende Aufgaben zu erfüllen, die nicht gewerblicher Art sind.

Vergaberechtlich gelten auch einige privatrechtlich organisierte Auftraggeber **232**
als „öffentliche Hand". Zu öffentlichen Auftraggebern im Sinne des § 99 GWB gehören:

- Körperschaften, z.B. wissenschaftliche Hochschulen, berufsständische Vereinigungen, Sozialversicherungen,
- Anstalten und Stiftungen, z.B. Studentenwerke und Versorgungsanstalten oder Kultur-, Wohlfahrts- und Hilfsstiftungen und
- Juristische Personen des Privatrechts, die der staatlichen Kontrolle unterliegen, oder nicht gewerbliche Einrichtungen, die im Allgemeininteresse tätig werden, z.B. in den Bereichen Gesundheitswesen, Kultur, Soziales, Sport oder Bildung.

Öffentliche Auftraggeber sind an die Vorschriften der VOB/A gebunden. Im **233**
Gegensatz zu privaten Auftraggebern sind für sie beispielsweise

- die anzuwendende Form der Ausschreibung,
- Verfahrensweisen zur Erstellung von Leistungsbeschreibungen oder
- Kriterien bezüglich der Angebotswertung und -prüfung

vorgegeben.

Die Vergabe von Bauleistungen erfolgt nach öffentlicher Ausschreibung, beschränkter Ausschreibung mit oder ohne Teilnahmewettbewerb oder nach freihändiger Vergabe. Dies folgt aus § 3 VOB/A. Der Ablauf der einzelnen Verfahren ist in § 3b VOB/A normiert.

4.6.1.2 Private Auftraggeber

Die **privaten Auftraggeber** unterliegen keinen Vergabebestimmungen; sie **234**
sind deshalb nicht zur Einhaltung der VOB/A verpflichtet.

Im Bereich des Bauens mit öffentlichen Mitteln, bei dem öffentliche Zuwendungen fließen, ist jedoch in den entsprechenden Zuwendungs- und Bewilligungsbescheiden auch das Erfordernis der Einbeziehung der VOB geregelt. In den Bescheiden können auch weitere Bedingungen an die Ausschreibung gestellt werden, die der Ausschreibende prüfen muss.

4.6.1.3 Sektorenauftraggeber

235 Für Auftraggeber bestimmter, im öffentlichen Interesse liegender Sektoren gelten ebenfalls besondere Vorschriften, die in den Vergaberichtlinien nach den VOB/A-b-Paragraphen und der Sektorenrichtlinie geregelt sind. Als Sektorentätigkeiten gelten u.a.:

- Bereitstellung und Betreiben von Netzen zur Versorgung der Öffentlichkeit im Bereich des Verkehrs auf der Schiene,
- Weiterleitung und Verteilung von Gas und Wärme,
- Müllbeseitigungsverbände,
- Schürfen und Gewinnen von Öl, Gas, Kohle und anderen festen Brennstoffen,
- Eisenbahndienste, städtische Eisenbahnen, Straßenbahnen, Oberleitungsbusse und
- Flughafendienste.

4.6.2 Die Bedeutung der VOB/A

236 Die VOB/A betrifft die Vergabe von Aufträgen durch die öffentliche Hand und behandelt dabei den Zeitraum bis zum Abschluss des Werkvertrages. Die VOB/A regelt, wie die ausführenden Arbeiten zu vergeben sind.

Die Regelungen der VOB/A haben für den privaten Bauherrn nur „Empfehlungscharakter", sodass der private Auftraggeber entscheiden kann, ob er sich an die Regelungen in der VOB Teil A hält. Sie muss mithin ausdrücklich vertraglich vereinbart werden.

Der Teil A der VOB gliedert sich in Abschnitt 1 für unterschwellige Vergabeverfahren, Abschnitt 2 für Bauleistungen, die einen bestimmten Schwellenwert übersteigen, und Abschnitt 3, der die Vergabebestimmungen für den Bereich Verteidigung und Sicherheit beinhaltet.

4.6.3 Verordnung über die Vergabe öffentlicher Aufträge

4.6.3.1 Allgemeines

237 Die Verordnung über die Vergabe öffentlicher Aufträge (VgV) oder kurz Vergabeverordnung trifft nähere Bestimmungen über das bei der Vergabe öffentlicher Aufträge einzuhaltende Verfahren sowie über die Zuständigkeit und die Durchführung von Nachprüfungsverfahren für öffentliche Aufträge, deren geschätzte Auftragswerte die geregelten Schwellenwerte ohne Umsatzsteuer erreichen oder übersteigen. Gemäß § 1 VgV trifft diese Verordnung nähere

Bestimmungen über das einzuhaltende Verfahren im Zusammenhang mit dem Gesetz gegen Wettbewerbsbeschränkungen (GWB).

In § 97 GWB ist normiert, dass öffentliche Aufträge im Wettbewerb und im Wege transparenten Verfahrens vergeben werden, wobei die Grundsätze der Wirtschaftlichkeit und der Verhältnismäßigkeit zu wahren sind. Die Teilnehmer sind gleichzubehandeln und bei der Vergabe werden Aspekte der Qualität berücksichtigt.

4.6.3.2 Nationale Vergabe

Die Arten der Vergabe sind in § 3 VOB/A normiert. **238**

Das Ziel des Vergaberechts ist, das wirtschaftlichste Angebot in einem unbeschränkten freien Wettbewerb zu erhalten. Die öffentliche Ausschreibung ist dafür das vorrangige Verfahren und für öffentliche Auftraggeber der Regelfall.

4.6.3.2.1 Öffentliche Ausschreibung

Bei der **Öffentlichen Ausschreibung** ist die beabsichtigte Ausschreibung **239**
öffentlich bekannt zu machen, um jedem Interessierten die Möglichkeit zu geben, davon Kenntnis zu erlangen und am Verfahren teilzunehmen. Für die Veröffentlichung stehen verschiedene Medien und Plattformen zur Verfügung.

Aufgrund des größeren Bewerberkreises sind zahlreiche Angebote und ein niedriges Preisniveau zu erwarten. Bei größeren Bauprojekten bietet sich dieses Verfahren auch für Auftraggeber an, die nicht an die VgV gebunden sind.

Der (öffentliche) Auftraggeber hat bei diesem Verfahren grundsätzlich das wirtschaftlichste Angebot auszuwählen und den Zuschlag an diesen Unternehmer zu erteilen.

Von der öffentlichen Ausschreibung kann nur unter den Bedingungen des § 3 VOB/A abgesehen werden.

4.6.3.2.2 Beschränkte Ausschreibung

Die **beschränkte Ausschreibung** bietet zwei Möglichkeiten für den Auftrag- **240**
geber: Sie kann über eine direkte Aufforderung zur Angebotsabgabe an den Bieter oder über einen öffentlichen Teilnahmewettbewerb erfolgen. – Die Voraussetzungen für die beschränkte Ausschreibung sind in § 3 Nr. 2 VOB/A aufgeführt. Die Zulässigkeitsvoraussetzungen sind ergänzend in § 3a VOB/A normiert.

Bei der beschränkten Ausschreibung trifft der Auftraggeber hinsichtlich der Bewerber vorab eine Auswahl. Das heißt, lediglich ein ausgewählter Kreis von Unternehmen wird um Abgabe eines Angebots gebeten.

Der Auftraggeber prüft schon bei der Vorauswahl die Eignung der Bieter.

241 Die Form der Beschränkten Ausschreibung wird gewählt, um nur Unternehmen zur Angebotsabgabe aufzufordern, die

- aufgrund guter Erfahrungen,
- auf Empfehlung anderer Auftraggeber,
- aufgrund ihrer Spezialisierung für bestimmte Bauverfahren oder
- nach den Wünschen des Bauherrn

geeignet erscheinen.

4.6.3.2.3 Freihändige Vergabe

242 Bei der **freihändigen Vergabe** wird die Bauleistung durch den Auftraggeber ohne formelle Vorschriften vergeben.

Dieses Verfahren ist für öffentliche Auftraggeber nur in den in § 3a Abs. 3 VOB/A genannten Ausnahmefällen zulässig, da es eine subjektive Auftragsvergabe nach privaten oder geschäftlichen Beziehungen begünstigt und oft keine objektive Prüfung der Bieter erfolgt.

Da dieses Verfahren objektiv kaum überprüfbar ist, kann es nur in den in § 3a Abs. 3 VOB/A aufgeführten Bereichen zugrunde gelegt werden.

4.6.3.3 Europaweite Ausschreibungsverfahren

243 Gemäß § 119 GWB in Verbindung mit § 14 VgV erfolgt die Vergabe von öffentlichen Aufträgen im offenen Verfahren, im nichtoffenen Verfahren, im Verhandlungsverfahren, im wettbewerblichen Dialog oder in der Innovationspartnerschaft.

Welche der Verfahren anzuwenden sind, folgt aus den §§ 119 Abs. 2 GWB und 14 Abs. 2 ff. VgV.

4.6.3.3.1 Offenes Verfahren

244 Vom Wesen her gleicht das für europaweite Ausschreibungen geltende **offene Verfahren** – mit der Pflicht, die Vergabe des Bauauftrags öffentlich bekannt zu machen – der öffentlichen Ausschreibung. Hinzu kommt die Vorschaltung einer Vorinformation.

Nach der Bewertung der abgegebenen Angebote wird der Zuschlag an das wirtschaftlichste Angebot erteilt.

Auf § 119 Abs. 3 GWB ist zu verweisen.

4.6.3.3.2 Nichtoffenes Verfahren

Gemäß § 119 Abs. 4 GWB handelt es sich dabei um ein Verfahren, bei dem der öffentliche Auftraggeber nach vorheriger öffentlicher Aufforderung zur Teilnahme eine beschränkte Anzahl von Unternehmen nach objektiven, transparenten und nicht diskriminierenden Kriterien im Rahmen des Teilnahmewettbewerbs auswählt, die er zur Abgabe von Angeboten auffordert. Auf § 16 VgV ist zu verweisen. **245**

4.6.3.3.3 Verhandlungsverfahren

Dieses Verfahren darf grundsätzlich nur durchgeführt werden, wenn **246**

- im offenen oder nichtoffenen Verfahren keine zu wertenden Angebote abgegeben wurden oder
- das Bauvorhaben so komplex ist, dass die zu erbringende Leistung objektiv nicht eindeutig beschrieben werden kann.

Zudem ist eine vorherige Bekanntgabe notwendig.

Analog zu dem nichtoffenen Verfahren richtet sich der Auftraggeber an einen beschränkten Kreis von Bietern, möglich sind die direkte Benennung einzelner Unternehmer sowie ein öffentlicher Teilnahmewettbewerb.

Das Verfahren ist im Gegensatz zum nichtoffenen Verfahren keine Alternative zum offenen Verfahren, sondern verfolgt die Intention, Verhandlungen zwischen Auftraggeber und Bietern über Inhalt und Preis des Angebots zu ermöglichen.

Das Verhandlungsverfahren schränkt den Wettbewerb beträchtlich ein und ist anfällig für unzulässige Absprachen der Bieter; es ist daher nur in besonderen Fällen einzusetzen.

Auf § 119 Abs. 5 GWB und § 17 VgV ist zu verweisen.

4.6.3.3.4 Wettbewerblicher Dialog

Bei komplexen Bauaufgaben ist es im Vorfeld schwierig zu beurteilen, welche technische Lösung am wirtschaftlichsten und praktikabelsten ist. Hier bietet der wettbewerbliche Dialog eine Lösung. **247**

Zunächst erfolgt die europaweite Bekanntmachung der Anforderungen und Bedürfnisse.

Im Anschluss daran beginnt die eigentliche Dialogphase, in der mögliche Lösungen weiterentwickelt werden und Lösungen, die nicht den Zuschlagskriterien entsprechen, aussortiert werden. Bieter, die nicht für die weiteren Dialogphasen in Betracht kommen, sind davon unverzüglich in Kenntnis zu setzen.

Der Dialog gilt als abgeschlossen, wenn eine Lösung für die Bauaufgabe gefunden ist oder wenn abschließend keine Lösung gefunden wird. Über die Beendigung der Dialogphase sind die Unternehmen zu informieren.

Auf der Grundlage der in der Dialogphase erarbeiteten Lösung erstellen die verbleibenden Bieter ihre Angebote. Zudem kann der Auftraggeber auch Pläne, Zeichnungen und Berechnungen unter Einhaltung einer angemessenen Frist anfordern. Dafür kann der Bieter je nach Aufwand eine Entschädigung verlangen.

Die Angebote werden nach den Zuschlagskriterien und der Eignung der Bieter gewertet; das wirtschaftlichste Angebot erhält den Zuschlag.

Der wettbewerbliche Dialog stellt derzeit noch einen seltenen Sonderfall dar, der hier nur der Vollständigkeit halber aufgeführt wird.

Der wettbewerbliche Dialog ist in § 119 Abs. 6 GWB und § 18 VgV normiert.

4.6.3.3.5 Innovationspartnerschaft

248 Gemäß § 119 Abs. 7 GWB stellt die Innovationspartnerschaft ein Verfahren zur Entwicklung innovativer, noch nicht auf dem Markt verfügbarer Liefer-, Bau- oder Dienstleistungen und zum anschließenden Erwerb der daraus hervorgehenden Leistungen dar. Nach einem Teilnahmewettbewerb verhandelt der öffentliche Auftraggeber in mehreren Phasen mit den ausgewählten Unternehmen über die Erst- und Folgeangebote.

4.6.4 Ausschreibungsprozess

4.6.4.1 Terminplanung des Ausschreibungsprozesses

4.6.4.1.1 Allgemeines

249 Aufgrund enger Terminvorgaben durch den Bauherrn laufen die Planungsphase und die Ausführungsphase in der Baupraxis häufig parallel zueinander ab. Um dies möglichst zeitsparend zu realisieren, empfiehlt sich eine **Verzahnung von Planung und Bauausführung** (vgl. Abb. 24).[35]

35 Vgl. Feuerabend/Bielefeld, S. 147 f.

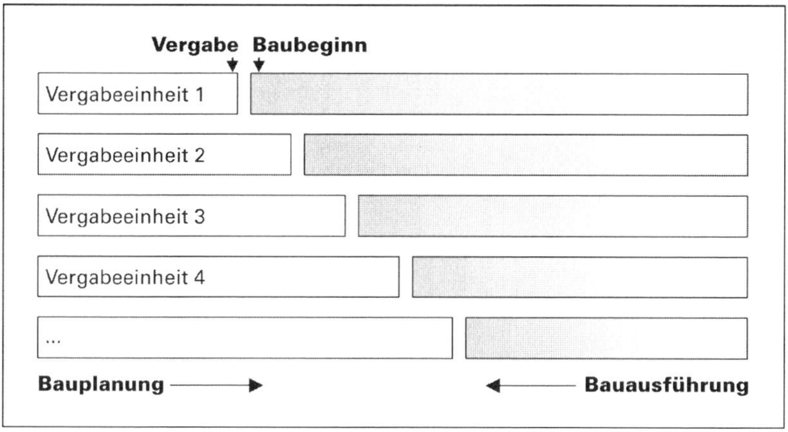

Abbildung 24: Schematische Darstellung der Verzahnung von Planung und Bauausführung

Die dazu notwendigen Basisinformationen sind zum einen die zu bildenden Vergabeeinheiten und zum anderen der geplante Baubeginn dieser Einheiten.

4.6.4.1.2 Die Dauer der einzelnen Verfahrensschritte

Für die Terminplanung des Ausschreibungsprozesses ist von Bedeutung, wann **250**
der Baubeginn für die jeweilige Vergabeeinheit geplant ist und wann die Vergabe spätestens erfolgen muss. Die Termine für den Baubeginn der einzelnen Vergabeeinheiten hat der Planer bereits in der zuvor erstellten Terminplanung der Ausführung festgelegt.

Neben den erforderlichen Fristen im Ausschreibungsprozess sind zusätzlich die Vorlaufzeiten der Auftragnehmer (Bauvorbereitungen, Lieferzeiten, Personalplanung etc.) zu beachten, damit der geplante Baubeginn eingehalten werden kann.

Auf dieser Grundlage wird der spätestmögliche Termin für die Vergabe der Leistungen und daraus resultierend der Termin für den Beginn der Ausschreibung ermittelt.

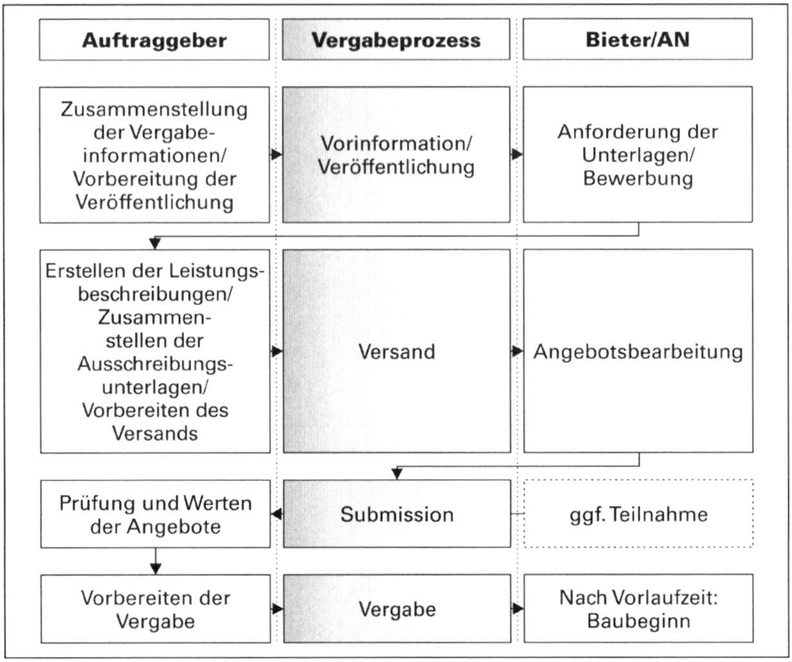

Abbildung 25: Schritte des Ausschreibungsprozesses

251 In dem so eingegrenzten Zeitraum sind alle zur Durchführung der Vergabe notwendigen Schritte vorzunehmen (vgl. Abb. 25):

- Vorinformation, Veröffentlichung der Ausschreibung,
- Zulassungsphase mit Einhaltung der Bewerbungsfrist,
- Versand der Ausschreibungsunterlagen an die Bieter unter Vorgabe einer ausreichenden Angebotsfrist,
- Submission,
- Prüfen der Teilnehmer,
- Auswertung der Angebote,
- Aufklärungsgespräche, eventuell Angebotsverhandlungen und
- Vergabe der Leistung.

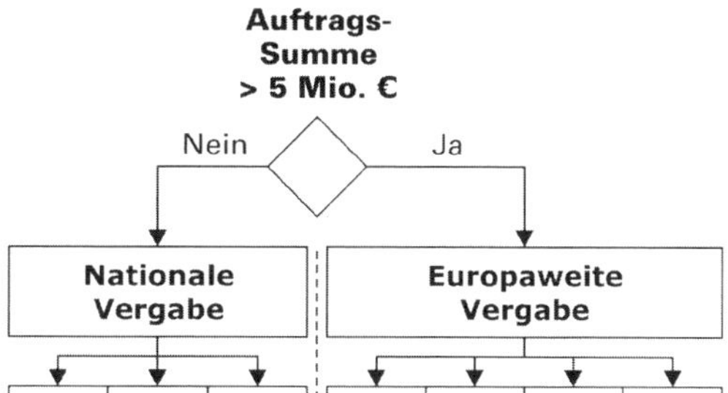

	Öffentliche Ausschreibung	Beschränkte Ausschreibung	Freihändige Vergabe	Offenes Verfahren	Nichtoffenes Verfahren	Verhandlungs-Verfahren	Wettbewerbs-rechtlicher Dialog
Vorinformation				☐	☐		☐
Veröffentlichung	☐			☐	☐		☐
Zulassungsphase				☐	☐		
Teilnehmerbeschränkung		☐	☐		☐	☐	☐
Versand	☐	☐		☐	☐	☐	☐
Prüfen der Angebote	☐	☐		☐	☐	☐	☐
Prüfen der Teilnehmer	☐	☐		☐	☐		☐
Angebotsverhandlung		☐	☐			☐	☐
Auftragserteilung/ Vergabe	☐	☐	☐	☐	☐	☐	☐

Abbildung 26: Die verschiedenen Ausschreibungsarten und deren Einzelschritte

Abbildung 26 gibt darüber Auskunft, inwieweit je nach Ausschreibungsverfahren diese Schritte für den jeweiligen Auftraggeber obligatorisch, fakultativ oder untersagt sind.

Die **Fristen** wie die Bewerbungsfrist, die Angebotsfrist und die Zulassungsfrist sind für öffentliche Auftraggeber in der VOB/A geregelt. Private Auftraggeber sind zwar nicht an die Einhaltung der VOB/A gebunden, jedoch empfiehlt sich auch für sie, ausreichende Fristen im Ausschreibungsverfahren einzuplanen und praxisnahe, realistische Dauern für die Bearbeitung und Planung 252 zu berücksichtigen. Denn eine gut koordinierte und sorgfältig durchdachte, rechtzeitige Ausschreibung bildet die Basis für einen reibungslosen Bauablauf und die Einhaltung der Kosten- und Terminplanung.

253 Bei einer Vielzahl kleinerer und mittlerer Bauvorhaben wird teilweise die Freihändige Vergabe angewendet. Hierbei haben sich folgende Erfahrungswerte bewährt:

- **Angebotsfrist:** 2 Wochen
- **Zuschlagsfrist:** 2 Wochen
- **Vorlaufzeit:** 2 bis 4 Wochen je nach Leistungsbereich

4.6.4.2 Die Verfahrensschritte im Einzelnen

4.6.4.2.1 Auftragsbekanntmachung/Vorinformation

254 Die Auftragsbekanntmachung ist in § 12 VOB/A geregelt. Bei der öffentlichen Ausschreibung ist sie verpflichtend. Die Einzelangaben, die in der Auftragsbekanntmachung enthalten sein müssen, finden sich in § 12 Abs. 1 Nr. 2 VOB/A in den dortigen Buchstaben a bis x aufgeführt.

4.6.4.2.2 Bekanntmachungs- und Zulassungsphase

255 Die Bekanntmachung soll einen ordnungsgemäßen Wettbewerb sicherstellen, in dem die geplante Ausschreibung vorab bekannt gemacht wird.

Die Bekanntmachung für eine Öffentliche Ausschreibung mit Inhalt, Veröffentlichungsmedium, Art und Inhalt des Leistungsverzeichnisses sowie Art der Antragstellung ist in § 12 VOB/A geregelt; § 12a VOB/A regelt die Bekanntmachung bei der europaweiten Vergabe.

Im Gegensatz zur allgemein gehaltenen Vorinformation bietet die Bekanntmachung dem Bieter detailliertere Angaben und Informationen zum Auftraggeber, zum Auftrag, zu den wesentlichen Auftragsbedingungen und zum Ablauf des bevorstehenden Verfahrens.

256 Für den öffentlichen Auftraggeber wird mit der in der VOB/A geregelten Bekanntmachung das Vergabeverfahren eingeleitet. In § 12 VOB/A sind

- Inhalt,
- Veröffentlichungsmedium,
- Art und Inhalt des Leistungsverzeichnisses und
- Art der Antragstellung

für die nationale Vergabe geregelt; § 12a VOB/A regelt die Bekanntmachung bei der europaweiten Vergabe.

Eine zusätzliche elektronische Bekanntmachung ist grundsätzlich zulässig und bringt Vorteile, weil über das Internet anders als durch die Bekanntmachung in Tageszeitungen auch überregionale Anbieter erreicht werden können. Eine Bekanntmachung ausschließlich auf elektronischem Wege ist zurzeit noch unzulässig. In jedem Fall müssen die Inhalte der konventionellen und der elektronischen Bekanntmachung identisch sein.

In der Zeit zwischen Bekanntmachung und Versand der Ausschreibungen, der Zulassungsphase, werden auftraggeberseitig die Anfragen der potenziellen Bieter erfasst und es wird geprüft, ob die Bewerber die Kosten für die Erstellung und den Versand der Ausschreibungsunterlagen entrichtet haben. Die entsprechende Anzahl Ausschreibungsunterlagen wird zusammengestellt und für den Versand vorbereitet.

Für diese Tätigkeiten ist eine Dauer von mindestens zwei Wochen einzuplanen. Der Auftraggeber sollte darauf achten, dass der Termin für die Bewerbung mindestens eine Woche vor dem Termin für den Versand der Unterlagen liegt, da zuvor die Zahlungen für die Ausschreibungsunterlagen für jeden Bewerber nachgehalten werden müssen.

4.6.4.2.3 Versand

Beim Versand der Ausschreibungsunterlagen ist zwischen **257**

a) Ausschreibungsverfahren mit öffentlichem Bieterkreis und

b) Ausschreibungsverfahren mit beschränktem Bieterkreis

zu unterscheiden. Der Versand der Unterlagen erfolgt an alle Bieter am gleichen Tag.

Dies folgt auch aus § 12a VOB/A.

Zu a) Ausschreibungsverfahren mit öffentlichem Bieterkreis

Die Ausschreibungsunterlagen werden an die Bewerber versandt, die sich auf die öffentliche Ausschreibung erfolgreich beworben haben. **258**

Zu b) Ausschreibungsverfahren mit beschränktem Bieterkreis

Bei der Beschränkten Ausschreibung werden die Ausschreibungsunterlagen mit der Aufforderung zur Abgabe eines Angebots an einen zuvor ausgewählten Bieterkreis versandt. **259**

4.6.4.2.4 Form, Inhalt und Angebotsfrist

Form und Inhalt der Angebote sind detailliert in § 13 VOB/A beschrieben. Der Auftraggeber legt fest, in welcher Form die Angebote einzureichen sind. Art **260** und Inhalt der Angebote müssen exakt anhand dieser Regelung auftraggeberseits auf Vollständigkeit und Richtigkeit geprüft werden.

261 Die Angebotsfrist beginnt mit dem Versand der Ausschreibungsunterlagen und stellt für die Bieter den Zeitraum zur Erstellung und Einreichung der Angebote dar. Für die nationalen Ausschreibungsverfahren sollte diese Frist gemäß § 10 Abs. 1 VOB/A ausreichend bemessen sein und **auch bei Dringlichkeit 10 Kalendertage nicht unterschreiten.**

In der Praxis werden gerade bei der Beschränkten Ausschreibung und bei der Freihändigen Vergabe wesentlich kürzere Bearbeitungszeiten vorgegeben. Die Folgen sind eine geringere Anzahl an Angeboten und daraus resultierend ein möglicherweise höheres Preisniveau.

Innerhalb der Angebotsfrist können die abgegebenen Angebote von den Bietern möglicherweise zurückgezogen werden. Hierbei ist zu beachten, dass der Widerruf schriftlich erfolgen muss und mit dem Zugehen, welches der Bieter nachweisen muss, wirksam wird.

Die Angebotsfrist läuft mit dem Eröffnungstermin ab, der in Tag und Stunde genau festgelegt ist.

4.6.4.2.5 Submission

262 Nach § 14 Abs. 1 VOB/A sind sämtliche Bieter oder ihre Bevollmächtigten zur Teilnahme zugelassen. Bestehen Zweifel an der Teilnahmeberechtigung, so hat der Betroffene seine Autorisierung nachzuweisen. Sind alle Teilnehmer überprüft und eine Teilnehmerliste erstellt, werden die bis zu diesem Zeitpunkt sicher aufbewahrten, noch verschlossenen Angebote in Anwesenheit aller geöffnet, gekennzeichnet und in Teilen verlesen.

Zur Unterstützung des Verhandlungsleiters fertigt ein Schriftführer das Protokoll an.

Zunächst wird geprüft, ob alle Angebote verschlossen und unversehrt sind, und etwaige Feststellungen hierüber im Protokoll festgehalten.

Die Angebote werden geöffnet und mit einem Eingangsstempel gekennzeichnet. Es folgt das Verlesen aller wichtigen Details der Angebote, wie

- Name,
- Ort,
- Angebotssumme,
- Preisnachlässe,
- Änderungsvorschläge,
- Nebenangebote.

Die Bieter haben während des Termins das Recht, Änderungsvorschläge und Nebenangebote anderer Bieter einzusehen.

4.6.4.2.6 Aufklärung der Angebote

Gemäß § 15 Abs. 1 Nr. 1 VOB/A darf ein Auftraggeber nach Öffnung der Angebote bis zur Zuschlagserteilung nur in engbegrenzten Umfange Aufklärung des Angebots verlangen. Aufgeführt wird dort, dass eine Aufklärung exemplarisch zulässig ist, um sich von der Eignung und der technischen und wirtschaftlichen Leistungsfähigkeit zu überzeugen oder auch über die Angemessenheit der dem Angebot zugrunde liegenden Preise zu unterrichten. Verweigert der Bieter die geforderten Aufklärungen des Auftraggebers innerhalb einer angemessenen Frist, ist sein Angebot gemäß § 15 Abs. 2 VOB/A auszuschließen. **263**

Zu berücksichtigen ist aber für die Auftraggeberseite, dass Verhandlungen über Änderungen der Angebote oder Preise gemäß § 15 Abs. 3 VOB/A grundsätzlich unstatthaft sind.

4.6.4.2.7 Ausschluss von Angeboten

Die Auftraggeberseite muss auch die zwingende Regelung in § 16 VOB/A berücksichtigen, in dem normiert ist, unter welchen Voraussetzungen Angebote zwingend auszuschließen sind. **264**

Dabei ist zu berücksichtigen, dass unter eingeschränkten Voraussetzungen gemäß § 16a f. VOB/A auch Unterlagen nachgefordert oder Eignungsnachweise verlangt werden können.

4.6.4.2.8 Zuschlagsfrist und Bindefrist

Die **Zuschlagsfrist** beginnt mit dem Eröffnungstermin und umfasst den Zeitraum, innerhalb dessen die Erteilung des Zuschlags vorgesehen ist. Sie ist so kurz wie möglich zu halten und richtet sich nach der für die Prüfung und Auswertung der Angebote erforderlichen Zeit. **265**

Die **Bindefrist** ist die Zeitspanne, in der ein Bieter an sein Angebot gebunden ist. Für den Bieter sowie für den Auftraggeber ist eine Bindefrist, die nach Ablauf eines angemessenen Zeitraums nach der Zuschlagsfrist endet, von Vorteil, da bei Problemen in der Auftragsvergabe ggf. auf andere Angebote zurückgegriffen werden muss und kann.

4.6.5 Erstellen der Leistungsbeschreibung

266 Nach § 7 Abs. 1 VOB/A muss die Beschreibung der Leistung eindeutig und erschöpfend erfolgen. Da die Leistungsbeschreibung die Grundlage zur Ermittlung der Preise für den Unternehmer bildet, muss auf diese Weise die Verständlichkeit für alle Bewerber und somit deren sichere Preisermittlung gewährleistet werden. Dabei dürfen dem Auftragnehmer keine ungewöhnlichen Wagnisse für Umstände und Ereignisse, auf die er keinen Einfluss hat und deren Auswirkungen auf Preise und Fristen er nicht im Voraus beurteilen kann, auferlegt werden. Die VOB/A unterscheidet zwischen

- Leistungsbeschreibung mit Leistungsverzeichnis (4.4.5.1) und
- Leistungsbeschreibung mit Leistungsprogramm (4.4.5.2).

Zur Erstellung eines Leistungsverzeichnisses werden AVA-Programme verwendet. Diese bieten dem Nutzer vorgefertigte Textbausteine, die Möglichkeit der Datenverwaltung von der Ausschreibung bis zur Vergabe und die softwareunterstützte Erstellung des Leistungsverzeichnisses. Außerdem bieten sie die Möglichkeit, dem Bieter die Ausschreibung digital zur Verfügung zu stellen und so die eingehenden Angebote ohne großen Zeitaufwand in die eigene Datenbank einzupflegen, sodass z.B. Preisspiegel zur Wertung der Angebote automatisch generiert werden können.

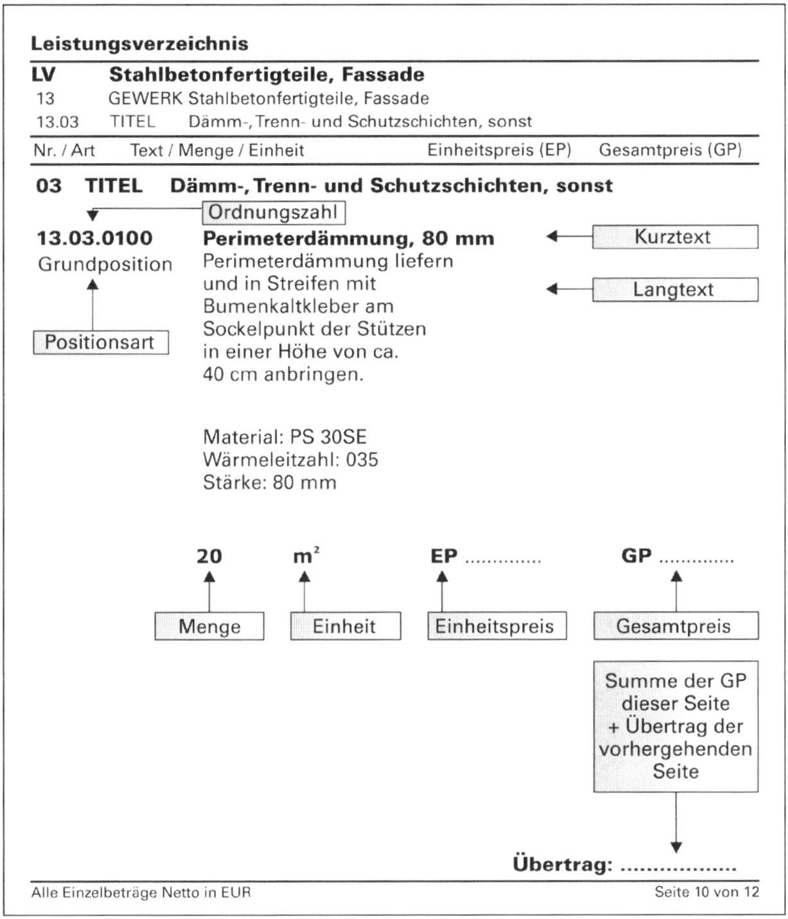

Abbildung 27: Aufbau einer Leistungsbeschreibung mit Leistungsverzeichnis

4.6.5.1 Leistungsbeschreibung mit Leistungsverzeichnis

Bei einer Leistungsbeschreibung mit Leistungsverzeichnis wird die Bauaufgabe **267**
in der Regel durch

- ein in Teilleistungen gegliedertes Leistungsverzeichnis (vgl. Abb. 27),
- eine Baubeschreibung und
- ggf. durch Zeichnungen

beschrieben.

Dabei sind Leistungen, welche nach ihrer technischen Beschaffenheit und für die Preisbildung als gleichartig anzusehen sind, unter einer Ordnungszahl aufzunehmen, der so genannten Position.

Technische Angaben oder Maßangaben, die sich auf mehrere Positionen oder auf das gesamte Leistungsverzeichnis beziehen, können als Vorbemerkungen den Positionen voranstehen.

4.6.5.1.1 Gliederung eines Leistungsverzeichnisses

268 Die Positionen des Leistungsverzeichnisses sind aufgeteilt in

- den **Kurztext**, der die Überschrift der Position bildet, und
- den **Langtext**, der die Leistung mit allen technischen Angaben, Maßen und Qualitäten beschreibt.

Zu jeder Position gehört die Mengenangabe mit Mengeneinheit.

Das Leistungsverzeichnis beginnt auf unterster Ebene mit der Position und ihrer zugehörigen Ordnungszahl, die dazu dient, jede Leistung eindeutig benennen zu können.

269 Zusammengehörige Positionen können in Titeln zusammengefasst werden. Das kann sinnvoll sein, um die **Struktur der** Kostenermittlung mit der Ausschreibung und Abrechnung kompatibel zu halten.

Sinnvoll ist, die Bauelemente als Struktur für das Leistungsverzeichnis zu verwenden. Ein Bauelement entspricht in der Regel einem Titel mit mehreren LV-Positionen (vgl. Abb. 28).

Dabei sind Wiederholungen einzelner LV-Positionen unter verschiedenen Titeln wahrscheinlich. Zwar stellt dieser Ansatz für den Bieter einen erhöhten Aufwand dar, da er scheinbar gleiche Leistungen mehrmals bepreisen und bei der Ausführung bzw. Abrechnung die Mengen pro Bauelement aufschlüsseln muss, aber für den Auftraggeber überwiegt der Vorteil: Er kann nach Abschluss der Baumaßnahme sehr leicht Kostenkennwerte aus den Titelnummern und den zugehörigen Mengen ermitteln.

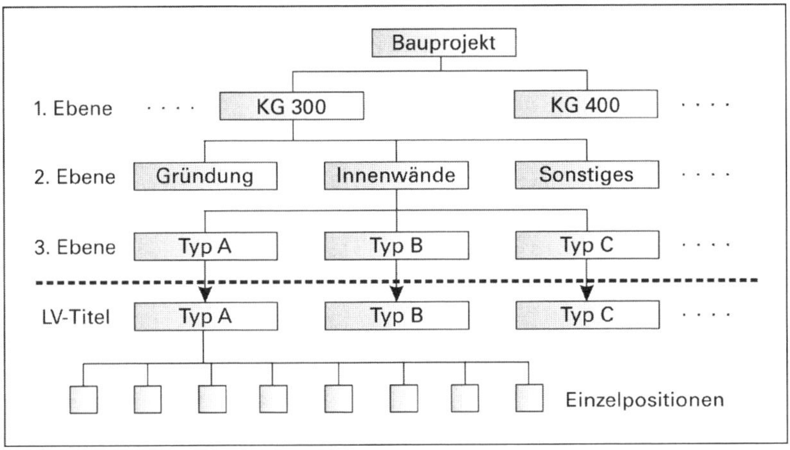

Abbildung 28: Schematische Darstellung einer möglichen Gliederung eines Leistungsverzeichnisses in Titel

4.6.5.1.2 Positionsarten

Mit Hilfe der verschiedenen Positionsarten kann sich der Ausschreibende Alternativen oder eventuell auszuführende Leistungen mit anbieten lassen und so spätere finale Entscheidungen bezüglich der Ausführung treffen. Man unterscheidet folgende Positionsarten: **270**

- Grundposition,
- Wahl- oder Alternativposition,
- Bedarfs- oder Eventualposition,
- Zuschlagsposition und
- Pauschalposition.

4.6.5.1.2.1 Grundposition

In Grundpositionen sind die jeweiligen Teilleistungen enthalten, die zur Erstellung des Bauvorhabens notwendig sind. **271**

4.6.5.1.2.2 Wahl- oder Alternativposition

Die Wahl- bzw. Alternativpositionen können die Grundpositionen ersetzen. Durch die Verwendung dieser Positionsart können Preise für eine alternative Ausführung eingeholt werden, um über den Preisspiegel zu ermitteln, welche Ausführungsvariante die wirtschaftlichste ist. **272**

Alternative Ausführungen verursachen auf Seiten der Bieter einen höheren Aufwand für die Angebotsbearbeitung und finden in der Praxis dann Anwendung, wenn sich nicht genau bestimmen lässt, welche Ausführungsvariante am wirtschaftlichsten ist.

273 **Spätestens mit der Auftragserteilung** legt sich der Auftraggeber jedoch auf eine Ausführung fest. Möchte er die Ausführung nach Vertragsschluss ändern, so können die Preise des Leistungsverzeichnisses als Verhandlungsbasis dienen.

4.6.5.1.2.3 Bedarfs- oder Eventualposition

274 Positionen, deren Ausführung zum Zeitpunkt der Ausschreibung noch offen ist, nennt man Bedarfs- oder Eventualpositionen. Sie dienen der frühzeitigen Vereinbarung von Einheitspreisen für eine eventuelle spätere Ausführung.

Eventualpositionen fließen nicht in die Angebotsbewertung ein und bergen die Gefahr, dass Auftragnehmer sie missbrauchen, um überhöhte Einheitspreise einzutragen, so dass sie bei einer möglichen späteren Ausführung über das Vertragspreisniveau hinaus profitieren.

275 ***Hinweis***

Bei privaten Auftraggebern kann es sinnvoll sein, einige wenige Eventualpositionen auszuschreiben, die keinesfalls ausgeführt werden. Über die Angebotspreise können Bieter, die sich nachher als „Nachtragsjäger" entpuppen würden, bereits im Angebotsstadium erkannt werden.

4.6.5.1.2.4 Zuschlagsposition

276 Die Zuschlagsposition bezieht sich auf eine bestimmte Grundposition und enthält Leistungen, die zur Grundleistung hinzutreten, ohne dass hierfür eine weitere Grundposition sinnvoll wäre.

277 ***Beispiel***

Zur Grundposition Trockenbauwände existiert eine Zuschlagsposition für Wände mit einer Höhe, die ein Gerüst als besondere Leistung erfordert.

4.6.5.1.2.5 Pauschalposition

278 Bei einer Pauschalposition entfällt die Mengenangabe. Es ist jedoch zu beachten, dass hierzu entsprechende Mengenermittlungsparameter in der Leistungsbeschreibung enthalten sein müssen.

4.6.5.2 Leistungsbeschreibung mit Leistungsprogramm

Bei der Leistungsbeschreibung mit Leistungsprogramm wird neben der Bauausführung auch die Planung dem Wettbewerb unterstellt. 279

Das Leistungsprogramm muss eine Beschreibung der Bauaufgabe mit allen Informationen zu den maßgebenden Bedingungen und Umständen sowie dem Zweck und den Anforderungen an die Leistung umfassen. Die VOB geht dabei von einer strikten Trennung zwischen den funktionalen Vorgaben des Auftraggebers und der darauffolgenden Planung und Ausführung durch den Auftragnehmer aus.

In der Praxis treten auch abgeänderte Formen der funktionalen Leistungsbeschreibung auf, zum Beispiel, wenn der Auftraggeber eigene Pläne liefert oder eine komplette Vorplanung oder Entwurfsplanung vorgibt. Inwieweit diese Art funktionaler Vorgaben dann in den Verantwortungsbereich des Auftragnehmers fällt, hängt von dem Umfang und der Genauigkeit der Festlegungen des Auftraggebers, also dem Stand seiner Planung ab.

Zu beachten ist, dass der Auftragnehmer in der späteren Ausgestaltung der Ausführung ausschließlich an die Zielvorgaben des Leistungsprogramms gebunden ist. Sofern er diese Ziele erreicht, handelt er vertragskonform.

Insbesondere bei Bauherren mit detaillierten Qualitätsvorstellungen ist es zwingend notwendig, auch die Qualitäten ausreichend detailliert vorzugeben. Inwieweit die Zielorientierung dann noch sinnvoll ist, hängt vom Einzelfall ab.

Liegen sämtliche Qualitäten fest, kann regelmäßig auch mit Leistungsverzeichnis ausgeschrieben werden.

4.6.6 Zusammenstellen der Vergabeunterlagen

Zu den einzelnen Bestandteilen der Vergabeunterlagen gehören gemäß § 8 VOB/A und § 8a VOB/A folgende Dokumente (vgl. Abb. 29): 280

- die Leistungsbeschreibung,
- die Besonderen Vertragsbedingungen (BVB),
- die Zusätzlichen Vertragsbedingungen (ZVB),
- die Zusätzlichen Technischen Vertragsbedingungen (ZTV),
- die Allgemeinen technischen Vertragsbedingungen für die Ausführung von Bauleistungen (ATB) und
- die Allgemeinen Vertragsbedingungen für die Ausführung von Bauleistungen (AVB).

Bei den Allgemeinen Vertragsbedingungen handelt es sich um die VOB/B, bei den Allgemeinen Technischen Vertragsbedingungen um die VOB/C.

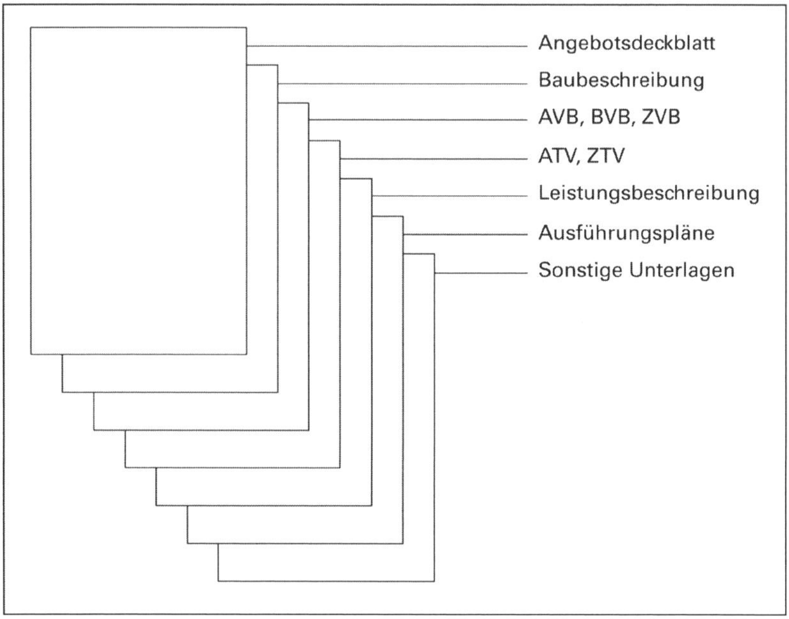

Abbildung 29: Bestandteile der Ausschreibungsunterlagen

Das Anschreiben muss alle Angaben nach § 12 Abs. 1 Nr. 2 VOB/A enthalten, sofern diese nicht bereits veröffentlicht wurden.[36]

4.7 Vergabe

4.7.1 Grundsätzliches

281 § 2 VOB/A enthält grundsätzliche Bestimmungen zur Vergabe von Bauleistungen. Diese betreffen die Eignung der Bewerber, die Angemessenheit der Preise sowie den Wettbewerb. Bauleistungen sind generell an fachkundige, leistungsfähige und zuverlässige Unternehmen zu angemessenen Preisen, im freien Wettbewerb, zu vergeben.

Für den öffentlichen Auftraggeber ergeben sich hieraus zum einen Prüfpflichten in Bezug auf die Bewerbereignung und die Angebote, zum anderen Regeln hinsichtlich der Angebotswertung und Vergabeverhandlungen.

36 Aus: § 8 Abs. 2 Nr. 1 VOB/A.

Der private, nicht an die Vorgaben der VOB/A gebundene Auftraggeber ist grundsätzlich hinsichtlich seiner Vergabeentscheidungen frei, jedoch ist auch für ihn die Berücksichtigung einiger Regelungen der VOB/A sinnvoll.

4.7.2 Prüfen der Angebote

In § 16 VOB/A wird die Prüfung der Angebote geregelt. Die VOB/A unterscheidet die formelle und die inhaltliche Prüfung. **282**

4.7.2.1 Formelle Prüfung

Bei der formellen Prüfung geht es um den Ausschluss der Angebote von der weiteren Prüfung. Die vorliegenden Angebote müssen die in § 16 VOB/A festgelegten Bestimmungen zur Vollständigkeit und Formeinhaltung erfüllen: **283**

- Rechtzeitiger Eingang vor Ablauf der Angebotsfrist.
- Wahrung der Schriftform.
- Rechtsverbindliche Unterzeichnung des Angebots.
- Keine unzulässigen Änderungen der Verdingungsunterlagen.

Angebote, die diesen und den in § 16 Abs. 1 VOB/A geregelten Kriterien nicht gerecht werden, dürfen auch nicht gewertet werden. Die Angebote, die die formellen Voraussetzungen erfüllen, werden anschließend der sachlichen Prüfung unterzogen.

4.7.2.2 Sachliche Prüfung

Angebote, die den Voraussetzungen der formellen Prüfung genügen, werden auf **284**

a) rechnerische,

b) technische und

c) wirtschaftliche

Richtigkeit geprüft.

4.7.2.2.1 Rechnerische Richtigkeit

Zunächst erfolgt die rechnerische Prüfung. Angebote, die rechnerische Fehler enthalten, sind nicht von der weiteren Vergabe auszuschließen. Maßgebend sind die Einheitspreise der einzelnen Positionen gemäß[37] denn diese bilden die Vertragsbasis des Einheitspreisvertrags. **285**

37 § 16 Abs. 4 VOB/A.

Eine falsch ausgefüllte Zusammenfassung oder rechnerische Fehler bei der Zusammenstellung können nicht zur Vertragsgrundlage werden. Das heißt, Rechenfehler können keiner der beiden Vertragsparteien zu Lasten fallen.

Durch das bewusste Einfügen von Additionsfehlern könnten Bieter versuchen, sich Vorteile durch einen niedrigeren Gesamtpreis gegenüber anderen Bietern zu verschaffen. Im Fall einer bewussten Täuschung jedoch erfüllt er so die geforderte Zuverlässigkeit nicht und kann aus diesem Grund möglicherweise doch ausgeschlossen werden. Der Vorwurf der bewussten Täuschung muss sorgfältig abgewogen werden und belegbar nachgewiesen sein.

Bei widersprüchlichen Preisangaben gelten die in Abb. 30 aufgeführten Regelungen.

Fallbeispiel	Regelung
Der Einheitspreis multipliziert mit der Menge entspricht nicht dem angegebenen Gesamtpreis.	Der Gesamtpreis errechnet sich als Produkt aus Vordersatz und Einheitspreis.
Die Summe der Gesamtpreise ergibt nicht den Gesamtpreis eines Titels.	Es gilt die Summe der tatsächlichen Gesamtpreise auf Grundlage der Einheitspreise.

Abbildung 30: Geltungsreihenfolge der Preisangaben im Leistungsverzeichnis

Diese Grundsätze greifen nicht bei offensichtlichen Rechen- und Schreibfehlern, wenn z.B. die Kommastelle verrückt ist (zum Beispiel anstatt 1.000 EUR sind 100 EUR angegeben). Bei groben Unstimmigkeiten im Angebot ist es ratsam, mit dem Bieter in Kontakt zu treten und den tatsächlichen Inhalt zu klären. Achtung: Es gilt das Verhandlungsverbot.

4.7.2.2.2 Technische Richtigkeit

286 Die Angebote, die nach der rechnerischen Prüfung in die nähere Auswahl kommen, sind weiter auf technische Richtigkeit zu prüfen, d.h., ob die Angaben des Bieters den gewünschten und geforderten Kriterien genügen. Dies ist gerade bei produktneutralen Ausschreibungen zu beachten, da hier häufig ein Produkt nach Wahl des Bieters aufgeführt wird.

Angebote, die nicht der technischen Spezifikation oder dem geforderten Schutzniveau in Bezug auf Sicherheit, Gesundheit, Gebrauchstauglichkeit und aktuellen Stand der Technik genügen, sind vom weiteren Verfahren auszuschließen.

Hinweis 287

Bei produktneutralen Ausschreibungen ist neben dem angebotenen Hersteller auch stets die exakte Produktbeschreibung zu verlangen.

4.7.2.2.3 Wirtschaftliche Richtigkeit

Die wirtschaftliche Prüfung erfolgt in der Praxis im Rahmen der Wertung der Angebote. 288

Dies beinhaltet das Vergleichen der Bieter untereinander und das Herauskristallisieren des günstigsten und wirtschaftlichsten Angebots, das zudem der Vergabeforderung entspricht.

Sinnvoll ist ebenfalls die Überprüfung von Aspekten wie Arbeitsdauer, Einsatz von Arbeitskräften, Geräten usw. in Bezug auf die wirtschaftliche Leistungsfähigkeit des Bieters und die Bezugsquellen für seine Baustoffe.

4.7.3 Wertung der Angebote

Mit dem Ziel, einen korrekten Wettbewerb mit Chancengleichheit für alle Bieter zu erreichen, gibt § 16d VOB/A folgende Wertungsstufen vor, die nachstehend näher erläutert werden: 289

a) Angebotsausschluss,

b) Prüfung der Bietereignung,

c) Prüfung der Angebotspreise und

d) Auswahl des wirtschaftlichsten Angebots.

Bei der Reihenfolge der Wertungsstufen ist zu beachten, dass in der Praxis die Prüfung der Bietereignung in der Regel erst nach der Prüfung der Angebotspreise erfolgt, um eine unnötige Überprüfung aller Bieter zu vermeiden.

Der private Auftraggeber, der nicht an die Vorgaben der VOB/A gebunden ist, hat dagegen die Möglichkeit, frei zu entscheiden, nach welchen Kriterien er sich bei der Prüfung und Wertung der Angebote richtet. Jedoch empfiehlt sich die Orientierung an den Wertungskriterien der VOB/A auch für den nicht öffentlichen Auftraggeber z.B. hinsichtlich der Bietereignung und der Wirtschaftlichkeit der Angebote. Sie bilden die Grundlage für eine störungsfreie Bauausführung.

4.7.3.1 Angebotsausschluss

Der Angebotsausschluss kann aufgrund inhaltlicher oder formeller Mängel erfolgen. Ausgeschlossene Angebote gelangen nicht in die weiteren Wertungsstufen. Auf § 16 VOB/A ist zu verweisen. 290

4.7.3.2 Bietereignung

291 Wurde das Angebot nach der inhaltlichen und formellen Prüfung zugelassen, folgt mit der Prüfung der Bietereignung die zweite Wertungsstufe im öffentlichen Verfahren. Bei der Beschränkten Ausschreibung sowie bei der Freihändigen Vergabe wird diese Prüfung schon vor der Aufforderung zur Angebotsabgabe durchgeführt. Bei der Prüfung der Bietereignung geht es um die Überprüfung der Unternehmen hinsichtlich der

- erforderlichen Fachkunde,
- Leistungsfähigkeit und
- Zuverlässigkeit.

Die geforderte Fachkunde bezieht sich auf die objektbezogenen Sachkenntnisse des Bieters und die zu prüfende Leistungsfähigkeit auf dessen technische, kaufmännische, personelle und finanzielle Ausstattung. Beide müssen so beschaffen sein, dass die beauftragte Bauleistung innerhalb der vereinbarten Frist erbracht werden kann.

292 ***Beispiel***

Ein Unternehmen, das selbst nur über fünf Mitarbeiter verfügt, bietet die Trockenbauarbeiten einer Schulsanierung in den Sommerferien an.

Die im Angebot enthaltene Lohnsumme beträgt 150.000,– EUR. Bei einer Ausführungsdauer von zwei Wochen ist davon auszugehen, dass das Unternehmen nicht über die notwendige Leistungsfähigkeit verfügt.

Die zu prüfende Zuverlässigkeit der Bewerber umfasst sowohl persönliche als auch betriebliche Gesichtspunkte. Der Nachweis erfolgt zumeist über Unbedenklichkeitsbescheinigungen z.B. des Finanzamtes, der Krankenkasse oder der Berufsgenossenschaft sowie durch Bestätigungen der Eintragung in das Register der Industrie- und Handelskammer des jeweiligen Wohnsitzes.

Sollten diese Nachweise nicht erbracht werden, führt das bei der Öffentlichen Vergabe zum Ausschluss aus dem Wettbewerb.

293 Zum Eignungsnachweis der Bieter dürfen folgende Angaben verlangt werden:

a) der Umsatz des Unternehmens in den letzten drei abgeschlossenen Geschäftsjahren, soweit er Bauleistungen und andere Leistungen betrifft, die mit der zu vergebenden Leistung vergleichbar sind, unter Einschluss des Anteils bei gemeinsam mit anderen Unternehmen ausgeführten Aufträgen,

b) die Ausführung von Leistungen in den letzten drei abgeschlossenen Geschäftsjahren, die mit der zu vergebenden Leistung vergleichbar sind,

c) die Zahl der in den letzten drei abgeschlossenen Geschäftsjahren jahresdurchschnittlich beschäftigten Arbeitskräfte, gegliedert nach Berufsgruppen mit gesondert ausgewiesenem technischen Leitungspersonal,

d) die Eintragung in das Berufsregister ihres Sitzes oder Wohnsitzes, sowie Angaben,

e) ob ein Insolvenzverfahren oder ein vergleichbares gesetzlich geregeltes Verfahren eröffnet oder die Eröffnung beantragt worden ist oder der Antrag mangels Masse abgelehnt wurde oder ein Insolvenzplan rechtskräftig bestätigt wurde,

f) ob sich das Unternehmen in Liquidation befindet,

g) dass nachweislich keine schwere Verfehlung begangen wurde, die die Zuverlässigkeit als Bewerber in Frage stellt,

h) dass die Verpflichtung zur Zahlung von Steuern und Abgaben sowie der Beiträge zur gesetzlichen Sozialversicherung ordnungsgemäß erfüllt wurde,

i) dass sich das Unternehmen bei der Berufsgenossenschaft angemeldet hat.

4.7.3.3 Prüfung der Angebotspreise

Zunächst geht es um die Prüfung der Preisangemessenheit der Angebote, mit dem Ziel, den Auftraggeber vor einer nicht ordnungsgemäßen Beendigung der Bauleistung aufgrund von wirtschaftlichen Schwierigkeiten des Auftragnehmers zu schützen. Dabei ist der Gesamtpreis entscheidend. So darf auf ein Angebot mit unangemessen hohem oder niedrigem Preis der Zuschlag nicht erteilt werden. Es ist auf § 16d Abs. 1 Nr. 1 VOB/A zu verweisen. In dem Fall, dass ein Angebotspreis unangemessen niedrig erscheint und eine Beurteilung der Angemessenheit aufgrund der vorliegenden Unterlagen nicht möglich ist, wird vom Bieter eine schriftliche Aufklärung über die Ermittlung der Preise verlangt. **294**

Beim Detail-Pauschalvertrag ist bei der Angebotsprüfung nur die Pauschalsumme zu prüfen. Gegebenenfalls angebotene Einheitspreise sind bedeutungslos.

Die Bewertung der Angebotspreise hinsichtlich ihrer Angemessenheit erfolgt beim Global-Pauschalvertrag je nach Planungsstand durch einen Vergleich mit der eigenen Kostenermittlung sowie durch den Vergleich der einzelnen Angebote untereinander.

Sodann sind die Angebote hinsichtlich einer zu erwartenden einwandfreien Ausführung, einschließlich Gewährleistung unter Berücksichtigung des rationellen Baubetriebs sowie sparsamer Wirtschaftsführung, zu prüfen.

Zur Auswahl des wirtschaftlichsten Angebots werden alle Angebote in einem Preisspiegel gegenübergestellt (vgl. Abb. 31). So werden jede Position sowie jeder Titel und jedes Gesamtergebnis von Bieter zu Bieter vergleichbar.

Preisspiegel									
OZ	Text	Menge	E	Angebot 1		Angebot 2		Angebot 3	
T1	**Innenwandputz-system**				**132.554,00**		**128.449,00**		**125.456,00**
1.01	Reinigen des Untergrundes	3.448	m²	EP GP	0,05 172,40	EP GP	0,03 103,44	EP GP	0,04 137,92
1.02	Innenwandputz	3.448	m²	EP GP	17,50 60.340,00	EP GP	16,50 56.892,00	EP GP	16,00 55.168,00
1.03	Putzabschlussprofil	476	m	EP GP	3,00 1.428,00	EP GP	4,00 1.904,00	EP GP	3,20 1.523,20

Abbildung 31: Beispiel eines nach Bauelementen gegliederten Preisspiegels

295 Bei der Erstellung des Preisspiegels werden zunächst die Angebote der Bieter gegenübergestellt. Sinnvoll ist der Rückgriff auf die Gliederung des Leistungsverzeichnisses, d.h.

- die Unterteilung in Titel, die jeweils dem Leistungsumfang eines Bauelements entsprechen, und
- die Auflistung der zugehörigen Positionen.

Die textliche Beschreibung der einzelnen Positionen erfolgt dabei nicht im vollen Umfang des Leistungsverzeichnisses, sondern mit den aussagefähigen Kurztexten.

Auf diese Weise ist es möglich, zu erkennen, ob einzelne angebotene Einheitspreise erheblich voneinander abweichen. Des Weiteren kann anhand des Preisspiegels überprüft werden, ob das Angebot eventuell Rechenfehler enthält.

Der Preisspiegel gibt zusätzlich einen Überblick über die voraussichtlichen tatsächlichen Kosten und lässt sich vor der Vergabe dem Budget gegenüberstellen.

Anhand des Preisspiegels treten – bei ähnlichen Gesamtpreisniveaus – oft große Schwankungen bei der Bepreisung einzelner Positionen auf. Dies ist in der unterschiedlichen Verteilung der Deckungsbeiträge jedes einzelnen Unternehmens begründet. Ein direkter Vergleich der Preise für einzelne Teilleistungen ohne Beachtung der kalkulatorischen Zusammenhänge ist deshalb weder sinnvoll, noch stellt er eine professionelle Verhandlungsbasis dar. Die Grundlage für Verhandlungsgespräche von privaten Auftraggebern sollte daher der gesamte Angebotspreis sein.

4.7.3.4 Auswahl des wirtschaftlichsten Angebots

Bei der Auswahl des wirtschaftlichsten Angebots ist nicht allein der niedrigste 296
Angebotspreis entscheidend. Das wirtschaftlichste Angebot ergibt sich unter Berücksichtigung aller Kriterien wie

- Preis,
- Ausführungsfrist,
- Betriebs- und Folgekosten,
- Gestaltung,
- Rentabilität und
- technischer Wert.

Dabei ist zu beachten, dass nur jene Zuschlagskriterien zur Wertung herangezogen werden dürfen, die auch in den Verdingungsunterlagen angegeben worden sind.

4.7.4 Vergabegespräche

Für den Auftraggeber ist es empfehlenswert, das erste Vergabegespräch, also 297
auch eventuelle Preisverhandlungen (nicht bei öffentlichen Auftraggebern!), nicht mit dem Bieter zu führen, der das wirtschaftlichste Angebot abgegeben hat, sondern zuerst aus den Gesprächen mit unterlegenen Bietern wichtige Informationen zu ziehen, die in den weiteren Verhandlungen genutzt werden können.

Beispiel 298

Dem Bieter wird die Pauschalierung des Angebots im Hinblick auf einen Global-Pauschalvertrag angeboten. Nach längerem Zögern des Bieters findet der Verhandlungsführer den Grund heraus: In der Ausschreibung fehlen einige Leistungen.

Er ist nun sehr gut auf die weiteren Gespräche vorbereitet.

Sinnvoll ist auch die Einladung der zuständigen Planer zu den Vergabegesprächen, denn häufig besteht Aufklärungsbedarf über die örtliche Situation, die Baustelleneinrichtung und die Vorhaltung von Geräten und Material oder zur Ausführung selbst.

Bei der Vorbereitung des Vergabegesprächs sollte der Auftraggeber auch die Anschreiben der Bieter auf Hinweise gegen die vorgesehene Ausführungsart überprüfen, um ggf. weitere Informationen einzuholen und Bedenken im Vergabegespräch ansprechen und klären zu können.

299 **Musterschreiben 2: Einladung zum Vergabegespräch**

Auftragnehmer

Musterstraße 12

45654 Musterstadt

25.11.2024

Neubau Altenheim, Residenzstr. 23, 45654 Musterstadt
hier: Einladung Vergabegespräch

Sehr geehrte Damen und Herren,

hiermit lade ich Sie in vorbezeichneter Angelegenheit zum Vergabegespräch am 15.12.2024, 11:00 Uhr in unsere Räume ein.

Bitte teilen Sie mir bis spätestens 10.12.2024 mit, ob Sie den Termin wahrnehmen können.

Mit freundlichen Grüßen

Karl Bauleiter

4.5.4.1 Privater Auftraggeber

300 Bei nicht formellen Ausschreibungen der beschränkten oder freihändigen Vergabe privater Bauherren ist eine Nachverhandlung durchaus üblich und sinnvoll. Aus den erstellten Preisspiegeln lassen sich über die einzelnen Positionen der teuerste und der günstigste Bieter ermitteln. Der Preisspiegel bietet somit eine gute Verhandlungsgrundlage.

Zu den Hauptzielen der Auftraggeberseite bei Vergabegesprächen zählen die Reduzierung des Angebotspreises, die Erweiterung des Leistungsumfangs des Auftragnehmers oder die Durchsetzung der eigenen Vertragsbedingungen. Dabei gelten für den privaten Auftraggeber bei der Führung von Vertragsverhandlungen keine Beschränkungen.

Änderungen am Angebotsinhalt, an den der Auftragnehmer durch seine schriftliche Angebotsabgabe gebunden ist, sind nur mit dessen Zustimmung möglich. Sie können durch ein schriftliches Ergänzungsangebot des Bieters oder durch dessen Erklärung während des Vergabegesprächs erfolgen und sind entsprechend zu dokumentieren. **301**

Neben Preisverhandlungen können schon zu diesem Zeitpunkt absehbare Nachträge thematisiert werden.

4.7.4.2 Öffentlicher Auftraggeber

Durch § 15 VOB/A sind dem öffentlichen Auftraggeber hinsichtlich Verhandlungen im Rahmen der Vergabe von Bauleistungen enge Grenzen gesetzt. Grundsätzlich gilt ein Verhandlungsverbot über Änderungen der Angebote sowie des Preises. **302**

Eine Ausnahme bilden dabei Verhandlungen aufgrund von unumgänglichen technischen Änderungen geringen Umfangs und sich daraus ergebenden Preisänderungen bei Nebenangeboten, Änderungsvorschlägen oder Angeboten mit Leistungsprogramm.

Außerdem sind dem öffentlichen Auftraggeber Aufklärungsgespräche erlaubt, um sich über die technische Leistungsfähigkeit des Bieters, Zweifelsfragen hinsichtlich des Angebots, etwaige Änderungsvorschläge und Nebenangebote, die geplante Art der Durchführung, Ursprungsorte oder Bezugsquellen von Stoffen oder Bauteilen sowie die Angemessenheit der Preise zu informieren. Dabei sind die Ergebnisse schriftlich niederzulegen und geheim zu halten gemäß§ 15 Abs. 1 Nr. 2 VOB/A.

Weiterhin sind dem öffentlichen Auftraggeber Verhandlungen, welche die Ausführungsfristen zum Thema haben, erlaubt. Es ist möglich, eine Veränderung der Ausführungsfristen zu vereinbaren, wenn diese nicht zu einer Preisveränderung gegenüber der Angebotsgrundlage führen.

Beispiel **303**

In einer Angebotssumme von 50.000,– EUR sind Lohnkosten von 35.000,– EUR enthalten. Der Bieter hat nach eigenen Angaben mit einem Stundensatz von 35,– EUR kalkuliert.

Es werden also etwa 1.000 Ph anfallen. Bei einer Bauzeit von 10 Arbeitstagen à 8 Ph/Tag werden also zwischen 12 und 13 AK benötigt.

Hat der Bieter so viele Mitarbeiter?

Dem öffentlichen Auftraggeber ist es jedoch untersagt, individuelle Komplettheitsvereinbarungen mit Bietern zu verabreden, da das zu Wettbewerbsverfälschung führen könnte.

4.7.4.3 Verhandlungsprotokoll

304 Um Unklarheiten und Streitigkeiten hinsichtlich Angebotsmodifikationen zu vermeiden, bietet sich eine schriftliche Dokumentation des Inhalts des Vergabegesprächs an. Ein sogenanntes Verhandlungsprotokoll ist weder bei der privaten noch bei der öffentlichen Auftragsvergabe vorgeschrieben, jedoch aufgrund der späteren Beweiskraft sinnvoll und sollte direkt vor Ort im Anschluss an das Vergabegespräch besprochen, von den Teilnehmern unterschrieben und in Kopie ausgehändigt werden.

4.7.5 Vertragsabschluss/Zuschlag

305 Beim **öffentlichen Auftraggeber** erfolgt die Auftragserteilung durch den Zuschlag. Im deutschen Vergaberecht herrscht im Gegensatz zu anderen europäischen Ländern das Prinzip des Zusammenfallens von Zuschlagserteilung und Vertragsschluss. Somit kommt der Zuschlag auf ein Angebot der zivilrechtlichen Annahme des Vertragsangebotes des Bieters gleich. Der Bauvertrag kommt durch den Zugang der Mitteilung über die erfolgte Zuschlagsentscheidung zustande. Dabei erfolgt die Festlegung des Vertragsinhalts durch das bieterseitige Angebot und das anschließende Zuschlagsschreiben, das ggf. noch Vereinbarungen aus den Vergabeverhandlungen beinhaltet.

306 Bei **privaten Auftraggebern** gibt es keine Vorgaben hinsichtlich eines Vertragsabschlusses. Bei Detail-Pauschalverträgen sowie bei Einheitspreisverträgen ist eine einseitige Auftragserteilung nach vorherigem Angebot des Bieters üblich, bei komplexen Global-Pauschalverträgen dagegen der Vertragsabschluss mit einer gesonderten Vertragsurkunde.

307 Bei Vertragsabschlüssen durch Zuschlag sowie durch einseitige Auftragserteilung ist zu beachten, dass die Auftragserteilung nur gültig erfolgen kann, wenn sie **innerhalb der** Bindefrist erfolgt und keine Änderungen und Erweiterungen gegenüber dem Angebot enthält. Außerdem sollte der Zugang beim Bieter in nachweisbarer Form dokumentiert werden, z.B. durch Empfangsquittung, weil der Empfang die Voraussetzung für das Zustandekommen des Vertrages ist.

4.8 Abrechnung

4.8.1 Grundlagen

4.8.1.1 Risiken nicht ordnungsgemäß geprüfter Rechnungen

Bei vom Bauleiter nicht ordnungsgemäß geprüften Rechnungen besteht die Gefahr, dass die Auszahlungsbeträge nicht dem tatsächlichen Vergütungsanspruch des Auftragnehmers entsprechen. Dabei sind 308

a) zufällig korrekt vergütete Auszahlungsbeträge,

b) zu gering vergütete, aber auch

c) überhöhte Auszahlungsbeträge

denkbar.

Hinweis 309

> *Die Rechnungsprüfung sollte auch unter Zeitdruck stets sorgfältig durchgeführt werden, um Streitigkeiten zu vermeiden.*
>
> *Gerade bei „kleinen" Unternehmen, die über eine geringe Kapitaldecke verfügen, führen unberechtigte Kürzungen der Rechnungen bereits zu Liquiditätsengpässen.*

Zu (a) zufällig korrekt vergütete Auszahlungsbeträge

Bei einer freigegebenen Rechnung mit einer korrekten Rechnungssumme hat der Bauleiter nicht mit Problemen zu rechnen – aber das ist Zufall. 310

Zu (b) zu gering vergütete Auszahlungsbeträge

Erfolgten im Zuge der Rechnungsprüfung unberechtigte Kürzungen, wurden Nachträge gestrichen und unberechtigte Abzüge wegen Mängeln vorgenommen, so kann der Auftragnehmer die Rechnungskürzung zurückweisen. 311

Während der Baudurchführung kann dies sogar bis zur einstweiligen Einstellung der Arbeiten führen, falls der Auftraggeber auch auf Nachtfristsetzung durch den Auftragnehmer nach § 16 Abs. 5 Nr. 4 VOB/B nicht zahlt. Allerdings ist zu berücksichtigen, dass dies tatsächlich eine fällige Forderung zu Gunsten des Auftragnehmers voraussetzt. Dies ist exemplarisch zu verneinen, wenn Mängel vorliegen, bezüglich derer ein Zurückbehaltungsrecht des Auftraggebers in zweifacher Höhe der Mängelbeseitigungskosten besteht. Auf § 641 Abs. 3 BGB und § 16 Abs. 1 Nr. 2 Satz 2 VOB/B ist zu verweisen.

Nach § 16 Abs. 5 Nr. 3 VOB/B ist der Auftragnehmer berechtigt, Verzugszinsen zu verlangen bzw. einen etwaigen höheren Verzugsschaden nachzuweisen.

Darüber hinaus kann ein Leistungsverweigerungsrecht des Auftragnehmers auch bestehen, wenn eine Bauhandwerkersicherheit gemäß § 650f BGB – der auch für den VOB-Werkvertrag gilt – nicht innerhalb angemessener Frist gestellt wird. Außer wenn es sich um einen echten öffentlichen Auftraggeber handelt, muss der Auftraggeber ohne Wenn und Aber die Bauhandwerkersicherheit dem Auftragnehmer in Höhe von 110 % der offenen Werklohnforderung stellen. Einwendungen wie Mängelrechte u.a. sind unerheblich.

Zu (c) überhöhte Auszahlungsbeträge

312 Werden überhöhte Rechnungen ohne ordnungsgemäße Prüfung freigegeben, so besteht das Risiko, dass das Geld nicht zurückgefordert werden kann, beispielsweise bei der Insolvenz eines Auftragnehmers. Ist der Auftragnehmer nicht insolvent, können zu viel gezahlte Beträge vom Auftraggeber zurückverlangt werden.

Um hier nicht in Erklärungsnöte zu geraten, sind eine sorgfältige Rechnungsprüfung und Dokumentation der Ergebnisse für die erfolgreiche Bauleitung unerlässlich.

4.8.1.2 Vergütung

4.8.1.2.1 Voraussetzung für einen Vergütungsanspruch

313 Voraussetzung für den Vergütungsanspruch des Auftragnehmers ist eine prüfbare Rechnung über die erbrachte Leistung gegenüber dem Auftraggeber.

314 Es kann jeweils nur die Leistung abgerechnet werden, die zum **Zeitpunkt der Rechnungsstellung** tatsächlich erbracht wurde; nicht die, die zum möglichen Zeitpunkt der Zahlung erbracht sein wird.

Dabei werden unter dem Begriff Rechnung alle schriftlichen Aufstellungen über Vergütungsansprüche des Auftragnehmers wie Abschlagsrechnungen, Teilschlussrechnungen und Schlussrechnungen verstanden.

4.8.1.2.2 Anforderungen an eine Rechnung

315 Aus § 14 Abs. 1 VOB/B gehen Anforderungen an eine prüfbare Rechnung hervor. Hiernach hat der Auftragnehmer

a) die Rechnung übersichtlich aufzustellen,

b) die Reihenfolge der Ordnungszahlen des Leistungsverzeichnisses einzuhalten,

c) die in den Vertragsbestandteilen enthaltenen Bezeichnungen zu verwenden,

d) die zum Nachweis von Art und Umfang der Leistung erforderlichen
   - Mengenberechnungen,
   - Zeichnungen und
   - anderen Belege hinzuzufügen

e) Änderungen und Ergänzungen des Vertrages in der Rechnung besonders kenntlich zu machen bzw. auf Verlangen getrennt abzurechnen.

Um sich vor Übervorteilung zu schützen, muss eine prüfbare Rechnung den Kenntnissen und Fähigkeiten des Rechnungsempfängers entsprechen; die Rechnung muss für den entsprechenden Empfänger leicht nachvollziehbar sein.

4.8.1.2.2.1 Übersichtliche Aufstellung der Rechnung

Die in Rechnung gestellten Leistungselemente sind genau zu bezeichnen, **316**
Überschneidungen, Unklarheiten, Unvollständigkeiten etc. sind zu vermeiden.

4.8.1.2.2.2 Einhaltung der Reihenfolge der Ordnungszahlen aus dem Leistungsverzeichnis

Die Einhaltung der Reihenfolge der Ordnungszahlen des Leistungsverzeichnis- **317**
ses hat den Sinn, die Rechnungsprüfung ohne unverhältnismäßig großen Aufwand seitens des Auftraggebers durchführen zu können.

Mit der Einhaltung der Reihenfolge ist ein einwandfreier Vergleich zwischen **318**
den vertraglichen Vereinbarungen und dem Rechnungsinhalt möglich. So kann auf einfache Weise durchblickt werden,

- welche Ordnungszahl des Leistungsverzeichnisses abgerechnet,
- ob eine Leistung mehrfach oder
- nicht oder noch nicht abgerechnet wurde.

4.8.1.2.2.3 Verwendung der Bezeichnung aus den Vertragsbestandteilen

In der Regel werden die Kurztexte des Leistungsverzeichnisses durch den Auf- **319**
traggeber so gewählt, dass sie die Teilleistungen unterscheidbar machen.

Falls vom Auftragnehmer andere Kurztexte verwendet werden, ist die Unterscheidbarkeit möglicherweise nicht mehr gegeben. Das führt dazu, dass eine Rechnungsprüfung nur zusammen mit der Beschreibung aus dem Leistungsverzeichnis erfolgen könnte. Da der Aufwand durch die Zuhilfenahme des Leistungsverzeichnisses wesentlich größer ist, ist die Rechnung bei abweichenden Kurztexten nicht mit üblichem Aufwand prüffähig.

Der Auftraggeber ist selbstverständlich berechtigt, auch unzureichend aufgestellte Rechnungen – mit höherem Aufwand – zu prüfen und zu bezahlen. Allerdings kann er die mit dem erhöhten Prüfaufwand verbundenen Mehrkosten nicht an den Auftragnehmer weitergeben; er hätte eine prüffähige Rechnung verlangen können.

4.8.1.2.2.4 Erforderliche Unterlagen zum Nachweis von Art und Umfang der Leistung

320 Zu einer prüfbaren Rechnung gehört es, dass Mengenberechnungen, Zeichnungen (Ausführungs- und Abrechnungszeichnungen) und andere Belege beigefügt werden.

Sie sind zur Erklärung und zum Nachweis einzelner Rechnungspositionen oder des gesamten Leistungsinhaltes notwendig. Unter „andere Belege" versteht man alles, was für eine Erläuterung oder einen Nachweis der einzelnen Rechnungsansätze von Bedeutung ist, z.B. Besprechungsprotokolle oder schriftliche Anordnungen.

4.8.1.2.2.5 Änderungen oder Ergänzungen des ursprünglichen Vertrages

321 Änderungen und Ergänzungen des ursprünglichen Vertrags sind in der Rechnung besonders kenntlich zu machen und auf Verlangen getrennt abzurechnen.

Dies ist erforderlich, weil die zusätzlichen oder veränderten Leistungen, bezogen auf den Vertragsschluss, nicht in der Leistungsbeschreibung oder in sonstigen Unterlagen des Hauptvertrags berücksichtigt waren. Für die Abrechnung sind die hieraus resultierenden Vergütungsansprüche geeignet deutlich zu machen.

4.8.1.2.3 Frist zur Vorlage der Schlussrechnung

322 Die Schlussrechnung muss bei Leistungen mit einer Ausführungsdauer von höchstens 3 Monaten spätestens 12 Werktage nach Fertigstellung eingereicht werden, wenn im Vertrag nichts anderes vereinbart ist. Die Frist verlängert sich für je weitere 3 Monate Ausführungsfrist um je 6 Werktage.

Eine Woche hat im Sinne des § 11 Abs. 3 VOB/B sechs Werktage; der Samstag ist als Werktag zu rechnen.

323 Reicht der Auftragnehmer keine prüfbare Rechnung ein, obwohl ihm der Auftraggeber **eine angemessene Nachfrist** gesetzt hat, so kann der Auftraggeber nach § 14 Abs. 4 VOB/B selbst eine Schlussrechnung auf Kosten des Auftragnehmers erstellen.

Beispiel 324

Bei einer vereinbarten Ausführungsfrist von 8 Monaten muss der Auftragnehmer die Schlussrechnung binnen 24 Werktagen nach der Fertigstellung einreichen.

4.8.1.2.4 Fälligkeit der Rechnung

Die Schlussrechnung ist nach § 16 Abs. 3 VOB/B sofort nach Prüfung der Schlussrechnung, spätestens aber innerhalb von 30 Tagen fällig. 325

Überschreitet der Auftraggeber bei seiner Prüfung den Zeitraum von 30 Tagen, so tritt unabhängig von der tatsächlichen Prüfung die Fälligkeit (der berechtigten Ansprüche) ein. Ab diesem Zeitpunkt hat der Auftragnehmer Anspruch auf Zinsen in Höhe der in § 288 Abs. 2 BGB angegebenen Zinssätze, wenn er nicht einen höheren Verzugsschaden nachweist.

Hinweis 326

Nach der Rechtsprechung des Europäischen Gerichtshofs kommt es bei einer Zahlung durch Banküberweisung darauf an, dass der geschuldete Betrag dem Konto des Gläubigers rechtzeitig gutgeschrieben wird[38] *und nicht auf die Zahlungsanweisung.*[39]

Wichtig zu wissen ist, dass nach Ablauf der Prüffrist lediglich Einwendungen gegen die Prüffähigkeit der Rechnung ausgeschlossen sind. **Sachliche** Einwendungen gegen die Rechnung wie ein fehlerhaftes Aufmaß können auch später noch erhoben werden, weil innerhalb der Sachprüfung die Berechtigung der Forderung des Auftragnehmers geklärt wird.[40]

4.8.2 Rechnungsprüfung

4.8.2.1 Der Prüfprozess

Die auftraggeberseitige Rechnungsprüfung erfolgt in mehreren Schritten, die im Folgenden ausführlich besprochen werden. 327

38 Europäischer Gerichtshof, NJW 2008, 1935 ff.; IBR 2008, 254.
39 OLG Jena, IBR 2011, 1390 mit weiteren Nachweisen.
40 BGH, Baurecht 2004, 1937.

4.8.2.2 Grundlegende Prüfung

328 Bei der grundlegenden Prüfung wird die Rechnung auf

- den **vollständigen** Namen und die **vollständige** Anschrift des Rechnungsstellers,
- die **Steuernummer oder Umsatzsteuer-Identifikationsnummer** des leistenden Unternehmers,
- den **vollständigen** Namen und die **vollständige** Anschrift des Leistungsempfängers,
- das **Rechnungsdatum,**
- eine **fortlaufende Rechnungsnummer,**
- die Bezeichnung von **Art und den Umfang** der erbrachten Leistung,
- die **Vergütung** der Leistung und
- die Höhe des auf das Entgelt anzuwendenden **Umsatzsteuersatzes** oder auf einen Hinweis auf Steuerbefreiung

geprüft (vgl. Abb. 32).

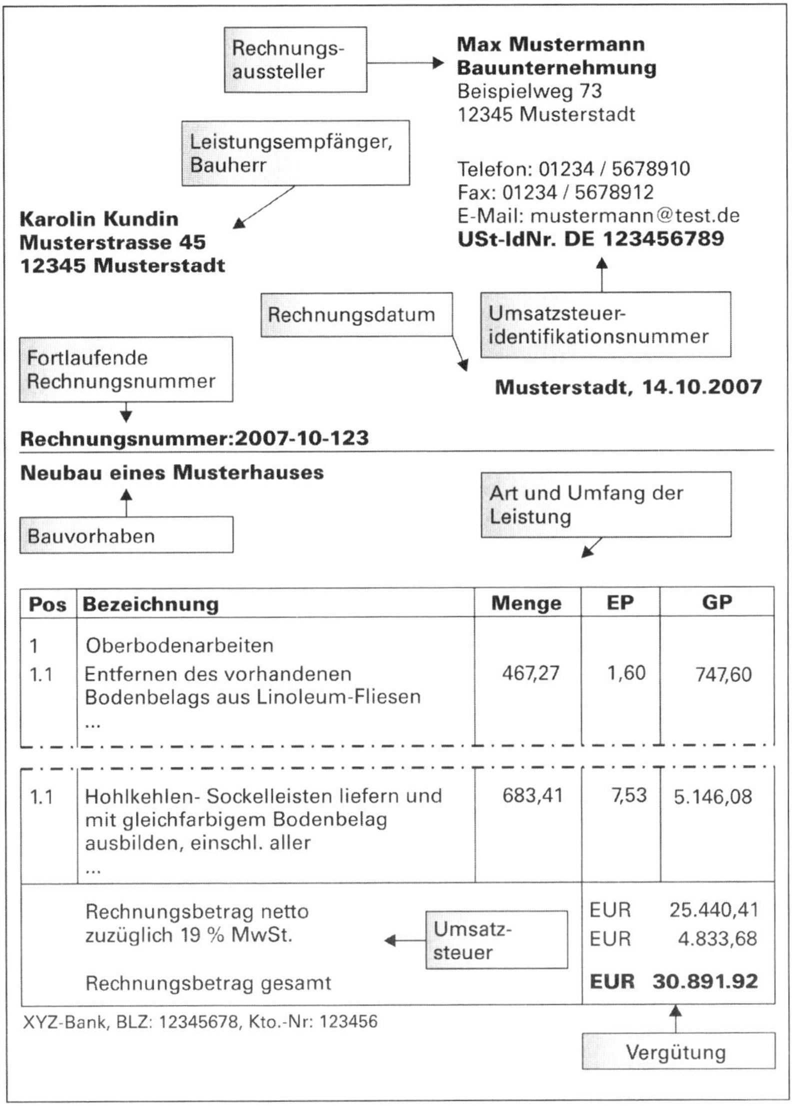

Abbildung 32: Beispiel einer Rechnung mit allen notwendigen Angaben

Darüber hinaus ist zu prüfen, ob die ausführlich erläuterten Anforderungen an die Rechnung eingehalten sind.

Ist die Rechnung nicht prüffähig bzw. unvollständig, ist diese unter Angabe der Mängel unverzüglich zurückzuweisen und zur eigenen Entlastung an den Auftragnehmer zurückzuschicken.

329 Ist die Rechnung vollständig und ohne Mangel, so folgen in den nächsten Schritten

- die Prüfung der Netto-Abrechnungssumme der vom Bau-Soll umfassten Leistungen,
- die Prüfung der Netto-Abrechnungssumme der vom Bau-Soll nicht umfassten Leistungen und
- die Ermittlung und Anweisung des Auszahlungsbetrags.

4.8.2.3 Aufsummierende und nicht aufsummierende Rechnung

330 In der Praxis werden

a) die nicht aufsummierende Rechnung, bei der jeweils nur die seit der letzten Rechnung erbrachten Leistungen abgerechnet werden, und

b) die aufsummierende Abrechnung, bei der jeder weiteren Abschlagsrechnung die bereits abgerechneten Leistungen zugeschlagen werden,

unterschieden.

Zu a) nicht aufsummierende Rechnung

331 Bei der nicht aufsummierenden Rechnung werden jeweils nur die Leistungen berechnet, die seit der letzten Rechnungsstellung ausgeführt wurden.

An den Auftragnehmer

Bauvorhaben ________________

Ihre Schlussrechnung vom ________________

Sehr geehrte Damen und Herren,

eine erste Prüfung hat aufgezeigt, dass:

- ☐ ihre vollständige Firma und Anschrift,
- ☐ ihre Steuernummer bzw. Umsatzsteuer-Identifikationsnummer,
- ☐ der vollständige Name und Anschrift des Leistungsempfängers,
- ☐ das Rechnungsdatum,
- ☐ eine fortlaufende Rechnungsnummer,
- ☐ die Bezeichnung von Art und der Umfang der erbrachten Leistung,
- ☐ die Ermittlung der Vergütung der Leistung
- ☐ der anzuwendende Umsatzsteuersatz bzw. Hinweis auf Steuerbefreiung
- ☐ ____

fehlen bzw. nicht vollständig sind.

Eine weitergehende Prüfung hat gezeigt, dass:

- ☐ die Reihenfolge der Positionen nicht eingehalten ist,
- ☐ Art und Umfang der erbrachten Leistung nicht beschrieben sind,
- ☐ die in den Vertragsbestandteilen enthaltenen Bezeichnungen nicht verwendet sind,
- ☐ die Mengenberechnung nicht vollständig oder nicht nachvollziehbar ist,
- ☐ die Mengen nicht aus den Zeichnungen entnommen sind; die Mengenermittlung ist daher an Hand der Ausführungspläne nicht nachvollziehbar.

Ihre Rechnung ist mithin nicht prüffähig.

Sie erhalten die Rechnung zu unserer Entlastung urschriftlich zurück.

Mit freundlichen Grüßen

Unterschrift

Abbildung 33: Musterschreiben zur Zurückweisung einer Rechnung

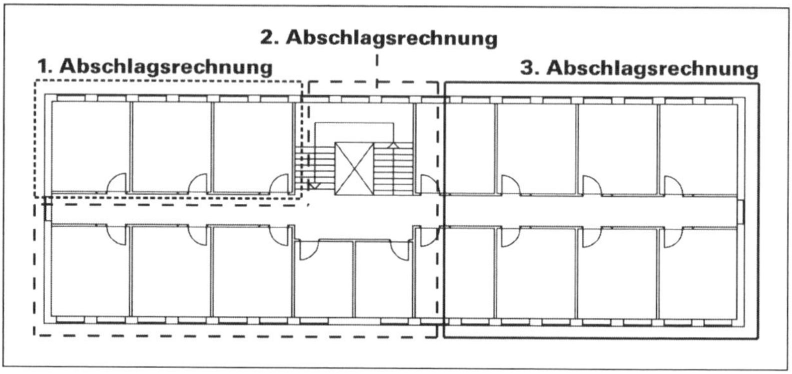

Abbildung 34: Nicht aufsummierende Rechnung

Diese Rechnungsstellung (vgl. Abb. 34) bietet sich vor allem dann an, wenn die Abrechnung einer Vergabeeinheit wenig komplex und gut nachvollziehbar ist oder nur wenige Abschlagsrechnungen gestellt werden.

332 Anwendungsfälle in der Praxis sind bei

- in sich abgeschlossenen Arbeiten,
- geometrisch klar getrennten Arbeiten oder
- zeitlich vom Bauablauf getrennten Arbeiten

denkbar.

Sind die Abschlagsrechnungen jedoch nicht klar voneinander abgrenzbar, so hat der Auftraggeber einen unangemessen hohen Prüfaufwand, weil mit jeder Rechnung geprüft werden muss, ob die berechnete Leistung nicht schon in den bisherigen Rechnungen enthalten ist.

Zu b) aufsummierende Rechnung

333 Bei der aufsummierenden Rechnung werden auch die bereits abgerechneten Leistungen – unter Abzug bereits erfolgter Zahlungen – mitgeführt (vgl. Abb. 35).

334 Dies hat den Vorteil, dass der Bauleiter die abgerechneten Leistungen besser nachvollziehen kann, weil

- eine doppelte Berechnung bereits bezahlter Leistungen ausgeschlossen ist (und auch nicht überprüft werden muss) und
- der Auftragnehmer die Ergebnisse der Rechnungsprüfung der vorhergehenden Rechnungen bereits mit aufnehmen kann.

Der letztgenannte Punkt ist als gemeinsamer Prüfprozess zusammen mit dem Auftragnehmer zu verstehen. Nach der Rechnungsprüfung erhält der Auftragnehmer eine **Kopie der geprüften Rechnung inklusive der geprüften Mengenermittlung**, damit er erkennen kann, an welchen Stellen die Rechnungsprüfung Korrekturen ergeben hat.

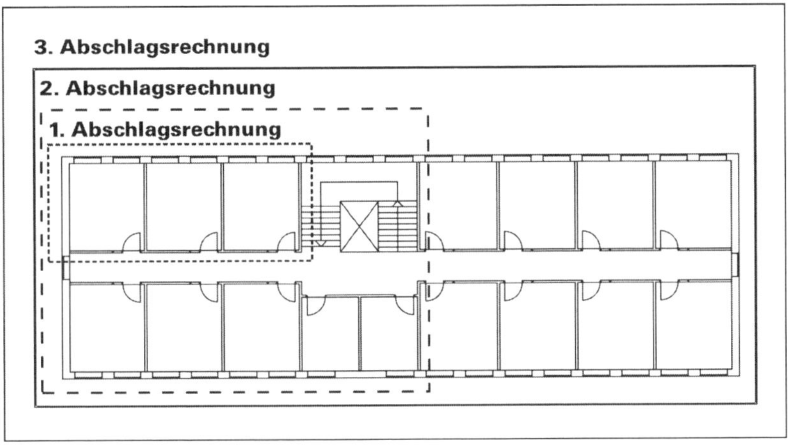

Abbildung 35: Aufsummierende Rechnung

Bei der nächsten Abschlagsrechnung können die Korrekturen vom Auftragnehmer – sofern sachlich richtig – übernommen werden, damit 335

- der Prüfaufwand für die bereits geprüften Mengen für die Auftraggeberseite reduziert wird und
- der Aufwand für die Prüfung der Schlussrechnung durch die vorgezogene Prüfung bei den Abschlagsrechnungen minimiert wird.

In der Praxis erfolgt die Schlussrechnungsstellung zahlreicher Auftragnehmer innerhalb kurzer Zeit nach Fertigstellung der Arbeiten. Werden die Mengenermittlungen der Rechnungen erst mit der Schlussrechnungsstellung geprüft, entsteht eine starke zeitliche Belastung für den Prüfer. Eine Prüfung der Mengenermittlung ist daher bereits mit den Abschlagsrechnungen geboten. Andernfalls kommt es schnell zu einer Überschreitung der Zahlungsfristen und dem Anfall von Verzugszinsen.

Nach Fertigstellung der Arbeiten und der Abnahme muss der Auftragnehmer die Schlussrechnung stellen und kann nicht mehr aus weiteren Abschlagsrechnungen Ansprüche gegenüber dem Auftraggeber geltend machen. Liegt somit

Schlussrechnungsreife vor, besteht kein Anspruch mehr auf Abschlagszahlungen.[41]

Ausschnitt aus der Rechnung

Pos	Bezeichnung	Menge	EP	GP
5	Malerarbeiten			
5.1	Dispersionsanstrich	40,41	4,50	**181,85**

Ausschnitt aus der entsprechenden Mengenermittlung

Pos	Bezeichnung	Mengenermittlung	Gesamt	Summe
5	Malerarbeiten			
5.1	Dispersionsanstrich			
	Büro 2.14	4,50 x 2,60	11,70	**40,41**
		+ 4,00 x 2,60	10,40	
		+ 4,00 x 2,60	10,40	
		- (1,51 x 2,51)	-3,79	
		+ 4,50 x 2,60	11,70	

Ausschnitt aus dem entsprechenden Ausführungsplan:

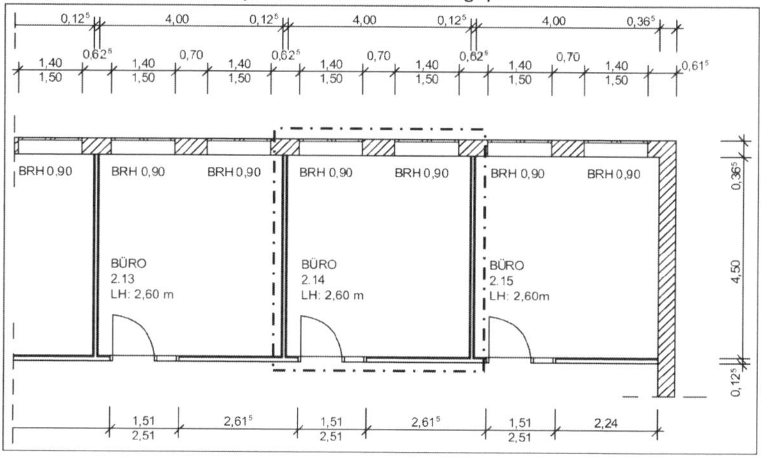

Abbildung 36: Zusammenhang von Rechnung, Mengenermittlung und Zeichnungen

41 BGH, Baurecht 2009, 1724, 1729 und NJW 2010, 227.

4.8.2.4 Prüfung der Abrechnungssumme

4.8.2.4.1 Grundsätzliches

Häufig wird die Erstellung der Leistungsverzeichnisse digital durch AVA-Programme durchgeführt. Viele Programme bieten auch für den Abrechnungsprozess Funktionen an, die jedoch aus Sicht der Autoren in den wenigsten Fällen eine wirkliche Erleichterung für den Bauleiter darstellen. Im Folgenden wird davon ausgegangen, dass die Rechnungsprüfung händisch erfolgt. **336**

Die Rechnungsprüfung erfolgt auf den drei Ebenen (vgl. Abb. 36) **337**

- Rechnung, die Einzelleistungen mit ihren Ordnungszahlen, Kurztexten und die Summen aus der Mengenermittlung enthält,
- Mengenermittlung, in der je Ordnungszahl die Mengen ermittelt sind, und
- ggf. Abrechnungszeichnungen, die die Mengen der Mengenermittlung nachvollziehbar machen.

4.8.2.4.2 Prüfung des Einheitspreises

Bei der Prüfung des Einheitspreises wird der vertraglich vereinbarte Einheitspreis jeder Position des Leistungsverzeichnisses mit dem in Rechnung gestellten Einheitspreis verglichen. **338**

Kommt es zu Abweichungen, so gelten die vertraglich vereinbarten Einheitspreise. Der „falsche" Einheitspreis wird dann in der Rechnung handschriftlich durch den vertraglich vereinbarten Einheitspreis ersetzt.

4.8.2.4.3 Prüfung der Mengen

Nach DIN 18299 Punkt 5 sind die Maße für die Mengenermittlung des Auftragnehmers den Ausführungsplänen zu entnehmen. Erst dann, wenn die Mengen nicht aus den Zeichnungen hervorgehen, spricht man von einem (örtlichen) Aufmaß. In jedem Fall müssen die Masseeinheiten der Mengenermittlung mit der Einheit des Einheitspreises übereinstimmen. Andernfalls muss eine Umrechnung erfolgen, deren Faktor bereits im Vertrag vorgegeben sein sollte. **339**

Das Aufmaß ist also nicht der Regel-, sondern der Sonderfall. Hier muss sich der Bauleiter insbesondere vor der Zeitverschwendung schützen, dass jeder Auftragnehmer mit ihm die Maße vor Ort nachprüfen möchte. Genau das soll durch DIN 18299 Punkt 5 verhindert werden. Der Bauleiter muss sich aber zumindest einen Einblick vor Ort verschaffen, dass bei einem Aufmaß nach Plan die Leistungen auch tatsächlich ausgeführt wurden.

340 Die Verwendung der Pläne für die Mengenermittlung bedeutet, dass

- die in der Mengenermittlung enthaltenen Maße exakt und ungerundet den Zeichnungsmaßen entsprechen müssen,
- die Bezeichnung, z.B. der Räume, aus den Plänen zur Strukturierung der Mengenermittlung zu verwenden ist.

Für den auftraggeberseitigen Aufwand für die Rechnungsprüfung sind diese Grundsätze wesentlich. In dem Fall, dass die Maße nicht den Zeichnungen entsprechen, sind die Zuordenbarkeit zur Zeichnung und die Prüfung der Richtigkeit der Angaben nicht mehr gegeben bzw. nur mit sehr hohem Aufwand durchzuführen, weil die Mengen ja gerade nicht aus den Zeichnungen ermittelt wurden.

In den Fällen, in denen diese Grundsätze der Mengenermittlung nicht eingehalten wurden, ist zu prüfen, ob die Rechnung als nicht prüfbar an den Aussteller zurückgegeben werden kann, da sich der Prüfaufwand so stark erhöht, dass eine Prüfung auf dieser Basis nicht zumutbar ist.

341 Falls ausnahmsweise keine Ausführungspläne vorhanden sind, so ist die Leistung aufzumessen oder durch „andere Belege" nachzuweisen. Dies können beispielsweise

- elektronische Vermessungsprotokolle
- Wiegescheine
- Lieferscheine für Material sein.

Viele Unternehmer versuchen spätere Streitigkeiten über die Aufmaße dadurch zu vermeiden, dass sie das Aufmaß zusammen mit dem Auftraggeber durchführen. Diese Vorgehensweise kann vor allem dann sinnvoll sein, wenn eine Prüfung später nicht mehr möglich ist, beispielsweise bei Abbrucharbeiten oder durch weitere Arbeiten verdeckte Leistungen.

Bleibt das Aufmaß weiterhin möglich, so liegt es in der Entscheidung des Auftraggebers, ob er daran teilnehmen möchte oder nicht. Regelmäßig muss hier zwischen Nutzen und Aufwand abgewogen werden.

342 ***Hinweis***

Eine Einladung zu einem gemeinsamen Aufmaß von Leistungen, die aus Plänen ermittelt werden können, ist jedenfalls mit Hinweis auf DIN 18299 Punkt 5 abzulehnen.

Die Prüfung der Mengenermittlung erfolgt in den Schritten: 343

a) Prüfung, ob die in der Mengenermittlung ausgewiesenen Einzelmaße mit den in den Ausführungsplänen ausgewiesenen Einzelgrößen übereinstimmen (vgl. Abb. 36, Mitte und unten).

b) Prüfung, ob die Abrechnungseinheiten aus dem Leistungsverzeichnis und die Abrechnungsvorgaben der jeweiligen Fachnormen der VOB/C eingehalten sind (vgl. Abb. 36, Mitte), zum Beispiel Längenermittlung in Mitte der Rohre, Übermaßregeln etc.

c) Rechnerische Prüfung durch Nachrechnen der Mengenermittlung (vgl. Abb. 36, Mitte).

Zu a) Prüfung der Einzelmaße

Die Einzelmaße (vgl. Abb. 36, Mitte) können anhand der jeweiligen Ausführungspläne (vgl. Abb. 36, unten) schnell und einfach nachvollzogen werden. 344

Richtige Maße werden abgehakt, Abweichungen handschriftlich in die Mengenermittlung übernommen und korrigiert. Die weiteren Ermittlungen werden dann auf Basis der geprüften Mengen durchgeführt.

Zu b) Abrechnungsparameter der VOB/C

Neben der Prüfung auf Übereinstimmung von Maßen und Zeichnungen ist zu untersuchen, ob die Abrechnungsparameter des zugehörigen Leistungsbereiches eingehalten sind, die Abschnitt 5 der entsprechenden Fachnorm der VOB/C entnommen werden können.[42] Beispielsweise werden bei Malerarbeiten Öffnungen erst ab einer Größe von 2,5 m² abgezogen. 345

Zu c) Rechnerische Prüfung

Die rechnerische Prüfung ist in vielen Fällen trotz EDV-Abrechnungen notwendig, um die Korrekturen zu berücksichtigen. 346

Inwieweit die auf den als richtig anerkannten Maßen durchgeführten Berechnungen nachgerechnet werden müssen, hängt vom Einzelfall ab.

4.8.2.4.4 Ermittlung der Gesamtpreise

Der Gesamtpreis einer Position wird durch Multiplikation der Menge mit dem entsprechenden Einheitspreis ermittelt. 347

Kommt es – beispielsweise auf Grund von Fehlern in der Mengenermittlung – zu Abweichungen, so wird der „falsche" Gesamtpreis in der Rechnung handschriftlich durch den ermittelten Gesamtpreis ersetzt.

---

42 Eine übersichtliche Darstellung findet sich auch in Damerau u.a.

4.8.2.4.5 Summierung zur Netto-Abrechnungssumme

348 Die Gesamtpreise sind entsprechend der Systematik der Abrechnung ggf. über Titelsummen bis zur Gesamtsumme netto zu summieren.

4.8.2.4.6 Behandlung nicht vom Bau-Soll umfasster Leistungen

349 Modifizierte Leistungen werden, wenn möglich, unter dem zugehörigen Titel aufgeführt und abgerechnet. So kann der Planer für seine zukünftigen Projekte die Erfahrungen des aktuellen Projekts durch Auswertung zu Kostenkennwerten sicherstellen.

Auf die Behandlung von Nachträgen wird unter 4.7 ausführlich eingegangen.

350 ***Beispiel***

Bei der Ausschreibung von Trockenbauwänden mit einer Stärke von 11,5 cm wurde die Zulage für das Herstellen von Wandöffnungen versehentlich nicht mit ausgeschrieben (vgl. DIN 18340 Punkt 4.2.14).

Die Abrechnung der Wandöffnungen erfolgt unter dem Titel „11,5 cm Trockenbauwände", damit bei der Auswertung sämtlicher Kosten die verursachenden Leistungen eines Bauelements in einem Kennwert erfasst sind.

Die Wandöffnungen sind ebenfalls darunter zu erfassen.

4.8.2.5 Ermittlung des Auszahlungsbetrags

351 Der Auszahlungsbetrag, der einem Auftragnehmer zusteht, ergibt sich nach gesetzlichen (Bauabzugsteuer, Mehrwertsteuer etc.) und vertraglichen (Nachlass, Skonto, Sicherheitseinbehalte etc.) Regelungen sowie bereits geleisteten Zahlungen und Einbehalten.

352 Dabei kann grundsätzlich folgendermaßen vorgegangen werden (vgl. Abb. 37):

- Zunächst wird von der Netto-Abrechnungssumme der aktuellen Rechnung ein etwaiger Nachlass abgezogen. Es ergibt sich der Rechnungsbetrag netto.
- Hierauf ist die Mehrwertsteuer zu erheben; es ergibt sich der Rechnungsbetrag brutto.
- Hiervon werden etwaige Sicherheitseinbehalte o.Ä. abgezogen, um den Anspruch brutto zu ermitteln.

- Von diesem wird ein vereinbartes Skonto abgezogen, um den Anspruch netto[43] zu erhalten.
- Nach Abzug bereits geleisteter Zahlungen und ggf. weiterer Abzüge wegen Mängeln ist der fällige Rechnungsbetrag ermittelt.

Skonto

Skonto darf gemäß § 16 Abs. 5 Nr. 2 VOB/B nur abgezogen werden, wenn 353

- ein Skonto im Vertrag vereinbart ist und
- wenn die – im Streitfall vom Auftraggeber nachzuweisenden – Voraussetzungen des Skontoabzugs vorliegen: Die rechtzeitige Zahlung.

Dabei ist auftraggeberseitig zu berücksichtigen, dass in den Fällen, in denen Schlusszahlungen oder Abschlagszahlungen – trotz berechtigter Forderungen des Auftragnehmers – nur zum Teil innerhalb der Skontofrist erfolgt sind, der Abzug eines Skontos insgesamt nicht mehr zulässig ist.[44]

Bauvorhaben XYZ

2. Abschlagsrechnung vom 01.12.2007
Maler GmbH & Co. KG
Malerweg 22
58366 Rotdorf

Summe netto	**58.432,12 EUR**
./. 2,00% Nachlass	1.168,64 EUR
Rechnungsbetrag netto	**57.263,48 EUR**
+ 19,00% MwSt.	10.880,06 EUR
Rechnungsbetrag brutto	**68.143,54 EUR**
./. 10,00% Sicherheitseinbehalt	6.814,35 EUR
./. 0,30% AN-Anteil BW-Versicherung	204,43 EUR
Anspruch brutto	**61.124,75 EUR**
./. 2,00% Skonto	1.122,50 EUR
Anspruch netto	**59.902,26 EUR**
./. geleistete 1. Abschlagsrechnung	24.252,78 EUR
fällig netto, diese Abschlagsrechnung	**35.649,48 EUR**
Auszahlungsbetrag	**35.649,48 EUR**

Abbildung 37: Ermittlung des Auszahlungsbetrages einer Abschlagsrechnung

43 Hier im Sinne des Zahlungsanspruchs des Rechnungsstellers zu verstehen.
44 OLG Düsseldorf, Baurecht 2000, 729.

Wenn bei einem Zahlungsplan Skonto für jede einzelne Rate vereinbart wurde, bleibt das Skonto für jede fristgerecht gezahlte Rate auch dann verdient, wenn andere Raten nicht fristgerecht geleistet wurden.[45]

Bauabzugsteuer

354 Legt der Auftragnehmer dem Auftraggeber keine Freistellungsbescheinigung vor, so ist der Auftraggeber gemäß § 48 UStG verpflichtet, 15 v.H. des entsprechenden Zahlungsbetrages einzubehalten und an das Finanzamt des Auftragnehmers abzuführen.

Mängeleinbehalte

355 Der Auftraggeber kann bei festgestellten Mängeln gemäß § 641 Abs. 3 BGB mindestens das Zweifache der zu erwartenden Mängelbeiseitigungskosten vom fälligen Zahlungsbetrag der Rechnung einbehalten. Diese Regelung bezieht sich sowohl auf die Schlussrechnung als auch auf mögliche Abschlagszahlungen und gilt Verträge mit und ohne Vereinbarung der VOB/B.

Geleistete Zahlungen

356 Bei der aufsummierenden Rechnungsstellung sind die bereits geleisteten Zahlungen zu berücksichtigen.

Um auszuschließen, dass Rechnungen doppelt bezahlt werden – z.B. bei gleichzeitiger Übersendung an Bauherr und Planer –, ist von Anfang an abzustimmen, wer als Einziger Rechnungen zur Zahlung freigeben darf und dass auch nur entsprechend freigegebene Rechnungen bezahlt werden.

Manche Bauherren weisen – besonders bei terminlich untreuen Auftragnehmern – freigegebene Rechnungen nicht an, um einen finanziellen Druck auf den Auftragnehmer auszuüben.

Dieser Fall sollte ebenfalls vorab ausgeschlossen werden, um böse Überraschungen für Bauherr und Bauleiter zu vermeiden. Ein Beispiel ist die Einstellung der Arbeiten durch den Auftragnehmer nach § 16 Abs. 5 Nr. 5 VOB/B, wenn der Auftraggeber auf Nachtfristsetzung hin nicht zahlt.

4.8.2.6 Nach der Rechnungsprüfung

357 Die weitaus meisten Rechnungen im Bauwesen enden mit der Aufschlagung der Mehrwertsteuer auf den Abrechnungsbetrag netto und lassen die zuvor beschriebenen Abzüge – zumeist ohne böse Absicht – außer Acht. Der Auszahlungsbetrag stimmt daher nur in den seltensten Fällen mit dem ursprünglichen Rechnungsbetrag des Auftragnehmers überein.

45 BGH, Baurecht 2000, 1754.

Weicht die Zahlung des Bauherrn von der Rechnungssumme ab, so ist das für den Auftragnehmer zunächst nicht nachvollziehbar und birgt entsprechendes Konfliktpotenzial.

Daher sollte dem Auftragnehmer eine **Kopie der geprüften Rechnung** 358
übersandt werden, um die Ermittlung des Auszahlungsbetrages für den Auftragnehmer plausibel zu machen. Darüber hinaus kann der Auftragnehmer etwaige Korrekturen in seine nächste Rechnung aufnehmen und damit dem Auftraggeber die Arbeit erleichtern.

4.9 Nachträge

4.9.1 Nachträge nach der VOB/B

Zu unterscheiden ist bei Nachträgen zunächst, ob ein BGB-Werkvertrag oder 359
ein VOB-Werkvertrag geschlossen wurde.

Bei einem VOB-Werkvertrag ist die Vorschrift des § 2 VOB/B maßgeblich.

In § 2 Abs. 1 VOB/B ist geregelt, dass durch die vereinbarten Preise alle Leistungen abgegolten sind, die nach der Leistungsbeschreibung, den Besonderen Vertragsbedingungen, den Zusätzlichen Vertragsbedingen, den Zusätzlichen Technischen Vertragsbedingen, den Allgemeinen Technischen Vertragsbedingungen für Bauleistungen und der gewerblichen Verkehrssitte zur vertraglichen Leistung gehören. Da über § 1 Abs. 1 VOB/B auch die VOB/C Vertragsbestandteil wird, muss auch von Auftraggeberseite genauestens überprüft werden, ob im Fall der Geltendmachung von Nachträgen unentgeltliche Nebenleistungen oder Besondere Leistungen aufgeführt werden, weil unentgeltliche Nebenleistungen eben gerade keine Nachtragsansprüche auslösen.

Gemäß § 1 Abs. 3 VOB/B ist der Auftraggeber berechtigt, Änderungen des Bauentwurfs anzuordnen.

In § 1 Abs. 4 VOB/B ist darüber hinaus geregelt, dass nicht vereinbarte Leistungen, die zur Ausführung der vertraglichen Leistungen erforderlich werden, auf Verlangen des Auftraggebers durch den Auftragnehmer mit auszuführen sind.

Hinweis

§ 1 Abs. 3 ist stets mit § 2 Abs. 5 VOB/B zu lesen und § 1 Abs. 4 in Verbindung mit § 2 Abs. 6 VOB/B.

Bauleistungen werden häufig abweichend von dem ausgeführt, was ursprünglich vertraglich vereinbart wurde. Dann liegt eine Abweichung des vertraglich vereinbarten Bau-Solls zum tatsächlichen Bau-Ist vor.

360 Ursachen für eine derartige Abweichung können beispielsweise

- die Fertigstellung der Planung erst nach der Ausschreibung,
- Änderungswünsche des Bauherrn während der Baudurchführung oder
- behördliche Auflagen sein.[46]

§ 2 Abs. 3 VOB/B, der ausschließlich für Einheitspreisverträge und nicht für Pauschalverträge gilt, wie sich aus § 2 Abs. 7 VOB/B ergibt, beinhaltet die Fälle, in denen es um Mengenabweichungen geht.

§ 2 Abs. 4 VOB/B betrifft die Fälle, in denen der Auftraggeber Leistungen aus dem Bau-Soll des Auftragnehmers entzieht mit den damit verbundenen negativen Konsequenzen für den Auftraggeber, weil dann Kündigungsregelungen über § 8 Abs. 1 VOB/B einschlägig sind.

§ 2 Abs. 5 VOB/B beinhaltet die Konstellationen, in denen der Auftraggeber Änderungsanordnungen gemäß § 1 Abs. 3 VOB/B trifft.

§ 2 Abs. 6 VOB/B befasst sich schließlich mit den Fällen, in denen zusätzliche, zum Vertrag nicht gehörende Leistungen, die zur Vertragserfüllung aber erforderlich sind, seitens des Auftraggebers vom Auftragnehmer verlangt werden.

Bei Detail-Pauschalverträgen ist im Übrigen zu berücksichtigen, dass bei reinen Mengenänderungen § 2 Abs. 7 Nr. 1 VOB/B einschlägig ist, mit der Konsequenz, dass das Mengenrisiko bis zur Zumutbarkeitsgrenze beim Auftragnehmer verbleibt.

Demgegenüber regelt § 2 Abs. 7 Nr. 2 VOB/B, dass die weiteren Regelungen in § 2 Abs. 4, Abs. 5 und Abs. 6 VOB/B auch bei einem Detail-Pauschalvertrag gelten. Hierauf ist auftraggeberseits unbedingt zu achten. Es gilt eben gerade nicht der oft beschriebene Grundsatz „Pauschale bleibt Pauschale".

Schließlich ist § 2 Abs. 8 VOB/B zu berücksichtigen. Häufig werden nämlich Nachträge nicht korrekt angemeldet oder gegenüber nicht Bevollmächtigten des Auftraggebers angeordnet. In diesen Fällen stellt sich die Frage, ob dennoch Leistungen, die gleichwohl vom Auftragnehmer ausgeführt worden sind, zu vergüten sind. Unter den Voraussetzungen des § 2 Abs. 8 VOB/B ist dies denkbar, insbesondere in den Fällen, wenn der Auftraggeber diese Leistungen nachträglich anerkennt oder wenn diese Leistungen zur Erfüllung des Vertrages notwendig waren, dem mutmaßlichen Willen des Auftraggebers entspra-

46 Feuerabend/Prote, Seite 171 ff.

chen und ihm unverzüglich angezeigt wurden. Auf § 2 Abs. 8 Nr. 2 VOB/B ist zu verweisen. Im Übrigen sind die Grundsätze der Geschäftsführung ohne Auftrag gemäß § 2 Abs. 8 Nr. 3 VOB/B zu berücksichtigen, wonach häufig der Auftragnehmer Nachtragsansprüche über diese Regelung geltend machen kann, obwohl er die formalen Voraussetzungen für Nachtragsansprüche nicht belegen kann. Dies muss auftraggeberseitig unbedingt beachtet werden, um Rechtsnachteile zu vermeiden.

Hinweis:

Wenn zwar grundsätzlich Einigkeit zwischen Auftraggeber und Auftragnehmer über das Bestehen eines Nachtrages besteht, jedoch die Höhe des Nachtrages streitig ist, sollte der Auftraggeber dem Auftragnehmer zunächst lediglich den Nachtrag dem Grunde nach beauftragen.

4.9.2 Nachträge nach BGB

Eine Änderungsanordnung wie in der VOB/B ist auch im BGB im Bauvertrags- **361**
recht, welches für Verträge, die nach dem 1.1.2018 abgeschlossen wurden, verankert worden, und zwar in § 650b BGB.

Darin ist geregelt, dass in den Fällen, in denen der Auftraggeber eine Änderung des vereinbarten Werkerfolges oder eine Änderung, die zu Erreichung des vereinbarten Werkerfolges notwendig ist, verlangt, die Vertragsparteien Einvernehmen über die Änderung und die damit verbundene Mehr- oder Mindervergütung anstreben sollen. Der Auftragnehmer ist verpflichtet, ein Angebot über die Mehr- oder Mindervergütung zu erstellen. Eine Besonderheit besteht darin, dass in den Fällen, in denen die Parteien binnen 30 Tagen nach Zugang des Änderungsbegehrens beim Auftragnehmer keine Einigung erzielen, der Besteller die Anordnung der Änderung treffen kann und der Unternehmer verpflichtet ist, dieser nachzukommen. Auf § 650b Abs. 2 BGB ist zu verweisen.

Zu berücksichtigen ist weiter, dass gemäß § 650d BGB eine einstweilige Verfügung beantragt werden kann bei Streitigkeiten über das Anordnungsrecht gemäß § 650b BGB oder auch die Vergütungsanpassung gemäß § 650c BGB.

4.9.3 Höhe der Nachträge

Der früher geltende Grundsatz „guter Preis bleibt guter Preis und schlechter **362**
Preis bleibt schlechter Preis" gilt weder beim BGB- noch beim VOB-Vertrag weiter seit dem 1.1.2018. Insbesondere ist nicht mehr die früher bemühte „kalkulatorische Preisfortschreibung" maßgeblich, sondern die „tatsächlich erforderlichen Kosten".

Dies gilt beim BGB-Vertrag über § 650c Abs. 1 BGB und beim VOB-Werkvertrag gemäß § 2 Abs. 2 VOB/B.

Berücksichtigt werden weiterhin angemessene Zuschläge für allgemeine Geschäftskosten, Wagnis und Gewinn. Auf § 650c Abs. 1 Satz 1 BGB ist zu verweisen.

Dabei kann der Unternehmer auch zur Berechnung der Vergütung für den Nachtrag auf die Ansätze in einer vertragsgemäß hinterlegten Urkalkulation zurückgreifen gemäß § 650c Abs. 2 Satz 1 BGB. Weiter ist zu berücksichtigen, dass bei einem BGB-Werkvertrag der Unternehmer gemäß § 650c Abs. 3 Satz 1 BGB im Rahmen von Abschlagszahlungen 80 % der in einem Nachtragsangebot geltend gemachten Mehrvergütung in der Abschlagsrechnung ansetzen kann, wenn sich die Parteien nicht über die Höhe geeinigt haben.

Während in den letzten Jahrzehnten für die Preisermittlung des neuen Einheitspreises bezüglich Mehrmengen grundsätzlich die kalkulierten Preise des ursprünglichen Angebots offengelegt werden mussten, hat der Bundesgerichtshof in einem Grundsatzurteil diese Rechtsprechung aufgehoben.[47] Zwar gilt diese Rechtsprechung zunächst unmittelbar nur für § 2 Abs. 3 VOB/B, wird jedoch überwiegend auch zumindest auf § 2 Abs. 5 VOB/B (geänderte Leistungen) und teilweise auch auf § 2 Abs. 6 VOB/B (zusätzliche Leistungen) angewendet.[48]

Besteht Streit zwischen den Parteien über die Höhe der Nachtragsvergütung, hat der Auftragnehmer nach überwiegender Ansicht grundsätzlich kein Leistungsverweigerungsrecht, zumindest dann nicht, wenn der Nachtrag dem Grunde nach beauftragt worden ist. Lehnt der Auftraggeber kategorisch einen Nachtrag unberechtigterweise ab, kann der Auftragnehmer die Arbeiten einstellen.[49]

4.9.4 Grundlagen

4.9.4.1 Die Kalkulation des Auftragnehmers

363 Die Kalkulation des Auftragnehmers dient der Preisfindung und wird auf Grundlage der Ausschreibungsunterlagen durchgeführt. Sie erfolgt in mehreren Kalkulationsstufen. Nach dem Zeitpunkt bzw. Zeitraum der Durchführung werden

a) die Kalkulationen bis zur Auftragserteilung und

b) die Kalkulationen nach Auftragserteilung

unterschieden (vgl. Abb. 38).

47 BGH, IBR 2019, 535.

48 Franz, Anmerkungen zu BGH, IBR 2019, 535, 536.

49 BGH, Baurecht 2008, 1131; Werner/Pastor, Rn. 1417.

Zu a) Kalkulationen bis zur Auftragserteilung

Bis zur Auftragserteilung werden die Soll-Kosten des entsprechenden Auftrags durch die Angebotskalkulation ermittelt. Sie werden auf Grundlage der auftraggeberseitigen Ausschreibungsunterlagen erstellt. **364**

Kommt es zwischen Bieter und Auftraggeber zum Bauvertrag, so bildet diese Angebotskalkulation die Grundlage der Auftragskalkulation, wenn es keine Änderungen durch Verhandlungen gab. Sie definiert dann zum Zeitpunkt des Vertragsschlusses alle Parameter der Kostenermittlung und Preisbildung, aus denen sich die vertragliche Vergütung des Auftragnehmers für die geschuldete Leistung ergibt. Wenn durch Verhandlungen der Preise oder des Leistungsumfangs Änderungen zwischen dem Angebot und dem Vertrag eintreten, ist die Angebotskalkulation nicht mehr stimmig mit den Vertragspreisen. Daher ist in diesen Fällen die Angebotskalkulation in eine Auftragskalkulation zu überführen, in der die Änderungen durch die Vertragsverhandlungen berücksichtigt werden.

Die Auftragskalkulation bildet grundsätzlich die Basis, auf der Nachtragsansprüche der Höhe nach berechnet werden.

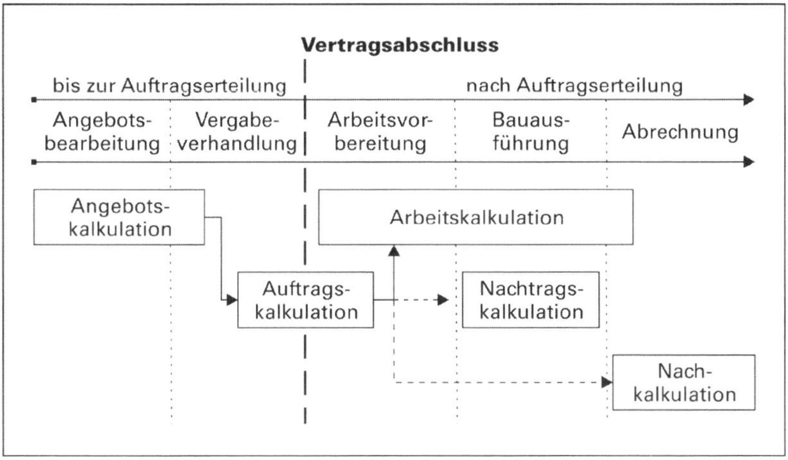

Abbildung 38: Die verschiedenen Kalkulationen des Auftragnehmers

Zu b) Nach Auftragserteilung

Nach der Auftragserteilung setzt sich der Auftragnehmer intensiver mit der Arbeitsvorbereitung der Bauleistungen auseinander. Aus den daraus gewonnenen Erkenntnissen folgen für den Auftragnehmer intern präzisere Aussagen zu den Kosten. **365**

So werden Angebots- bzw. Auftragskalkulation hin zu realistischen Soll-Kosten fortgeschrieben: Der Arbeitskalkulation. Sie dient dem Auftragnehmer zum internen Kosten-Soll-Ist-Vergleich und liegt dem Auftraggeber normalerweise nicht vor.

Sofern erforderlich, stellt der Auftragnehmer eine Nachtragskalkulation auf, mit der er eingereichte Nachträge kalkuliert.

Damit der Auftragnehmer seine Kosten- und Zeitansätze überprüfen und für zukünftig vergleichbare Projekte verwenden kann, werden die tatsächlich durch die Bauleistung entstandenen Kosten durch eine **Nachkalkulation** festgestellt. Diese Nachkalkulation ist eine interne Angelegenheit des Auftragnehmers. Auftraggebern ist aber ebenfalls anzuraten, eine Nachkalkulation durchzuführen, um Erkenntnisse zu gewinnen, welche Budgets ausreichend waren, welche nicht ausreichend waren und wo die Ausschreibung fehler- oder lückenhaft war.

4.9.4.2 Einzelkosten der Teilleistungen

366 Als **Einzelkosten der Teilleistung (**EKT**)** bezeichnet man alle zur Erstellung einer Bauleistung anfallenden Kosten, die unmittelbar einer Ordnungszahl oder einer Position eines Leistungsverzeichnisses zugeordnet werden können, wie beispielsweise

a) Lohnkosten,

b) Stoffkosten,

c) Gerätekosten und

d Fremdleistungskosten.

Die Einzelkosten der Teilleistung werden auch als direkte Kosten bezeichnet, weil sie eindeutig dieser einzelnen Teilleistung zugeordnet werden können.

Zu a) Lohnkosten

367 Die **Lohnkosten** sind die Kosten der Beschäftigung von gewerblichen Arbeitnehmern für die Erstellung der Bauleistung. Das sind die Löhne, aber auch Auslösen, Lohnzuschläge etc. Diese Lohnkosten werden üblicherweise nicht genau ermittelt, sondern es werden Mittellöhne verwendet, also Durchschnittswerte, welche der Unternehmer für seine übliche Kolonnenzusammensetzung nutzt.

Zu b) Stoffkosten

368 Unter den **Stoffkosten** werden Baustoffkosten, Bauhilfsstoffkosten und Betriebsstoffkosten erfasst, die sich direkt einer Ordnungszahl bzw. Teilleistung zuordnen lassen. Diese Kostenart variiert meistens linear in Abhängigkeit von der ausgeführten Menge.

Zu c) Gerätekosten

Die **Gerätekosten** beinhalten alle Kosten für den Einsatz von Maschinen und Geräten für die Erbringung der geforderten Bauleistung. Zu den Gerätekosten zählen unter anderem die zeitabhängigen Vorhaltekosten wie Abschreibung, Verzinsung oder Reparatur sowie weitere Kosten für Bedienung, Wartung Geräteversicherung und Transport. 369

Gerätekosten werden gesondert ausgewiesen, da sie bei einigen Positionen, wie beispielsweise Erdaushub, einen großen Teil der Kosten einer Teilleistung ausmachen. Sie werden im Allgemeinen durch Berechnung der Leistung des eingesetzten Gerätes und seiner Ausstattung unter Berücksichtigung der Randbedingungen des konkreten Einsatzes ermittelt.

Zu d) Fremdleistungskosten

Fremdleistungskosten sind Kosten, die bei der Erstellung einer Bauleistung durch Nachunternehmer des Auftragnehmers anfallen. 370

4.9.4.3 Baustellengemeinkosten

Kosten, die nicht unmittelbar einer Ordnungszahl, also einer Position zugeordnet werden können, aber deren Entstehung der konkreten Baustelle zugeordnet werden kann, nennt man **Baustellengemeinkosten (**BGK**)**. Ein Beispiel sind die Kosten des Baukrans, der für viele Einzelleistungen Hebevorgänge erbringt, ohne dass diese Kosten den jeweiligen Ordnungszahlen zuordenbar sind. Weil im Leistungsverzeichnis in der Regel keine Position für Baustellengemeinkosten enthalten ist, werden diese Kosten als Baustellengemeinkosten per Zuschlag auf die Positionen umgelegt. 371

Es werden 372

a) einmalige Baustellengemeinkosten und

b) zeitabhängige Baustellengemeinkosten

unterschieden.

Zu a) einmalige Baustellengemeinkosten

Einmalige Baustellengemeinkosten werden von der Länge der Bauzeit nicht beeinflusst und sind nahezu unabhängig von den Ausführungsmengen der einzelnen Teilleistungen. Ein typisches Beispiel sind die Kosten für das Einrichten und Räumen der Baustelle. 373

Zu b) zeitabhängige Baustellengemeinkosten

Zeitabhängige Baustellengemeinkosten werden primär durch die Dauer der Baumaßnahme beeinflusst. Daher bleibt die Höhe der Kosten je Zeitein- 374 heit bei Änderungen des Bau-Solls oder bei Verlängerungen der Bauzeit im Wesentlichen konstant, die Kosten steigen also mit der Bauzeit linear. Typische zeitabhängige Baustellengemeinkosten sind

- Vorhaltekosten von Geräten der Baustelleneinrichtung,
- Mieten für Flächen der Baustelleneinrichtung,
- Kosten der örtlichen Bauleitung.

4.9.4.4 Allgemeine Geschäftskosten

375 Im Gegensatz zu den projektspezifischen Baustellengemeinkosten handelt es sich bei den **Allgemeinen Geschäftskosten (**AGK**)** um projektübergreifende Kosten, die aus dem Geschäftsbetrieb des Auftragnehmers resultieren. Darunter fallen beispielsweise

- Kosten der Unternehmensleitung und des Verwaltungspersonals,
- Mietkosten, Abschreibung und Verzinsung auf Gebäude und Betriebsmittel,
- Steuern,
- öffentliche Abgaben,
- Versicherungen

sowie viele weitere Kosten, die unter dem Begriff Verwaltungskosten zusammengefasst werden. Die Höhe der AGK unterscheidet sich stark je nach der Unternehmensgröße und Unternehmensstruktur.

4.9.4.5 Wagnis und Gewinn

376 Die unternehmerischen Risiken werden Wagnisse und der Zuschlag für den Überschuss Gewinn genannt. Diese kalkulatorischen Aufschläge, die sich i.d.R. im einstelligen Prozentbereich bewegen, nennt man **Wagnis und Gewinn (WuG)**. In der Praxis werden diese Zuschläge häufig zusammengefasst. Man sollte aber unterscheiden, da dem Wagniszuschlag Kosten hinterlegt sind. Diese Kosten ergeben sich zum Beispiel für das Ausführungswagnis aus der Ermittlung des Unternehmers, welche Kosten ihm entstehen, wenn er eine Leistung fehlerhaft erbringt und er sie deshalb reparieren oder neu herstellen muss, sowie wie oft ihm dies passiert. Das Wagnis muss also nicht bei der konkreten Baustelle eintreten, aber statistisch tritt es bei der Ausführung der Leistung auf und diese Kosten werden mit dem Wagniszuschlag gedeckt. Wagniskosten sind auch Versicherungsbeiträge, mit denen der Unternehmer sein Wagnis gegen Zahlung eines Beitrages auf einen Dritten verlagert, die Versicherung. Beispiel sind Haftpflichtversicherungen, Maschinenversicherungen etc. Dem Gewinnzuschlag stehen keine kalkulierten Kosten gegenüber.

4.9.4.6 Kalkulationsarten

4.9.4.6.1 Umlagekalkulation

Bei der **Umlagekalkulation** werden die Baustellengemeinkosten für das Bauprojekt ermittelt und auf die einzelnen Positionen umgelegt. **377**

Zunächst werden die **Einzelkosten der Teilleistungen** sämtlicher Ordnungszahlen ermittelt.

	Einzelkosten der Teilleistungen EKdT
+	Baustellengemeinkosten BGK
=	**Herstellkosten der Bauleistung HK**
+	Allgemeine Geschäftskosten der Unternehmung AGK
=	**Selbstkosten der Auftragsdurchführung SK**
+	Allgemeines Unternehmenswagnis und -gewinn WuG
=	**Angebotsendsumme (netto)**
+	Mehrwertsteuer
=	**Angebotsendsumme brutto**

Abbildung 39: Aufbau einer Kalkulation

Sodann berechnet der Bieter die Baustellengemeinkosten der Baumaßnahme analog den Einzelkosten und addiert sie zu den Einzelkosten der Teilleistungen, um die Herstellkosten der Bauleistung zu erhalten. **378**

Auf die Herstellkosten werden die Allgemeinen Geschäftskosten aufgeschlagen und der Bieter erhält seine Selbstkosten der Ausführung der vertraglichen Leistungen.

Hierauf werden Wagnis und Gewinn aufgeschlagen. Es ergibt sich die **Angebotssumme** netto. **379**

Die Differenz zwischen Einheitspreis und der Summe der Einzelkosten der Teilleistung wird als Deckungsbeitrag bezeichnet, der dazu dient, die Kosten für BGK, AGK und WuG zu erzielen.

Nachdem ermittelt wurde, welcher Deckungsbeitrag umzulegen ist, legt der Bieter einen Verteilungsschlüssel für die Umlage fest, der von Projekt zu Projekt verschieden sein kann.

380 ***Beispiel***

Die Einzelkosten der Teilleistungen betragen 100.000,– EUR, davon sind 50.000,– EUR Lohnkosten. Die Summe der Deckungsbeiträge beträgt 30.000,–

Der Zuschlag auf die Lohnkosten wird auf 20 v.H., also 10.000 EUR, festgesetzt. Der verbleibende umzulegende Betrag in Höhe von 20.000,– EUR wird einheitlich auf die übrigen Kostenarten verteilt.

Es ergibt sich ein Zuschlagssatz von 40 v.H. auf die übrigen Kostenarten.

Die Berechnung der Einheitspreise erfolgt je Ordnungszahl durch Beaufschlagung der einzelnen Kostenarten der Einzelkosten der Teilleistungen mit entsprechenden Zuschlagssätzen (vgl. Abb. 39).

Umlagekalkulationen kommen in der Praxis vor allem bei Rohbauarbeiten zum Einsatz.

4.9.4.6.2 Zuschlagskalkulation

381 Bei der **Zuschlagskalkulation** werden die konkreten Kosten für die Baustelleneinrichtung nicht ermittelt und umgelegt, sondern über projektübergreifende Zuschläge gedeckt. Diese Zuschlagssätze können beispielsweise jährlich unternehmensweit ermittelt werden.

Die Zuschlagskalkulation wird durchgeführt, wenn die Ermittlung der Baustellengemeinkosten von Projekt zu Projekt nicht notwendig ist (Beispiel: Malerarbeiten) und Erfahrungswerte sinnvoll eingesetzt werden können.

4.9.5 Grundsätzlicher Prüfprozess: Prüfung dem Grunde nach

382 Um prüfen zu können, ob Nachtragsansprüche des Auftragnehmers **dem Grund nach berechtigt** sind, ist zunächst prüfen, ob eine vom Vertrag abweichende Leistung vorliegt.

383 **Prüfung dem Grunde nach**

- **1. Schritt:** Bestimmung des vertraglichen Leistungsumfangs, des Bau-Solls
- **2. Schritt:** Bestimmung der tatsächlich zu erbringenden Leistung, des Bau-Ist
- **3. Schritt:** Feststellung der Abweichung zwischen Bau-Soll und Bau-Ist

Erst wenn eine Leistungsabweichung festgestellt wird, ist der Anspruch der Höhe nach zu ermitteln.

4.9.6 Bau-Soll-/Bau-Ist-Abgleich

4.9.6.1 Ermittlung des Bau-Solls

Das Bau-Soll ist die durch den Bauvertrag bestimmte Leistung des Auftragnehmers zur Erreichung des werkvertraglichen Erfolgs, wobei das Bau-Soll in der Regel beim Einheitspreisvertrag durch die Bestandteile der Ausschreibung näher definiert ist. Diese Ausschreibungsbestandteile sind unter anderem 384

- das Leistungsverzeichnis,
- die Vergabeprotokolle,
- die Baubeschreibungen,
- die Ausführungspläne zur Auftragserteilung und
- Vorbemerkungen.

Die Feststellung des Bau-Solls besteht darin, zu ermitteln, welche Leistung laut Vertrag geschuldet wird.

Wichtig ist die Kenntnis der bereits dargestellten Vorschrift des § 7 VOB/A. Entscheidend ist, dass das vertraglich geschuldete Bau-Soll möglichst exakt definiert wird, um Unklarheiten und Widersprüche zu vermeiden.

Neben den konkreten Leistungsbeschreibungselementen existieren viele weitere Regelungen, die ebenfalls in die Betrachtung mit einzubeziehen sind, wie beispielsweise die VOB/C, die Nebenleistungen definiert, die nicht zusätzlich vergütet werden und auch nicht im Bauvertrag aufgeführt sind.

Dabei sind besonders die einzelnen Vorschriften der VOB/C zu berücksichtigen, aus denen sich die gemäß § 2 Abs. 1 VOB/B unentgeltlich zu erbringenden Nebenleistungen ergeben.

Ein nicht abschließender Katalog von Nebenleistungen, die nicht ausgeschrieben zu werden brauchen und gleichwohl vom Auftragnehmer mit zu erbringen sind in Abgrenzung zu den Besonderen Leistungen, die nur dann zur vertraglichen Leistung gehören, wenn sie in der Leistungsbeschreibung besonders erwähnt sind, finden sich in den Normen der VOB/C in den Abschnitten 4.

Das Bau-Soll bestimmt sich somit nach den Regelungen des Vertrags mit allen textlichen, zeichnerischen und sonstigen Vertragsbestandteilen.

In diesem Zusammenhang ist darauf hinzuweisen, dass Auftraggeber bei der Vertragsgestaltung größtmögliche Aufmerksamkeit darauf zu legen haben, dass in den einzelnen Unterlagen, die Vertragsgegenstand werden sollen, keine Widersprüche auftreten. Es gilt dabei der Grundsatz, dass Widersprüche in erster Linie dem Verfasser des Vertrags anzulasten sind. Dies gilt gemäß § 305c Abs. 2 BGB ausdrücklich für AGB-Verträge.[50]

Wird die VOB/B vereinbart, ist in § 1 Abs. 2 VOB/B eine Rangfolge der Vertragsunterlagen festgeschrieben, die im Fall von Widersprüchen gilt. Diese Regelung ist aber für die Praxis untauglich, da sie bei weitem nicht alle gängigen Vertragsbestandteile enthält. Es ist daher mehr als ratsam, in den Verträgen eine individuelle Widerspruchsregelung aufzunehmen.

4.9.6.2 Ermittlung des Bau-Ist

385 Nachdem das Bau-Soll bestimmt ist, ermittelt man im zweiten Schritt die tatsächlich auszuführenden Leistungen: Das **Bau-Ist**.

386 Das Bau-Ist ist nicht mit der tatsächlich ausgeführten Leistung gleichzusetzen. Vielmehr ist das **Bau-Ist** die **Soll-Vorgabe** des zu Erstellenden, die sich aus

- den Ausführungsplänen,
- dem Schriftverkehr oder
- sonstigen Dokumenten

und möglichen Mengenabweichungen ergibt.

Es versteht sich von selbst, dass im Normalfall das Bau-Ist mit dem tatsächlich Ausgeführten übereinstimmen sollte.

4.9.6.3 Gegenüberstellung Bau-Soll/Bau-Ist

387 Nachdem Bau-Soll und Bau-Ist bestimmt sind, stellt man die vertraglich vereinbarten Leistungen (Bau-Soll) den tatsächlich auszuführenden Leistungen (Bau-Ist) gegenüber.

Stellt man bei diesem Vergleich eine Leistungsabweichung fest, so ist der Nachtragsanspruch dem Grunde nach berechtigt (vgl. Abb. 40).

Bau-Soll		**Bau-Ist**		**Differenz**
Beschreibung	**Beleg**	**Beschreibung**	**Beleg**	
Teppichboden	LV Pos. 4.12	Parkett	Besprechungsprotokoll mit Bauherr vom 11.08. dieses Jahres	Anstatt eines Teppichbodens wünscht der Bauherr Parkett

Abbildung 40: Dokumentation der Prüfung dem Grunde nach

50 OLG Koblenz, IBR 2007, 234.

Handelt es sich bei den Abweichungen lediglich um Konkretisierungen der vertraglich geschuldeten Leistung oder liegt keine Leistungsabweichung vor, so ist der Nachtrag dem Grunde nach unberechtigt und zurückzuweisen.

Es kommt bei der Berechnung des Nachtragsanspruchs auf die tatsächlich erforderlichen Kosten zuzüglich angemessener Zuschläge für Allgemeine Geschäftskosten, Wagnis und Gewinn gemäß § 650c BGB, § 2 VOB/B an.

4.9.7 Anspruchsgrundlagen für Nachträge nach der VOB/B

4.9.7.1 Ansprüche nach § 2 Abs. 3 VOB/B

4.9.7.1.1 Grundsätzliches

Sofern die Vordersätze des Leistungsverzeichnisses von den tatsächlich ausgeführten Mengen abweichen, entstehen beiden Vertragsparteien mögliche Ansprüche aus § 2 Abs. 3 VOB/B. Geringere Abweichungen der Mengen als 10 v.H. der Vordersätze sind unbeachtlich. **388**

Hintergrund der Regelung ist, dass bei einer größeren Abweichung der Mengen die im jeweiligen Einheitspreis enthaltenen Deckungsbeiträge entweder nicht mehr zur Deckung ausreichen oder eine Überdeckung der Zuschläge eintritt.

Weichen die tatsächlich erbrachten Mengen um mehr als 10 v.H. von den Mengenansätzen im Leistungsverzeichnis ab, so kann eine der Vertragsparteien nach § 2 Abs. 3 VOB/B eine Anpassung der entsprechenden Einheitspreise verlangen. Wenn keine Vertragspartei eine Anpassung verlangt, bleibt es bei den vereinbarten Einheitspreisen.

Der Preisanpassungsanspruch erfolgt durch **389**

- die Berechnung neuer Einheitspreise und
- durch eine Ausgleichsberechnung.

Die Berechnung eines neuen Einheitspreises erfolgt je Ordnungszahl, also Position, und berücksichtigt die Mehr- und Minderkosten und die damit sich linear ergebende Anpassung der Zuschlagsbeträge. Die Ausgleichsberechnung erfasst sämtliche betroffenen Ordnungszahlen und damit wird ein Ausgleich der Unter- und Überdeckung für die gesamte Abrechnung aller Positionen vorgenommen.

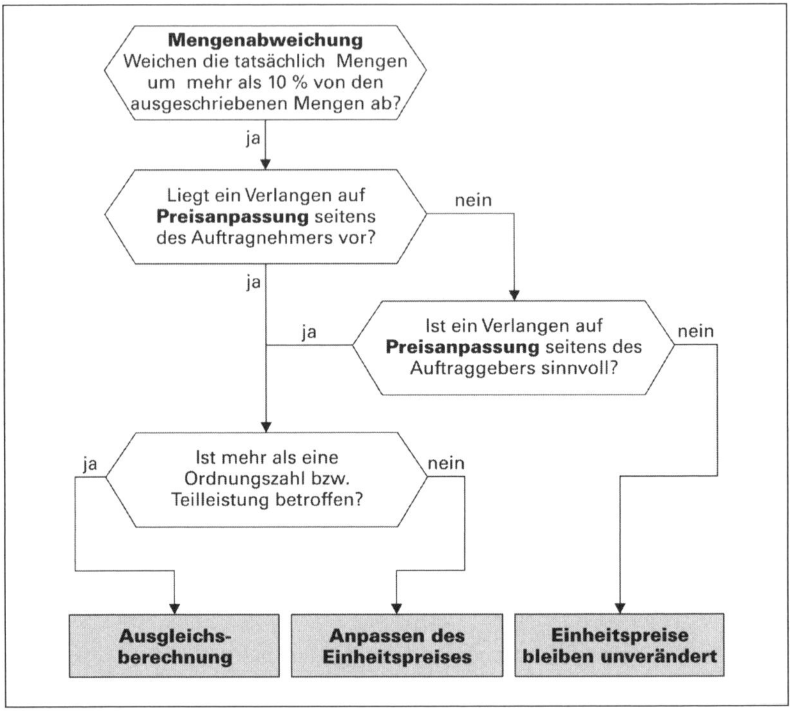

Abbildung 41: Prüfschema für Ansprüche aus § 2 Nr. 3 VOB/B

4.9.7.1.2 Mengenmehrung

390 Im Fall der Mengenmehrung ist auf Verlangen nach § 2 Abs. 3 Nr. 2 VOB/B für den Teil der über 110 v.H. hinausgehenden Menge ein neuer Einheitspreis zu ermitteln. **Die Mengen bis 110 v.H. werden mit dem vertraglichen Einheitspreis abgerechnet**.

Dabei hat der Auftragnehmer für die über 110 v.H. hinausgehende Menge einen Anspruch auf BGK, AGK und WuG.

Daher entspricht in den meisten Fällen der Einheitspreis der über 110 v.H. hinausgehenden Menge den linear fortgeschriebenen Einzelkosten der Teilleistungen zuzüglich der Zuschläge, aber abzüglich möglicher Einmalkosten.

391 ***Hinweis***

Bei einer Mengenmehrung hat der Auftragnehmer zusätzlich einen Anspruch auf Verlängerung der Bauzeit, weil er zum Zeitpunkt des Ver-

tragsschlusses nicht wissen konnte, dass er mehr Mengen auszuführen hat. Die Bauzeitverlängerung ergibt sich entweder aus der Fortführung der Kalkulationswerte oder aus der tatsächlich erforderlichen Bauzeit für die Mehrmengen.

Auswirkungen auf die Einzelkosten der Teilleistung

Die Einzelkosten der Teilleistung sind als direkte Kosten üblicherweise proportional zur ausgeführten Menge. Ausnahmen sind beispielsweise durch **392**

- die Verbilligung von Stoffkosten durch größere Einkaufsmengen oder
- eine Verringerung der Einzelkosten durch den Einsatz von leistungsfähigeren Geräten

denkbar.

Auswirkungen auf die Baustellengemeinkosten

In der Regel erhöhen sich die Baustellengemeinkosten bei einer Mengenmehrung nicht direkt, weil in einer Vielzahl der Fälle die auszuführenden Leistungen trotz Mengenüberschreitung mit der bereits vorhandenen Baustelleneinrichtung innerhalb der vorgesehenen Bauzeit ausgeführt werden können. **393**

Verlängert sich aufgrund der Mehrmenge die Bauzeit, werden die erhöhten, zeitabhängigen Baustellengemeinkosten durch die Berechnung der Kosten der Bauzeitverlängerung berücksichtigt.

Ausnahmen können entstehen, wenn sich durch die Mehrmenge der Aufwand der Baustellengemeinkosten erhöht. Das kann durch **394**

- den Einsatz eines zusätzlichen Poliers,
- eine Vergrößerung der Baustelleneinrichtung oder
- eine längere Vorhaltung der Baustelleneinrichtung

vorkommen.

Beispiel **395**

Statt 100 m² Landhausdielen sind 120 m² ausgeführt worden.

Die Mengen bis 110 m² werden mit dem alten Einheitspreis vergütet und die verbleibenden 10 m² mit dem neuen Einheitspreis, hier ohne Deckungsbeiträge für BGK.

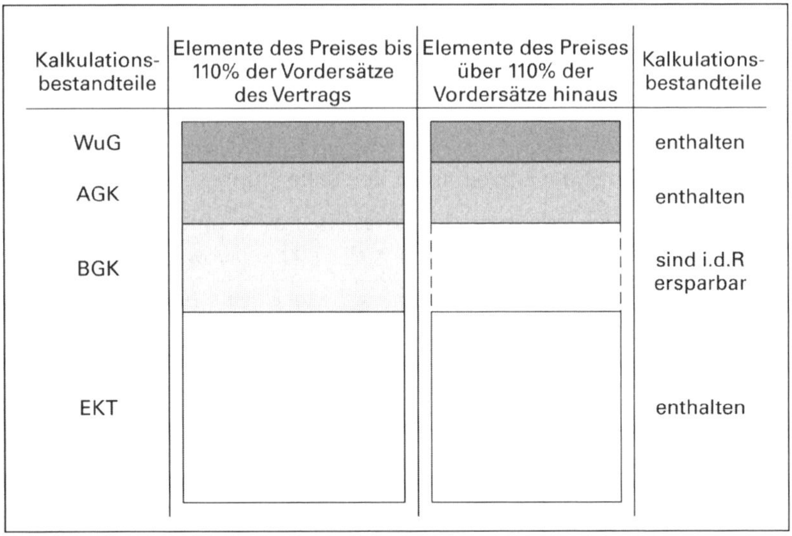

Abbildung 42: Ansprüche aus Mengenmehrung nach § 2 Nr. 3 VOB/B

Auswirkungen auf die Allgemeinen Geschäftskosten

396 Bei den Allgemeinen Geschäftskosten handelt es sich um umsatzbezogene Deckungsbeiträge des Auftragnehmers.

Im Fall der Mengenmehrung darf der Auftragnehmer nicht schlechter gestellt werden, als wenn von vornherein die tatsächliche Menge ausgeschrieben worden wäre. Sonst würde jeder Auftraggeber nur einen Bruchteil der Menge ausschreiben, um die AGK des Auftragnehmers zu sparen.

Der Zuschlagssatz für AGK ist daher auch für die über 110 v.H. hinausgehenden Mengen zu vergüten.

Auswirkungen auf Wagnis und Gewinn

397 Hier gilt das zu den Allgemeinen Geschäftskosten Gesagte entsprechend. Die zuvor besprochenen Zusammenhänge werden in Abb. 43 visualisiert.

398 ***Hinweis***

Weil die Einheitspreise bei Mengenmehrungen in der Regel niedriger werden, hat bei Mengenmehrung der Auftraggeber ein Interesse an neuen Einheitspreisen.

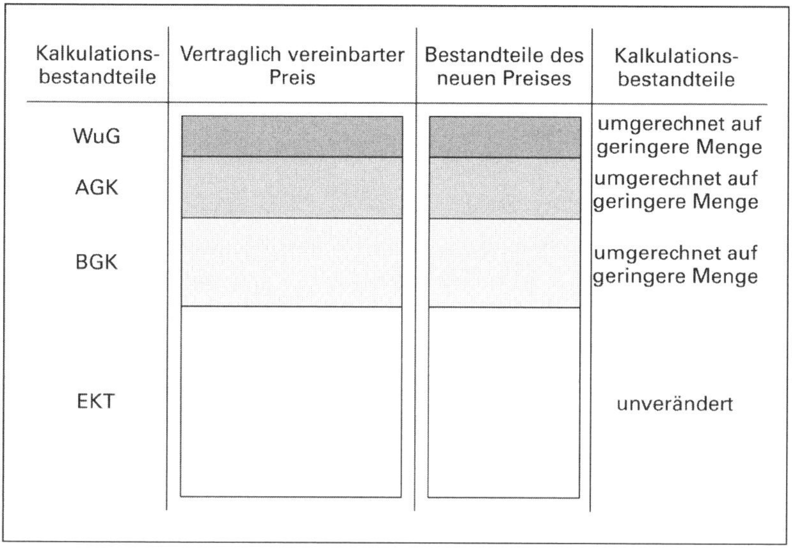

Abbildung 43: Ansprüche aus Mengenminderung nach § 2 Nr. 3 VOB/B

4.9.7.1.3 Mengenminderung

Auswirkungen auf die Baustellengemeinkosten

Sind die tatsächlich ausgeführten Mengen einer oder mehrerer Positionen **399**
geringer als die im Leistungsverzeichnis ausgeschriebenen Mengen, so verringern sich die Baustellengemeinkosten in der Regel nicht. Der Auftragnehmer hat daher einen Anspruch auf Erstattung der Deckungsbeiträge der Baustellengemeinkosten in der Höhe, als ob er die ausgeschriebene Menge ausgeführt hätte, die er aber mit der Abrechnung der niedrigeren Mengen nicht erzielen kann.

Auswirkungen auf die Allgemeinen Geschäftskosten

Im Fall der Mengenminderung ist der Deckungsbeitrag für Allgemeine **400**
Geschäftskosten, der mit Abrechnung der ausgeschriebenen Vordersätze erzielt würde, voll auf die verringerten Mengen umzulegen.

Auswirkungen auf Wagnis und Gewinn

Hier gilt das zu den Allgemeinen Geschäftskosten Gesagte entsprechend. **401**

402 **_Hinweis_**

Weil die Einheitspreise bei Mengenminderungen in der Regel höher werden, hat bei Mengenminderung der Auftragnehmer ein Interesse an neuen Einheitspreisen.

4.9.7.1.4 Ausgleichsberechnung

403 Bei der Ausgleichsberechnung werden pro Ordnungszahl die Unter- und Überdeckungen der Deckungsbeiträge herangezogen und die auszugleichenden Summen an Deckungsbeiträgen summiert. So können Ansprüche aus Mengenmehrung und Mengenminderung gegeneinander aufgerechnet werden.[51]

Zeigt sich bei der Gegenüberstellung der Deckungsbeitragssummen aus Mengenüberschreitungen zu den Positionen aus Mengenunterschreitung eine Unterdeckung, so ist dieser Betrag dem Auftragnehmer zu erstatten.

Stellt man dagegen eine Überdeckung fest, so müssen die BGK gesondert betrachtet werden. Sind diese Kosten überdeckt, so hat der Auftraggeber Anspruch auf Ausgleich.

4.9.7.2 § 2 Abs. 4 VOB/B

404 Anders als in den Fällen von Mengenabweichungen innerhalb von Positionen gemäß § 2 Abs. 3 VOB/B handelt es sich bei § 2 Abs. 4 VOB/B darum, dass einzelne oder mehrere vertraglich vereinbarte Positionen entfallen.

Übernimmt der Auftraggeber im Rahmen eines VOB-Werkvertrages einzelne Bauleistungen selbst, gelten über § 2 Abs. 4 VOB/B die Kündigungsregelungen in § 8 Abs. 1 Nr. 2 VOB/B. Dasselbe gilt, wenn der Auftraggeber bezüglich einzelner Positionen den Bauvertrag kündigt. In allen anderen Fällen, in denen Positionen ganz wegfallen, können auch die Grundsätze der Störung der Geschäftsgrundlage gemäß §§ 313 BGB gelten.

Hinweis

Der Auftraggeber muss sich genau überlegen, ob er tatsächlich einzelne Leistungen aus dem Bau-Soll des Auftragnehmers herausnimmt, weil dann wie bei einer ordentlichen Kündigung die Abrechnung zu Gunsten des Auftragnehmers erfolgen kann und dies für den Auftraggeber rechtsnachteilig ist.

51 Vgl. ausführlich Feuerabend/Prote, S. 181 f.

Die Regelung des § 2 Abs. 4 VOB/B gilt über § 2 Abs. 7 Nr. 2 VOB/B auch für Detail-Pauschalverträge.

4.9.7.3 Geänderte und zusätzliche Leistungen nach § 2 Abs. 5 und 6 VOB/B

Der Auftraggeber hat nach Vertragsabschluss das Recht, gemäß § 1 Abs. 3 VOB/B Änderungen des Bauentwurfs anzuordnen oder zusätzliche Leistungen gemäß § 1 Abs. 4 VOB/B zu beauftragen. **405**

Das Recht des Auftraggebers, eine einseitige Änderung des Bauentwurfs vorzunehmen und zusätzliche Leistungen anzuordnen, beinhaltet aber auch die Pflicht, die vom Auftragnehmer ausgeführte, vom Bau-Soll abweichende Leistung zu vergüten. Dies folgt unmittelbar aus § 2 Abs. 5 und Abs. 6 VOB/B.

Hinweis **406**

Aus modifizierten Leistungen können nicht nur Änderungen des Bauinhalts, sondern in manchen Fällen auch Änderungen der Bauumstände resultieren, die dadurch bedingt sind, dass zusätzliche Vorgänge in den geplanten Bauablauf integriert werden müssen oder das Bauverfahren umgestellt werden muss.

Der Auftragnehmer hat bei einer angeordneten Leistungsänderung nach § 1 Abs. 3 VOB/B einen Vergütungsanspruch seiner Leistung nach § 2 Abs. 5 VOB/B. Ordnet der Auftraggeber gemäß § 1 Abs. 4 VOB/B die Ausführung von Zusatzleistungen an, so ergibt sich der Vergütungsanspruch aus § 2 Abs. 6 VOB/B.

4.9.7.3.1 Geänderte Leistungen gemäß § 2 Abs. 5 VOB/B

Geänderte Leistungen sind bereits im Vertrag vorgesehene Leistungen, die nunmehr anders ausgeführt werden sollen. **407**

Beispiel

Statt der beauftragten weißen Fliesen sollen nun braune Fliesen ausgeführt werden.

Unter „andere Anordnungen" fallen z.B. auch

- *Änderungen der Bauzeit,*
- *Änderung der Reihenfolge der ausführenden Arbeiten sowie*
- *Planungsänderungen.*

Die Preisermittlungsgrundlagen ändern sich insgesamt.

Gemäß § 2 Abs. 5 Satz 2 VOB/B handelt es sich bei der Vereinbarung des neuen Preises um eine „Sollvorschrift", mit der Konsequenz, dass dem Auftragnehmer kein Leistungsverweigerungsrecht zusteht, wenn die Preisvereinbarung nicht vor Beginn der Arbeiten erfolgt. Dies ist streitig, wie dargestellt wurde.

Wenn aber der Nachtrag ernsthaft vom Auftraggeber zu Unrecht verweigert wird, besteht ein Leistungsverweigerungsrecht zu Gunsten des Auftragnehmers.[52]

4.9.7.3.2 Zusätzliche Leistungen gemäß § 2 Abs. 6 VOB/B

408 Zusätzliche Leistungen sind Leistungen, die zur Vertragserfüllung erforderlich sind, jedoch bisher nicht ausgeschrieben worden waren.

Beispiel

Der Teppichboden soll verlegt werden gemäß dem ausgeschriebenen Bau-Soll. Allerdings fehlen die Eckschutzschienen, die eine Verschiebung des Teppichs vermeiden. Hierbei handelt es sich dann um zusätzliche, zur Vertragserfüllung notwendige Leistungen.

Grundsätzliche Voraussetzung für eine zusätzliche Vergütung ist die Ankündigung der Mehrkosten durch den Auftragnehmer gemäß § 2 Abs. 6 Nr. 1 Satz 2 VOB/B.

Einer solchen Ankündigung bedarf es allerdings nicht, wenn sich der Auftraggeber nach den Umständen nicht im Unklaren sein kann, dass die zusätzliche Leistung gegen Vergütung ausgeführt wird,[53] oder wenn beide Vertragsparteien bei Erteilung des Zusatzauftrags von der Entgeltlichkeit der Bauleistung ausgegangen sind oder wenn dem Auftragnehmer objektiv keine Alternative zur sofortigen Ausführung der Leistungen bleibt.

Als Mitteilung an den Auftraggeber genügt die bloße Ankündigung, dass eine zusätzliche Vergütung verlangt wird.

409 Die **Höhe** der Vergütung für die **zusätzlichen Leistungen** richtet sich nach § 2 Abs. 6 Nr. 2 VOB/B. Da es sich dabei um eine Sollvorschrift handelt gemäß § 2 Abs. 6 Nr. 2 Satz 1 VOB/B, steht dem Auftragnehmer grundsätzlich kein Leistungsverweigerungsrecht zu, wenn eine Preisvereinbarung der Höhe nach vor Ausführungsbeginn nicht getroffen worden ist, wobei dies strittig ist, wie dargestellt wurde.

---

52 BGH, IBR 2004, 486.

53 OLG Hamm, Baurecht 2001, 1914.

Bezüglich der Abrechnungshöhe ist auf die Rechtsprechung des BGH zu den tatsächlich erforderlichen Kosten zu verweisen.[54]

4.9.7.3.3 Berechnungsmethodik

Die Vergütungsansprüche des Auftragnehmers aus modifizierten Leistungen sind auf Basis der Grundlagen der Preisermittlung zu ermitteln: Der Auftragskalkulation. **Die Berechnungsmethodik ist für geänderte und zusätzliche Leistungen gleich**. **410**

In der Praxis ist die Fortschreibung der Kalkulation in der Regel schwierig, weil die Vergütung von modifizierten Leistungen auf Basis der bisherigen Kalkulationsansätze nicht ermittelt werden kann, weil hierfür keine Kalkulationsansätze in der Auftragskalkulation enthalten sind.

Beispiel **411**

Anstatt des ausgeschriebenen Linoleums zu einem Einheitspreis von 40,25 EUR/m² soll nun ein Teppichboden mittlerer Art und Güte ausgeführt werden. Die Auftragskalkulation enthält keine Kalkulationsansätze für Teppichböden.

Wie ist der Preis zu berechnen?

Um dieses Problem zu lösen, bestimmt der Bauleiter zunächst das so genannte **Vertragspreisniveau** der Einzelkosten der Teilleistung. Darunter wird die Höhe der Einzelkosten der Teilleistung in Bezug auf einen objektiven Maßstab verstanden. Daraus ergibt sich, ob die kalkulierten Einzelkosten der Teilleistung im Verhältnis zu dem objektiven Maßstab unter- oder überkalkuliert sind und in welchem Verhältnis. **Die Ortsüblichkeit der Preise spielt keine Rolle**. **412**

Zur Bestimmung des Vertragspreisniveaus der geänderten Leistung werden die Kosten der modifizierten Leistung im gleichen Verhältnis zu den Kosten aus dem objektiven Vergleichsmaßstab bestimmt, also in gleicher Art und gleichem Maß über- oder unterkalkuliert.

Objektive Bewertungsansätze und deren Kosten sind aus allgemein zugänglichen Ermittlungssystemen (z.B. BKI-Tabellen) zu ermitteln.

Beispiel **413**

Das ausgeschriebene Linoleum wird mit einem Durchschnittspreis von 55,24 EUR/m² im Bezugssystem aufgeführt.

54 BGH, IBR 2019, 535.

Aus dem vertraglichen Einheitspreis und dem Bewertungsansatz des Bezugssystems kann das Vertragspreisniveau als Faktor f berechnet werden.

414 **Beispiel**

Der Vertragspreisniveaufaktor f des Linoleums beträgt:

40,25 EUR/m² (Vertragspreis): 55,24 EUR/m² (Bezugssystem) = 0,73

Dieser Faktor sagt aus, auf welchem Niveau sich die Vertragspreise in Bezug auf das Bezugssystem bewegen.

Sodann werden die Kostenkennwerte für die neue Leistung aus dem gleichen Bezugssystem entnommen.

415 **Beispiel**

Der nunmehr geforderte Teppichboden wird mit einem Durchschnittspreis von 39,35 EUR/m² im Bezugssystem aufgeführt.

---

416 Zur Ermittlung des Preises der modifizierten Leistung wird der Bewertungsansatz des Bezugssystems mit Hilfe des Vertragspreisniveaufaktors f durch Multiplikation an das Vertragspreisniveau angepasst. Der daraus resultierende neue Einheitspreis ist der zu vergütende Einheitspreis für die entsprechende Ordnungszahl.

417 **Beispiel**

Der Preis des Teppichbodens auf Vertragspreisniveau beträgt 39,35 EUR/m² (Bezugssystem) × 0,73 (Vertragspreisniveaufaktor).

Es ergibt sich ein Einheitspreis von 28,73 EUR/m².

Im Sonderfall, dass Einzelkosten der Teilleistungen der modifizierten Leistung aus den kalkulatorischen Ansätzen der Auftragskalkulation ermittelt werden können, ist die Fortschreibung der Kalkulation der Vergleichsrechnung vorzuziehen. Sofern in der Auftragskalkulation Zuschläge in der geänderten Position enthalten sind, ist die Beaufschlagung der Einzelkosten der Teilleistung für modifizierte Leistungen entsprechend durchzuführen.

4.9.7.4 Ansprüche über § 2 Abs. 8 VOB/B bzw. die §§ 677 ff. BGB

418 Unter den in § 2 Abs. 8 VOB/B aufgeführten Gesichtspunkten kann der Auftragnehmer in den Fällen, in denen er Nachtragsansprüche nicht darlegen und

beweisen kann, auch noch Ansprüche aus der sogenannten **Geschäftsführung ohne Auftrag** geltend machen. Liegen deren Voraussetzungen vor, ist der Auftragnehmer so zu stellen, als wenn Ansprüche aus § 2 Abs. 5 bzw. Abs. 6 VOB/B bestünden. Dies folgt aus § 2 Abs. 8 Nr. 2 VOB/B.

4.10 Ansprüche aus Behinderung

4.10.1 Überblick

In der Baupraxis stellt sich stets die Frage, wer verantwortlich ist, wenn das Bauvorhaben nicht in der ursprünglich vorgesehenen Zeit realisiert wird. 419

Die Gründe für die „Verantwortlichkeit" von Bauverzögerungen und hindernden Umständen können sowohl aus der Sphäre des Auftragnehmers als auch aus der des Auftraggebers stammen.

Behinderungen können zu **zeitlichen** und auch **finanziellen** Konsequenzen führen.

Für den Auftraggeber und die Bauleitung gilt es daher zunächst zu prüfen, ob überhaupt Behinderungsansprüche zu Gunsten des Auftragnehmers bestehen.

Wenn die Verantwortlichkeit für die Verzögerungen beim Auftragnehmer liegen, scheiden nämlich Behinderungsansprüche von vornherein aus.

Voraussetzung ist grundsätzlich weiter, dass 420

- eine Behinderungsanzeige durch den Auftragnehmer erfolgt,
- nach Wegfall der Behinderung diese abgemeldet wird und
- grundsätzlich eine sogenannte bauablaufbezogene Darstellung erfolgt.

Für den Auftragnehmer bestehen extrem hohe Anforderungen an die Durchsetzung von Behinderungsansprüchen bei Gerichten, weil meistens bereits die formalen Voraussetzungen fehlen und insbesondere nahezu nie eine ordnungsgemäße bauablaufbezogene Darstellung erfolgt.

4.10.2 Ansprüche des Auftragnehmers aufgrund von Bauverzögerungen durch den Auftraggeber

Es gibt eine Vielzahl von Gründen, warum Auftraggeber Verzögerungen an dem Bauvorhaben zu vertreten haben, wie exemplarisch die fehlende erforderliche Baugenehmigung oder dass Pläne nicht oder nicht vollständig zur Verfügung gestellt werden. Auch durch die Erteilung von Zusatzaufträgen oder Änderungen, die zu Nachträgen führen, kann es zu Verzögerungen kommen, für die der Auftragnehmer nicht verantwortlich ist. 421

Der sicherste Schutz des Auftraggebers vor Behinderungsansprüchen seitens des Auftragnehmers ist mithin, dass bereits im Vorfeld eindeutig geklärt ist, dass alle erforderlichen Unterlagen vorliegen, damit das Bauvorhaben in der vorgesehenen zeitlichen Schiene durchgeführt werden kann. Da dies in der Baupraxis jedoch häufig nicht möglich ist kommt es regelmäßig zu Auseinandersetzungen im Hinblick auf geltend gemachte Behinderungsansprüche.

4.10.2.1 Bauzeitverlängerung

422 Wenn Ausführungsfristen gemäß § 5 VOB/B im Vertrag wirksam vereinbart worden sind, werden diese verlängert, soweit die Behinderung durch einen Umstand aus dem Risikobereich des Auftraggebers oder auch durch höhere Gewalt verursacht worden ist. Dies folgt unmittelbar aus § 6 Abs. 2 Nr. 1 VOB/B. Demgegenüber sind Witterungseinflüsse während der Ausführungszeit, mit denen bei Abgabe des Angebots normalerweise gerechnet werden musste, nicht als Behinderung zu bewerten gemäß § 6 Abs. 2 Nr. 2 VOB/B.

Dabei ist für den Auftraggeber wichtig zu berücksichtigen, dass gemäß § 6 Abs. 3 VOB/B der Auftragnehmer alles zu tun hat, was ihm zugemutet werden kann, um die Weiterführung der Arbeiten zu ermöglichen. Insbesondere muss er ohne weiteres und unverzüglich die Arbeiten wieder aufnehmen und den Auftraggeber davon unterrichten, wenn die hindernden Umstände wegfallen.

Die Berechnung der Fristverlängerung erfolgt gemäß § 6 Abs. 4 VOB/B. Dauert eine Unterbrechung länger als drei Monate, kann jede Partei den Vertrag schriftlich kündigen gemäß § 6 Abs. 7 Satz 1 VOB/B.

4.10.2.2 Finanzielle Folgen

423 Es stehen verschiedene Anspruchsgrundlagen zu Gunsten des Auftragnehmers offen, der Behinderungsansprüche in finanzieller Hinsicht geltend machen möchte.

4.10.2.3 Anspruchsgrundlagen

4.10.2.3.1 Schadensersatz gemäß § 6 Abs. 6 VOB/B

424 Die Anforderungen, die die Rechtsprechung an die Bejahung eines verschuldensabhängigen Schadensersatzanspruchs gemäß § 6 Abs. 6 VOB/B gestellt hat, sind erheblich und können in der Praxis kaum durchgesetzt werden.

- Eine Behinderung muss tatsächlich vorgelegen haben, die von dem Auftraggeber verursacht wurde, und es muss auch tatsächlich zu einer Verzögerung gekommen sein.
- Die Behinderung muss gemäß § 6 Abs. 1 VOB/B dem Auftraggeber unverzüglich schriftlich angezeigt worden sein, sofern sie nicht offenkundig war.

- Die hindernden Umstände müssen vom Auftraggeber zu vertreten sein.
- Durch die Behinderung muss ein Schaden beim Auftragnehmer verursacht worden sein und
- es muss eine bauablaufbezogene Darstellung erfolgen, in der detailliert eine Gegenüberstellung des ursprünglich geplanten zu dem tatsächlichen Zeitablauf aufzuzeigen ist.[55]

4.10.2.3.2 Ansprüche aus sonstigen Anordnungen des Auftraggebers nach § 2 Abs. 5 VOB/B

Denkbar ist auch, dass es durch Änderungswünsche des Auftraggebers zu Verzögerungen kommt, die dann auch entsprechende finanzielle Konsequenzen haben, wobei die Voraussetzungen wie Behinderungsanzeige, Behinderungsabmeldung, bauablaufbezogene Darstellung gleichwohl auch auftragnehmerseits vorgetragen werden müssen mit den damit verbundenen Problemen. **425**

4.10.2.3.3 Ansprüche gemäß § 642 BGB

Diese Regelung gilt sowohl für VOB- als auch für BGB-Werkverträge.[56] **426**

Es handelt sich um einen verschuldensunabhängigen Entschädigungsanspruch.

Dieser Entschädigungsanspruch umfasst nicht die Mehrkosten für gestiegene Lohn- und Materialkosten.[57] Die Entschädigungshöhe richtet sich nach der Höhe der vereinbarten Vergütung, und auch die in dieser Vergütung enthaltenen Anteile für Wagnis, Gewinn und Allgemeine Geschäftskosten werden mitumfasst.[58] Die Berechnung der Entschädigung erfolgt auf der Abwägungsentscheidung des Gerichts auf der Grundlage der in § 642 Abs. 2 BGB genannten Kriterien. Dabei ist die angemessene Entschädigung im Ausgangspunkt an den auf die unproduktiv bereitgehaltenen Produktionsmittel entfallenden Vergütungsanteilen einschließlich der Anteile für Allgemeine Geschäftskosten sowie für Wagnis und Gewinn zu orientieren.[59] Die Darlegungs- und Beweislast für diese Kriterien trägt der Auftragnehmer als Anspruchsteller, der die Tatsachen für die vom Richter vorzunehmende Abwägungsentscheidung zu beweisen hat. Anrechnen lassen muss sich der Auftragnehmer in diesem Zusammenhang jeden anderweitigen Einsatz der Produktionsmittel.[60]

---

55 OLG Hamm, Baurecht 2004, 1304; OLG Düsseldorf, Baurecht 2002, 1551; BGH, Baurecht 2002, 1249.
56 BGH, Baurecht 2000, 722.
57 BGH, IBR 2017, 664.
58 BGH, IBR 2017, 666.
59 BGH, IBR 2020, 229.
60 BGH, IBR 2020, 230, 231.

4.10.3 Ansprüche des Auftraggebers wegen Bauverzögerungen durch den Auftragnehmer

427 Sofern der Auftragnehmer die vertraglich vereinbarte Ausführungsfrist nicht einhält, bestehen für den Auftraggeber unterschiedliche Möglichkeiten, Ansprüche durchzusetzen.

4.10.3.1 Anspruchsgrundlagen

428 Im Rahmen des BGB-Vertrags kann der Auftraggeber im Fall des Verzugs des Auftragnehmers entweder Schadensersatz gemäß den §§ 280, 281 BGB verlangen, von dem Vertrag zurücktreten gemäß § 323 BGB oder aber Schadensersatz verlangen und gleichzeitig den Rücktritt erklären gemäß § 325 BGB.

Im Rahmen des VOB-Werkvertrags sind die §§ 5 Abs. 4, 6 Abs. 6 und 8 Abs. 3 VOB/B in den Fällen einer nicht rechtzeitigen Erfüllung der Leistungspflicht durch den Auftragnehmer zu berücksichtigen.

Verzögert der Auftragnehmer den Baubeginn, gilt § 5 Abs. 1 und 2 in Verbindung mit Abs. 4 VOB/B. Das Gleiche gilt, wenn er mit der Vollendung in Verzug gerät.

Der Auftraggeber hat sodann die Möglichkeit, entweder bei Aufrechterhaltung des Bauvertrags Schadensersatz gemäß § 6 Abs. 6 VOB/B zu verlangen oder aber er wählt den Weg über § 5 Abs. 4 VOB/B und kündigt den Bauvertrag.

4.10.3.2 Vertragsstrafe

429 Sofern eine wirksame **Vertragsstrafe** vereinbart worden ist gemäß § 11 VOB/B in Verbindung mit den §§ 339 bis 345 BGB, kann auch diese gezogen werden.

Wichtig ist, dass die Vertragsstrafe ausdrücklich und wirksam in dem Vertrag vereinbart werden muss. Insbesondere sollten Widersprüche im Hinblick auf die Bezugsgrößen wie „brutto oder netto" oder Auftragssumme bzw. Schlussrechnungssumme vermieden werden. Derartige Unklarheiten führen nämlich bei AGB-Verträgen häufig zur Intransparenz und mithin zur Unwirksamkeit der Vertragsstrafe als pauschalierter Schadensersatz. Auch darf die Vertragsstrafe eine Höchstgrenze von 5 % der Abrechnungssumme[61] nicht überschreiten.[62] Auch die Tagessätze sollten wirksam begrenzt werden, z.B. auf „0,2 % pro Werktag".

61 grundlegend BGH, IBR 2024, 227.
62 BGH, Baurecht 2003, 870.

Darüber hinaus ist die Vertragsstrafe verschuldensabhängig als Schadensersatzanspruch.

Weiterhin sollte beachtet werden, dass gemäß § 11 Abs. 4 VOB/B die Vertragsstrafe bei der Abnahme vorbehalten werden muss.

4.10.4 Worauf muss der Bauleiter des Auftraggebers bei Behinderungen achten?

Die Behinderungsanzeige hat eine **Warnfunktion** für den Auftraggeber und damit auch für den Bauleiter und muss die hindernden Tatsachen mit hinreichender Klarheit enthalten. Der Auftraggeber muss mithin wissen, dass möglicherweise zeitliche und/oder terminliche Konsequenzen aus der Behinderung folgen. 430

4.10.5 Behinderungen

4.10.5.1 Prüfung der Behinderung

Jede Behinderungsanzeige ist durch den Bauleiter sorgfältig auf ihren Wahrheitsgehalt hin zu untersuchen und der Sachverhalt geeignet (z.B. durch Fotos) zu dokumentieren. 431

Einige Auftragnehmer neigen in der Annahme, dann jedenfalls rechtlich abgesichert zu sein, zu prophylaktischen Behinderungsanzeigen ohne jede Grundlage.

Selbstverständlich bedeutet eine Anzeige hindernder Umstände nicht, dass die Behinderung objektiv besteht. Im Fall der Geltendmachung von Ansprüchen oder eines Rechtsstreites muss der Auftragnehmer beweisen, dass die hindernden Umstände vorlagen und Auswirkungen auf den Bauablauf hatten. Eine umfangreiche Beantwortung von Anzeigen hindernder Umstände und eine schriftliche Diskussion darüber, ob diese vorliegen oder nicht, kann sich der Bauleiter also sparen.

4.10.5.2 Abstellen der Behinderung

Sofern ein Behinderungssachverhalt aus dem Verantwortungsbereich des Auftraggebers vorliegt, ist dieser schnellstmöglich abzustellen, um weiteren Schaden zu vermeiden. Von der Beseitigung der hindernden Umstände wird der betroffene Auftragnehmer unverzüglich schriftlich informiert. 432

4.10.5.3 Fristverlängerungen

Liegen Störungen vor, die eine Modifikation des Terminplans erfordern, so hat diese Modifikation **auf Basis des produktionsorientierten Terminplans** zu erfolgen, weil nur in diesem Auswirkungen auf den Bauprozess nachvollzogen werden können. 433

434 **Projektorientierte Terminpläne** sind in der Regel für die Ermittlung der Auswirkungen von Störungen **unbrauchbar**, werden von Auftragnehmern aber gerne als Beleg angeführt. Hier sollte der Auftraggeber auf einem schlüssigen produktionsorientierten Terminplan als Basis für die Modifikation bestehen.

435 Bei der Berechnung etwaiger Fristverlängerungen sind nach § 6 Abs. 4 VOB/B

- die Dauer der Behinderung bzw. Unterbrechung,
- ein Zuschlag für die Wiederaufnahme der Arbeiten und
- ein Zuschlag für die etwaige Verschiebung in eine ungünstigere Jahreszeit

zu berücksichtigen.

Die Fortschreibung erfolgt dabei nicht mechanistisch, sondern hat auch zu berücksichtigen, ob es Ausweichmöglichkeiten für den Auftragnehmer gibt und ob der entsprechende Vorgang sich überhaupt auf den Endtermin auswirkt. In den wenigsten Fällen hat eine vierwöchige Behinderung auch eine vierwöchige Bauzeitverlängerung zur Folge.

4.11 Kündigungsmöglichkeiten des Auftraggebers

4.11.1 Grundsätzliches

436 Bei der Kündigung durch den Auftraggeber sind grundsätzlich drei in der Praxis relevante Arten der Kündigung zu unterscheiden. Demnach kann der Auftraggeber

- den Vertrag jederzeit und ohne Grund nach § 8 Abs. 1 VOB/B kündigen (freie Kündigung),
- nach § 8 Abs. 3 VOB/B eine Kündigung aus wichtigem Grund aussprechen und
- im Fall einer Insolvenz des Auftragnehmers nach § 8 Abs. 2 VOB/B kündigen.

Des Weiteren kann der Auftraggeber den Auftragnehmer gemäß § 8 Abs. 4 VOB/B aus Gründen der unzulässigen Wettbewerbsabrede kündigen. Dieser Kündigungsgrund ist in der Praxis allerdings sehr selten anzutreffen, da man Absprachen oftmals nicht oder nur sehr schwer nachweisen kann.

4.11.2 Freie Kündigung nach § 8 Abs. 1 VOB/B

437 Die Kündigung sollte stets nur das allerletzte Mittel sein, um ein Vertragsverhältnis zu beenden.

Das Risiko für den Auftraggeber, dass selbst in dem Fall, dass er einen wichtigen Grund zur Kündigung behauptet und dies dann im Rechtsstreit nicht bewiesen werden kann, ist extrem hoch.

Die ordentliche jederzeit zulässige freie Kündigung sollte daher vom Auftraggeber unbedingt vermieden werden. In der Konsequenz bedeutet diese, dass der Auftragnehmer seinen vollen Werklohn abzüglich ersparter Aufwendungen und mithin auch den entgangenen Gewinn geltend machen kann und die Kosten für die Einschaltung von Ersatzunternehmern vollständig beim Auftraggeber verbleiben.

Der Auftragnehmer muss seine aufgrund der Nichtausführung der Leistung ersparten Kosten nachvollziehbar berechnen und offenlegen.

Die Abrechnung erfolgt zweigeteilt. Zunächst werden die beauftragten und bis zur Kündigung erbrachten Leistungen nach den Vertragspreisen abgerechnet.

Im zweiten Schritt erfolgt die Abrechnung der aufgrund der Kündigung nicht mehr erbrachten Leistungen, indem die Leistungen vollständig abgerechnet und die ersparten Kosten und anderweitiger Erwerb hiervon abgezogen werden. Die Abrechnung erfolgt also „von oben".

4.11.3 Kündigung aus wichtigem Grund nach § 8 Abs. 3 VOB/B

Maßgeblich ist, ob der wichtige Grund zur Kündigung im Fall einer Auseinandersetzung auch bewiesen werden kann. Dies sollte rechtssicher dokumentiert werden! 438

Im Fall der auftraggeberseitigen Kündigung aus wichtigem Grund steht dem Auftragnehmer für die bereits erbrachte Leistung die Vergütung mit den vereinbarten Einheitspreisen zu. Für die nicht erbrachten Leistungen hat der Auftragnehmer keinen Anspruch auf Vergütung

Vielmehr **stehen dem Auftraggeber** im Fall einer Kündigung aus wichtigem Grund Schadensersatzansprüche gegen den Auftragnehmer zu. Diese bestehen in Mehrkosten, 439

- die durch die Beauftragung eines Dritten oder
- durch Terminverzögerung

entstehen können. Weitere Fälle sind in der Praxis denkbar.

440 ***Beispiel***

Die Auftragssumme der Trockenbauarbeiten beträgt 150.000 EUR. Nachdem der Trockenbauer 50 v.H. der Leistung erbracht hat, kündigt der Auftraggeber aus wichtigen Gründen den Vertrag.

Der vom Auftraggeber neu beauftragte Unternehmer B verlangt für die Vollendung der Arbeiten 80.000 EUR.

Der Auftragnehmer erhält für die bereits erbrachte Leistung eine Vergütung von 75.000,– EUR. Von dieser Summe werden die Mehrkosten des Dritten gegenüber dem gekündigten Trockenbauer in Höhe von 5.000,– EUR abgezogen. Für die nicht erbrachten Leistungen hat er keinen Anspruch.

Es verbleibt ein Anspruch des Auftragnehmers in Höhe von 70.000,– EUR.

5 Örtliche Bauleitung

5.1 Koordination der Baustelle

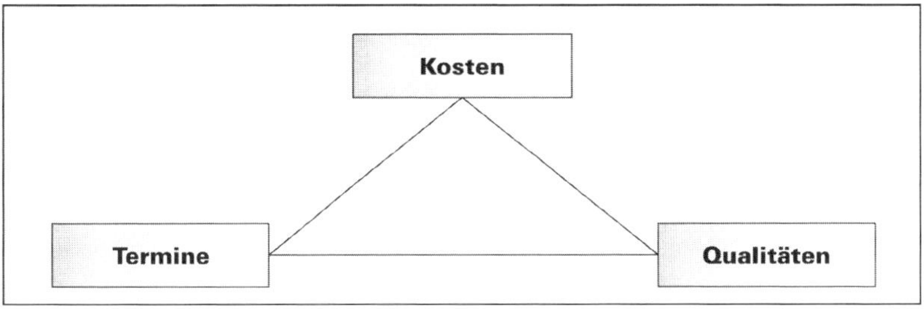

Abbildung 44: Magisches Dreieck – Kosten, Termine, Qualitäten

Eine unverzichtbare Grundlage für eine vorausschauende Bauleitung und zur Vermeidung des Auflaufens von Problemen ist eine brauchbare und objektive **Dokumentation der Sachlage**. Erst auf deren Basis kann die Situation systematisch analysiert, Abweichungen festgestellt und ggf. steuernd eingegriffen werden. 441

Im Folgenden werden die üblichen Dokumentationsformen erläutert und es wird erklärt, wann und wofür die jeweilige Dokumentation wichtig ist.

Im Rahmen der Bauüberwachung muss permanent die Einhaltung der Kosten, Termine und Qualitäten überprüft und ggf. steuernd eingegriffen werden (vgl. Abb. 44).

Dabei wirkt sich eine Veränderung einer der drei Größen zumeist auch störend auf die beiden übrigen aus.

5.1.1 Sauberkeit

5.1.1.1 Schutz von Bauelementen

In der Bauausführung sind bereits erstellte Bauelemente durch geeignete Maßnahmen zu schützen. Schutzmaßnahmen können 442

- Absperrmaßnahmen,
- Abdeckungen oder
- Schutz vor Witterungseinflüssen

sein.

Die jeweiligen Fachnormen der VOB/C sehen diese **Schutzmaßnahmen regelmäßig als Nebenleistungen** vor, die nicht gesondert zu vergüten sind. 443

Um Kosten zu sparen, unterlassen Auftragnehmer in einzelnen Fällen diese Schutzmaßnahmen, die dazu dienen, die Leistungen der übrigen Auftragnehmer vor Beschädigungen zu bewahren.

	Bauzeitverlängerung	Vergütungsanpassung gem.	§ 2 Abs .3 VOB/B	§ 2 Abs. 4 VOB/B	§ 2 Abs. 5 VOB/B	§ 2 Abs. 6 VOB/B	§ 2 Abs. 8 VOB/B	Entschädigung gem.	§ 642 BGB	Schadenersatz gem.	§ 6 Abs. 6 VOB/B	kein Anspruch
Risikobereich des Auftraggebers												
Mengenabweichung	■	■	■									
Leistungsmodifikation	■	■		■	■	■	■					
unzureichende Mitwirkung	■	■						■	■	■	■	
Risikobereich des Auftragnehmers												
Organisationsmängel												■
unzureichende Kapazitäten												■
Ausführungsfehler												■
von keiner Vertragspartei zu vertreten												
Streik/ Aussperrung	■											
höhere Gewalt	■											
schlechte Witterungsverhältnisse	■											

Abbildung 45: Ursachen und Anspruchsfolgen von Störungen des Bauablaufs

Der Bauleiter wird daher vor Beginn der Arbeiten einer Vergabeeinheit die **Nebenleistungen der entsprechenden Fachnormen** dahingehend untersuchen, welche Schutzmaßnahmen vorgesehen sind und diese von sich aus gegenüber der Bauleitung des Auftragnehmers ansprechen und verlangen.

444 ***Beispiel***

Bei Malerarbeiten sind Maßnahmen zum Schutz von Bauteilen durch loses Abdecken, Abhängen oder Umwickeln einschließlich anschließender Beseitigung der Schutzmaßnahmen nach DIN 18363, Punkt 4.1.2 Nebenleistungen.

5.1.1.2 Sauberkeit

Die Praxis zeigt, dass Sauberkeit auf Baustellen ein Thema ist. Leider ist das Verständnis für einen eigenen sauberen Arbeitsplatz bei einigen Bauarbeitern nicht so stark ausgeprägt, dass die Entsorgung von Abfällen ohne Eingriff des auftraggeberseitigen Bauleiters funktioniert. 445

Hier zahlt es sich aus, wenn **in einem** Bauabschnitt **stets nur ein Auftragnehmer** tätig ist. So kann der Bauabschnitt vor Beginn und nach Beendigung der Arbeiten gemeinsam begangen und der Zustand dokumentiert werden.

Wird der Bauabschnitt nicht ordnungsgemäß verlassen, ist der Verursacher klar und unverzüglich zur Beseitigung seiner Abfälle aufzufordern.

5.2 Bautagesbericht und Bautagebuch

In der Praxis kommen zwei verschiedene Arten von Berichten zum Einsatz. 446

Der Bautagesbericht wird vom Auftragnehmer erstellt und an den Auftraggeber zur Kenntnis weitergeleitet. Der Bautagesbericht wird unter 5.2.1 ausführlich besprochen.

Das Bautagebuch wird vom auftraggeberseitigen Bauleiter geführt und dient diesem zur eigenen Dokumentation der Ereignisse; es wird unter 5.2.2 näher erläutert.

5.2.1 Bautagesbericht der Auftragnehmer

Auftragnehmerseitige Bauleiter führen Bautagesberichte, in denen sie die nachfolgend aufgeführten Aspekte dokumentieren. 447

Nach dem Ausfüllen legt der Bauleiter des Auftragnehmers den Bautagesbericht zur Ergänzung und Gegenzeichnung vor. Dabei geht es um die **objektive Dokumentation des Sachverhalts**.

Im Folgenden werden die wesentlichen Inhalte aus Sicht des auftraggeberseitigen Bauleiters vorgestellt.

Hinweis 448

> *In jedem Fall erhält der auftraggeberseitige Bauleiter nach Unterschrift eine Durchschrift des Bautagesberichtes.*

Witterung

449 Streitfragen in Bezug auf die Witterung, die zu einem bestimmten Zeitpunkt auf einer Baustelle aufgetreten ist, können heutzutage durch eine lückenlose Dokumentation verschiedener Organisationen geklärt werden, zum Beispiel der Wetterämter.

Das Wetter ist zwar selten streitig. Es sollte jedoch dokumentiert werden, um im Fall eines späteren Nachschlagens keine längere Recherche durchführen zu müssen.

Anzahl der Arbeitskräfte nach Qualifikation

450 Die Dokumentation der Arbeitskräfte und Baugeräte ist beispielsweise bei Streitigkeiten über Behinderungen von Belang, in denen es um Intensitätsabfälle geht. Beide Seiten sind gut beraten, die Angaben objektiv zu dokumentieren.

Vorgänge/Tätigkeiten

451 Zu Vorgängen des Tages werden neben der Beschreibung der Tätigkeit

- die Anzahl der auf der Baustelle tätigen Arbeitskräfte,
- der Bauabschnitt,
- die genauen Tätigkeiten und
- ggf. Bemerkungen

festgehalten.

Bei späteren Streitigkeiten können auf dieser Basis der Ist-Terminplan der Baustelle nachträglich rekonstruiert und etwaige Behinderungssachverhalte objektiviert werden.

452 ***Beispiel***

Der Auftragnehmer behauptet, er wäre vor zwei Wochen in Bauabschnitt D gehindert gewesen. Der Sachverhalt ist unstrittig. Die Behinderung wurde vor einer Woche abgestellt.

Die Bautagesberichte der vergangenen Woche aber weisen aus, dass der Vorgang, der gehindert gewesen ist, bis heute nicht begonnen wurde.

Zusätzliche Arbeiten

453 Werden vertraglich nicht vereinbarte Arbeiten auf der Baustelle erbracht, so werden diese entsprechend dokumentiert. Art und Umfang sollten zusätzlich

zu etwaigen Stundenzetteln des Auftragnehmers dokumentiert werden, da je nach Vertrag beträchtliche Kosten entstehen können.

In Streitfällen kann später geprüft werden, ob es sich tatsächlich um zusätzliche Arbeiten gehandelt hat.

Materiallieferungen

Materiallieferungen werden u.a. dokumentiert, um beispielsweise bei Behin- **454**
derungssachverhalten feststellen zu können, ob ein Auftragnehmer überhaupt hätte arbeiten können.

Planlieferungen

Im Bauablauf kommt es nicht nur zu einmaligen Planlieferungen, sondern es **455**
werden permanent die jeweils benötigten Pläne übergeben. Weil unterbliebene oder nicht rechtzeitige Planlieferungen den Auftragnehmer in der Ausführung hindern können, ist eine geeignete Dokumentation auf Seiten des Auftraggebers notwendig, die in der Regel in den entsprechenden Anschreiben zur Planlieferung besteht.

Sofern Pläne ohne Anschreiben übergeben werden, ist umso mehr darauf zu achten, dass deren Zugang im Bautagebuch festgehalten wird.

Anweisungen und Anordnungen

Besonders im Hinblick auf Anordnungen der auftraggeberseitigen Bauleitung **456**
ist eine lückenlose und exakte Dokumentation notwendig, um bei späteren Streitigkeiten über die Ausführung feststellen zu können, ob diese den Anordnungen entsprochen hat.

Missverständnisse kommen immer wieder vor und bergen gerade bei mündlichen Anordnungen Konfliktpotenzial.

Anwesenheit Fachleute

Im Zuge der Bauausführung sind zusätzlich zum auftraggeberseitigen Bauleiter **457**
die einzelnen Fachbauleiter, die jeweiligen Mitarbeiter der Behörden, Berufsgenossenschaften oder des Amtes für Arbeitsschutz etc. temporär anwesend.

Datum	Witterung	AN	Bauelement	BA	AK	Bemerkung
01.05.24	Trocken 20 °C	Müller	Decken Innenanstrich	A	3	
			Wände Innenanstrich	B	5	
		Schmitz	Teppichboden	C	3	
			PVC-Boden	C	2	Teeküche
02.05.24	Bedeckt 19 °C	Müller	Decken Innenanstrich	A	3	

Abbildung 46: Bautagesbericht des auftraggeberseitigen Bauleiters

Werden seitens der Fachleute, aber auch seitens des Auftraggebers Anweisungen getroffen, sind diese zum eigenen Schutz ebenfalls genau zu dokumentieren.

Besondere Vorkommnisse

458 Besondere Vorkommnisse können beispielsweise aus Behinderungen oder Unfällen bestehen.

Sofern Behinderungstatbestände eingetragen werden, kommt dies einer Behinderungsanzeige gleich, sofern der Bautagesbericht dem Auftraggeber unverzüglich übermittelt wird. In diesen Fällen kann der Auftraggeber sich nachher nicht darauf berufen, es habe keine Behinderungsanzeige als solche vorgelegen.

459 ***Hinweis***

Die Eintragung einer Behinderung in den Bautagesbericht kommt einer Behinderungsanzeige gleich, wenn der Bautagesbericht dem Auftraggeber zur Kenntnis gegeben wird.

5.2.2 Eigenes Bautagebuch

460 Das Führen eines **Bautagebuchs** ist gemäß Anlage 11 zur HOAI Grundleistung der Leistungsphase 8 und somit ein gängiges Mittel zur Dokumentation des Bauablaufs. Da die HOAI keine Form fest vorgibt, kann das Bautagebuch grundsätzlich vom auftraggeberseitigen Bauleiter selbst erstellt und gestaltet werden.

In das Bautagebuch sind alle maßgeblichen Ereignisse und Umstände der Ausführung wie

- Datum,
- Witterungsverhältnisse,
- ausführendes Unternehmen,
- Bauelement(e),
- Bauabschnitt,
- Anzahl der Arbeitskräfte und
- Bemerkungen, z.B. hindernde Umstände,

aufzunehmen (vgl. Abb. 46).

Die Dokumentation im Bautagebuch ist bei der Ermittlung von Auswirkungen von hindernden Umständen von Belang, wenn im Nachhinein nachvollzogen werden soll, ob beispielsweise Intensitätsabfälle vorgelegen haben. Ebenso kann geprüft werden, wie sich hindernde Umstände auf den Arbeitsprozess des Auftragnehmers ausgewirkt haben.

Mit Hilfe eines lückenlos geführten Bautagebuchs kann der Auftraggeber solche Situationen klären und unberechtigte auftragnehmerseitige Forderungen auch nachträglich abwehren.

5.3 Die Baubesprechung im Bauablauf

5.3.1 Allgemeines

Die regelmäßige Zusammenkunft der einzelnen Beteiligten in Form einer **Baubesprechung** nimmt eine zentrale Stellung in der Projektabwicklung ein. 461

Sie dient dazu, Probleme der Ausführung und der Koordination zwischen den Beteiligten anzusprechen und zu klären, um zukünftige Konflikte zu verhindern. Zu Beginn der Ausführung wird durch den auftraggeberseitigen Bauleiter zu einer ersten Baubesprechung, oft auch als Kick-off Meeting bezeichnet, eingeladen.

Im weiteren Bauablauf werden die Baubesprechungen in der Regel wöchentlich abgehalten, was aber von Bauvorhaben zu Bauvorhaben variieren kann. Diese regelmäßig stattfindenden Besprechungen finden an einem festen Tag in der Woche zur gleichen Zeit und am gleichen Ort statt.

Weil im Vorfeld kein idealer Tag für die wöchentliche Baubesprechung festgelegt werden kann, einigt der Bauleiter sich gemeinsam mit den Teilnehmern auf einen optimalen Termin für alle Beteiligten.

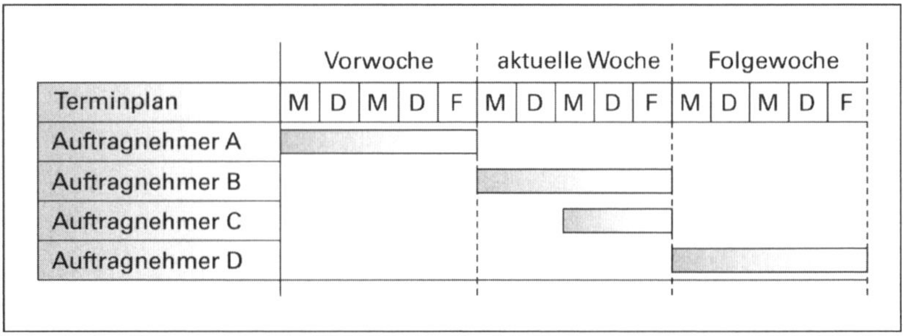

Abbildung 47: Anwesenheit von Auftragnehmern bei der Baubesprechung

5.3.2 Teilnehmer

462 Die Leitung der Baubesprechung übernimmt der auftraggeberseitige Bauleiter. Die anderen Teilnehmer sind vom Bauleiter je nach Erfordernis einzuladen. Einen ersten Anhaltspunkt liefert hier der Terminplan, aus dem ersichtlich ist, welche Auftragnehmer wann auf der Baustelle anwesend sein werden (vgl. Abb. 47).

Je nach Art der Leistung eines Auftragnehmers kann es erforderlich sein, diesen schon in der Vorwoche oder noch früher zu den Besprechungen hinzuzuziehen, weil Abhängigkeiten zu anderen Auftragnehmern bestehen. Folgerichtig muss man als Bauleiter in der Lage sein, die Leistungen der einzelnen Auftragnehmer richtig einschätzen zu können, um daraus die Notwendigkeit der Teilnahme abzuleiten.

463 ***Hinweis***

Die Teilnahme der Auftragnehmer an den für sie relevanten Baubesprechungen sollte im Vorfeld vertraglich vereinbart werden, um diese sicherzustellen.

5.3.3 Inhalt der Baubesprechung

464 Bereits mit der Einladung zur Baubesprechung werden die in der **Tagesordnung** festgelegten Punkte aufgeführt, um den Teilnehmern die Möglichkeit zu geben, sich auf die Besprechung geeignet vorzubereiten.

Zunächst werden die Ergebnisse vorangegangener Sitzungen wiedergegeben, bevor neue Punkte besprochen werden.

Die einzelnen Tagesordnungspunkte werden entsprechend kategorisiert und im Verlauf der Besprechung in der Reihenfolge der Tagesordnung behandelt.

Durch einen strukturierten Aufbau werden die Besprechungszeit optimiert und das Verständnis der Teilnehmer erleichtert.

Übliche Punkte, die in der Baubesprechung erörtert werden, sind: **465**

- der Leistungsstand der Arbeiten,
- das Vorliegen aller Voraussetzungen für Arbeiten, die kurzfristig begonnen werden sollen, und
- die Kontrolle, ob die ausgeführten Leistungen aus Sicht der Auftragnehmer ordnungsgemäß erbracht wurden – was eine persönliche Kontrolle durch den Bauleiter nicht ersetzt.

5.3.4 Protokollierung und Inhalt

Es wird ein Protokoll erstellt, in dem die Beteiligten und der Inhalt der Besprechung dokumentiert werden. Dieses Protokoll wird an die einzelnen Teilnehmer zeitnah verschickt. Besser ist es allerdings, wenn man das Protokoll direkt in der Besprechung anfertigt, die einzelnen Punkte vorliest und direkt genehmigen lässt sowie am Ende das Protokoll unterschreiben lässt, kopiert und verteilt. **466**

Um den Aufwand und die Kontrolle zu reduzieren, ist es sinnvoll, Datenbanken – alternativ zur konventionellen Protokollierung – zu verwenden. In einer Datenbank kann der Bauleiter den einzelnen Punkten eine Priorität zuweisen und so schnell überblicken, welche Punkte zeitnah geklärt werden müssen (vgl. Abb. 48).[63]

63 Eine geeignete Datenbank kann beispielsweise kostenlos auf http://www.feuerabend.de/bauleitung heruntergeladen werden.

OPL – Einzelansicht

Neubau Altenheim XYZ

Eingabedatum:	19.11.2007	erledigt: ☑
Erledigungsdatum:	24.11.2007	zuständig:

☐ **Exakte Lage der Brandmelder in Bauabschnitt B, Raum 452** In Bauabschnitt B, Raum 452, ist zu klären, wo die Brandmelder installiert werden sollen. **Chronologie**	**Feuerabend, Dr. Thomas** BauMedia AG **Herr Frobisch** Trockenbau GmbH **Herr Katzenfisch** Fachingenieur Elektro

19.11.2007	Anruf bei Herrn Frobisch. Will sich darum kümmern.
21.11.2007	Erneuter Anruf bei Herrn Frobisch. Sagt eine Klärung bis Montag, 26.11.2007 zu
22.11.2007	Herr Frobisch gibt die Lage durch Zeichnung Nr. 12-14-07a an.
26.11.2007	Weiterleitung der Zeichnung an Herrn Katzenfisch mit Schreiben vom 26.11.2007

Seite 1 von 1 24.11.2007

Abbildung 48: Ansicht eines Datenbankauszuges zum Vorgang „Brandmelder"

467 Zudem kann die Informationsdarstellung nach Auftragnehmern oder nach dem Grad der Priorität erfolgen. So können für die jeweiligen Auftragnehmer nur die sie betreffenden Punkte ausgedruckt werden, um nicht für Verwirrung zu sorgen.

468 ***Hinweis***

In jedem Fall ist es ratsam, die jeweils protokollierten Inhalte bereits während der Sitzung zu verlesen, um Einigkeit über die Formulierung zu erzielen.

Sofern ein handschriftliches Protokoll erstellt wird, ist dieses zum Ende von den Beteiligten abzuzeichnen, um spätere Streitigkeiten über den Inhalt zu vermeiden.

5.4 Terminsteuerung

5.4.1 Grundlagen

469 Ein reibungsloser Bauablauf setzt neben einer durchdachten Terminplanung eine gut funktionierende Terminsteuerung voraus. Unter Terminsteuerung versteht man die Kontrolle und den steuernden Eingriff in den Bauablauf.

Für eine funktionierende Terminsteuerung ist die Dokumentation der Ist-Termine und deren Abgleich mit den Soll-Terminen unabdingbar. Weichen diese voneinander ab und gefährden dadurch die Einhaltung von Vertragsterminen, hat der auftraggeberseitige Bauleiter durch steuernde Maßnahmen entgegenzuwirken, um die Einhaltung der vertraglich vereinbarten Termine zu gewährleisten.

5.4.2 Fortschrittskontrolle während der Ausführung

5.4.2.1 Dokumentation der Soll-Termine

Die **Soll-Termine** gehen in der Regel aus der Terminplanung des Auftraggebers hervor. Welche Termine Vertragstermine sind, ist im Einzelfall nach dem Vertrag zu prüfen. 470

5.4.2.2 Dokumentation der Ist-Termine

Als **Ist-Termin** bezeichnet man den Zeitpunkt, zu dem eine Leistung tatsächlich erbracht wird. Um den Überblick über den Bauablauf zu behalten und die Einhaltung von Vertragsterminen zu gewährleisten, ist es notwendig, die Ist-Termine samt eventueller Behinderungsereignisse zu dokumentieren. 471

Des Weiteren ist eine **lückenlose Dokumentation** des Bauablaufs notwendig, um dem Auftragnehmer ein mögliches Mitverschulden an Verzögerungen nachweisen zu können und damit eventuelle auftragnehmerseitige Ansprüche auf Fristverlängerung zu entkräften.[64] 472

Die Wahl der Darstellung des Terminplans ist für eine übersichtliche Dokumentation der Ist-Termine von Bedeutung. Beispielsweise sind in einer Terminliste Terminabweichungen nur sehr schwierig zu dokumentieren, eher geeignet ist in der Regel eine Darstellung als Balkenplan (vgl. Abb. 49).

Die Dokumentation kann durch die **händische Eintragung** der festgestellten Ausführungsdauern und Behinderungsereignisse in den Soll-Terminplan geschehen. Zudem erfolgt die Dokumentation in Form eines Bautagebuchs. 473

64 Vgl. Feuerabend/Bielefeld, S. 162.

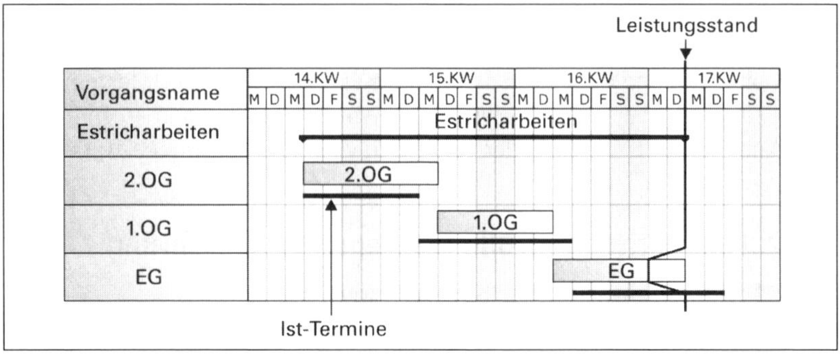

Abbildung 49: Händische Eintragung der Ist-Termine in den Terminplan

Bei der Formatierung des Balkenplans sollte von Anfang an eine ausreichend große Zeilenhöhe gewählt werden, die es ermöglicht, unter- oder oberhalb der Vorgangsbalken Eintragungen einzufügen.

Die händische Eintragung in den erstellten Terminplan hat den Vorteil, dass sie zeitsparend ist und dennoch schnell erkennen lässt, ob sich Abweichungen auf die übrigen Termine auswirken.

5.4.2.3 Kontrolle durch Soll-Ist-Vergleich

474 Der Vergleich der Ist-Termine mit den Soll-Terminen dient dazu, zu erkennen, ob die zu einem spezifischen Zeitpunkt tatsächlich ausgeführten Leistungen (Ist-Termine) mit dem geplanten Leistungsstand (Soll-Termine) übereinstimmen oder ob zu Terminverzögerungen führende Leistungsrückstände drohen.

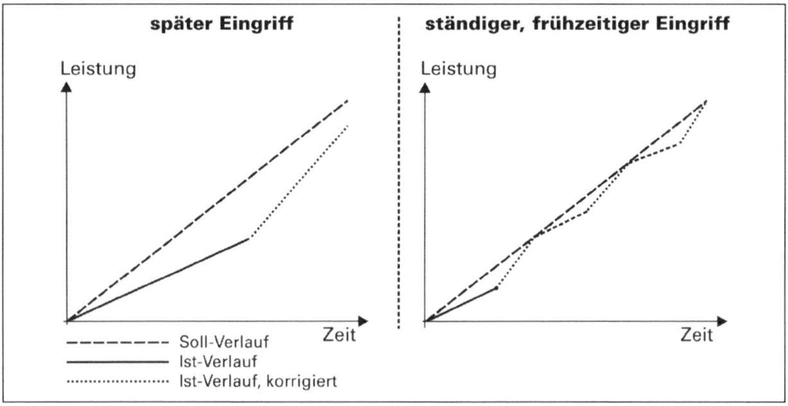

Abbildung 50: Eingriffsmöglichkeiten und Wirkung bei frühem und spätem Eingriff

Beispiel 475

Der vom AG beauftragte Trockenbauer soll seine Leistungen innerhalb von 20 Arbeitstagen ausführen. Der AN wird nicht behindert und kann wie geplant seine Arbeit aufnehmen.

Der auftraggeberseitige Bauleiter kontrolliert am fünfzehnten Arbeitstag den Leistungsstand und stellt fest, dass nur die Hälfte der Leistungen ausgeführt ist, obwohl zu diesem Zeitpunkt bereits drei Viertel der Leistung fertiggestellt sein sollten.

Es droht die Überschreitung der Ausführungsfrist von 20 Arbeitstagen.

Der Soll-Ist-Vergleich im Beispiel zeigt, dass der Auftragnehmer die vereinbarte Ausführungsdauer zu überschreiten droht und auftraggeberseitige Steuerungsmaßnahmen ergriffen werden müssen.

Die kontinuierliche und rechtzeitige Kontrolle des Bauablaufs durch Soll-Ist-Vergleiche stellt somit ein wichtiges Instrument der Terminsteuerung dar, weil nur so die Einhaltung auftraggeberseitig vorgegebener Ausführungsfristen gewährleistet werden kann (vgl. Abb. 46).

5.4.3 Ursachen von Störungen und Reaktionsmöglichkeiten

Im Folgenden wird eine durchgehende Systematik vorgestellt, die als Orientie- 476
rungshilfe in der Terminsteuerung zu verstehen ist. Ein methodisches Schema unterstützt die Ursachenforschung bei Verzögerungen im Bauablauf.

Abb. 51 stellt die Prüf- und Reaktionsreihenfolgen bei Verzögerungen im Bauablauf dar und soll dem auftraggeberseitigen Bauleiter als Handlungshilfe beim Terminmanagement dienen.

Störungen können 477

- von keiner Seite,
- vom Auftraggeber oder
- vom Auftragnehmer

zu vertreten sein

Zunächst ist leicht zu prüfen, ob die Ursache von keiner Seite zu vertreten und der Terminplan gegebenenfalls zu modifizieren ist. Anhand des modifizierten Terminplans kann eine erneute Prüfung auf Einhaltung der Termine erfolgen.

Im zweiten Schritt wird geprüft, ob die Störungen vom Auftraggeber zu vertreten sind. Verlaufen die ersten beiden Prüfschritte ohne Ergebnis, so wird die Ursache im Verantwortungsbereich des Auftragnehmers liegen.

Im Folgenden werden die verschiedenen Ursachen für Verzögerungen während der Ausführung geschildert, worauf im Einzelfall zu achten ist und wie geeignete Steuerungsmaßnahmen aussehen können.

5.4.3.1 Von keiner Seite zu vertretende Ursachen

478 Auch Störungen, die durch keine der beiden Vertragsparteien zu vertreten sind, können den Bauablauf stören. Zu ihnen zählen

- Streik oder eine von der Berufsvertretung der Arbeitgeber angeordnete Aussperrung im Betrieb des Auftragnehmers oder in einem unmittelbar für ihn arbeitenden Betrieb,
- höhere Gewalt oder andere für den Auftragnehmer unabwendbare Umstände und
- Witterungseinflüsse während der Ausführungszeit, mit denen bei Abgabe des Angebots nicht gerechnet werden konnte.

Wird eine Behinderung durch einen Streik verursacht, so hat dies weder der Auftraggeber noch der Auftragnehmer zu vertreten. Gemäß § 6 Abs. 2 Nr. 1 VOB/B werden die Ausführungsfristen entsprechend verlängert, da der Auftraggeber das zeitliche Risiko für Behinderungen durch Streik und Aussperrung trägt. Allerdings ist für die Bauzeitverlängerung keine Vergütung durch den Auftraggeber zu bezahlen, da der Auftragnehmer das finanzielle Risiko trägt. Es handelt sich also um eine Risikoteilung.

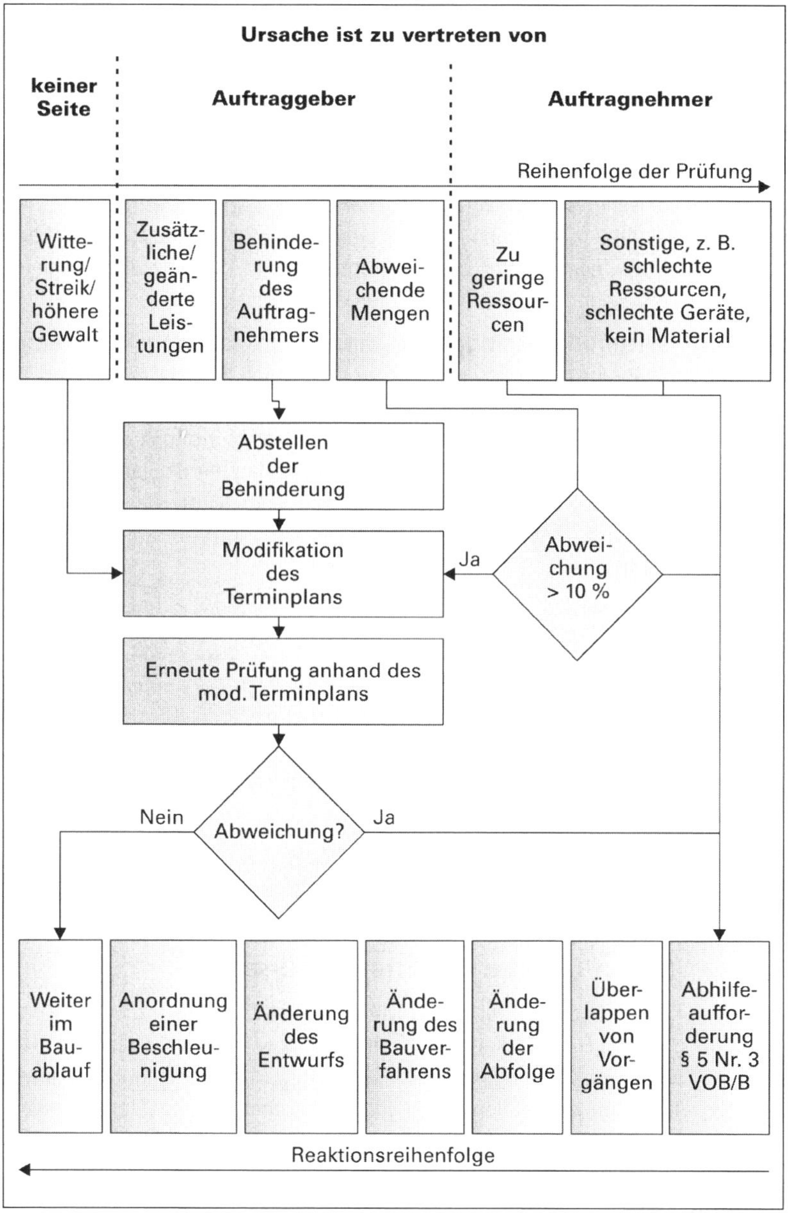

Abbildung 51: Prüfschema zur Terminsteuerung

479 Ähnlich verhält es sich bei Störungen, die durch höhere Gewalt **oder unabwendbare Umstände** hervorgerufen werden. Auch hier trägt der Auftraggeber das zeitliche Risiko, was bedeutet, dass sich in diesem Fall die Ausführungsfristen entsprechend verlängern. Unter höherer Gewalt sind allgemein Naturereignisse, wie beispielsweise Erdbeben, oder andere Ereignisse zu verstehen. Unabwendbare Umstände sind Ereignisse, die trotz größter Sorgfalt nicht vorherzusehen oder zu verhindern waren und dem Auftragnehmer somit nicht angelastet werden können. Wie bereits vorstehend ausgeführt, kann wegen der Risikoteilung durch den Auftragnehmer kein finanzieller Ausgleich für die Bauzeitverlängerung gefordert werden.

480 **Schlechte Witterungsbedingungen,** mit denen zum Zeitpunkt der Angebotsabgabe gerechnet werden musste, führen gemäß § 6 Abs. 2 Nr. 2 VOB/B nicht zu einer Fristverlängerung. Unvorhersehbare Witterungsverhältnisse, welche zu einer Verlängerung der Ausführungsfristen für den Auftragnehmer führen, liegen vor, wenn diese Witterung in den letzten 10 Jahren am Ort der Baustelle nicht vorgekommen ist. Die vergangenen Wetterdaten bekommt man über die Wetterämter. Selbstverständlich muss die Witterung auch einen hindernden Einfluss auf den Bauablauf haben.

481 ***Beispiel***

Beim Aushub von Gräben für Rohrleitungsarbeiten im offenen Gelände kommt es plötzlich zu starken Regenfällen, woraufhin die Arbeiten unterbrochen werden müssen. Da zu jeder Jahreszeit mit starken Regenfällen zu rechnen ist, liegt kein Anspruch auf Fristverlängerung vor.

Anders verhält es sich, wenn bereits im Oktober anhaltender Frost herrscht, sodass das Fortführen der Arbeiten nicht möglich ist, und eine solche Frostperiode in den letzten 10 Jahren nicht vorgekommen ist.

5.4.3.2 Vom Auftraggeber zu vertretende Ursachen

482 Aus dem Rechtsgedanken der §§ 644 und 645 BGB lässt sich der Grundsatz ableiten, dass bei Bauverträgen alle Behinderungen, die entweder aus dem vertraglichen oder dem rechtlichen Risikobereich des Auftraggebers stammen, zu Fristverlängerungen für den Auftragnehmer führen.[65]. Dabei ist es unerheblich, ob der Auftraggeber rechts- oder vertragswidrig handelt bzw. ob er zu seinem Handeln berechtigt ist.[66]

65 Vgl. Ingenstau/Korbion, § 6 VOB/B, Rn. 27 ff.
66 Vgl. Motzke u. a., § 6 Nr. 2 VOB/B, Rn. 40.

Zu auftraggeberseitig zu vertretenden Ursachen gehören unter anderem 483

- zusätzliche oder geänderte Leistungen,
- Behinderungen des Auftragnehmers und
- Mengenabweichungen von den Vordersätzen des Leistungsverzeichnisses.

5.4.3.2.1 Zusätzliche oder geänderte Leistungen

Wirken sich geänderte oder zusätzliche Leistungen auf den Bauablauf aus, so sind die Ausführungsfristen zu verlängern, weil nach § 6 Abs. 2 Nr. 1 VOB/B geänderte und zusätzliche Leistungen grundsätzlich vom Auftraggeber zu vertreten sind. 484

Beispiel 485

Der Auftraggeber stellt während des Ausführungszeitraums fest, dass die Anzahl an Einzelbüros zu gering ist und ordnet das zusätzliche Einziehen von Trockenbauwänden dort an, wo zuvor im Grundriss ein Großraumbüro geplant war.

Voraussetzung ist, dass tatsächlich eine Auswirkung auf den Bauablauf vorhanden ist, was bei geänderten Leistungen nicht immer der Fall sein muss.

Obschon der Auftragnehmer grundsätzlich nur Anspruch auf Bauzeitverlängerung hat, wenn er dies durch eine Behinderungsanzeige nach § 6 Abs. 1 VOB/B angezeigt hat,[67] ist im Fall der geänderten oder zusätzlichen Leistung in der Praxis fraglich, ob dem Auftraggeber die terminlichen Auswirkungen nicht offenkundig waren. So ist jedem Fachmann klar, dass die Ausführung zusätzlicher Leistungen in der Regel auch zusätzliche Zeit beansprucht; Ähnliches gilt für geänderte Leistungen. Kann der Auftragnehmer jedoch weder die Voraussetzungen der Offenkundigkeit, noch der Anzeigepflicht schlüssig darlegen, kann er eigene Rechte aus der Behinderung nicht geltend machen.[68]

5.4.3.2.2 Behinderung des Auftragnehmers

Wird ein Unternehmer an der Ausführung seiner Leistungen gehindert, so hat er dies unverzüglich schriftlich in Form einer Behinderungsanzeige gemäß § 6 Abs. 1 VOB/B dem Auftraggeber anzuzeigen. 486

Wird die Behinderung nicht angezeigt, so kann der Auftragnehmer eine Verlängerung der Ausführungsfristen und eventuelle Schadensersatzansprüche nur verlangen, wenn die Gründe für den Auftraggeber offensichtlich waren.

67 Vgl. Vygen u. a., Teil A, Rn. 138 ff.
68 Werner/Pastor, Rn. 1825.

487 ***Beispiel***

Es liegt keine Baugenehmigung vor. In diesem Fall ist dem Auftraggeber die Behinderung des Auftragnehmers offenkundig.

Die Behinderung eines Auftragnehmers kann sowohl durch andere vor ihm tätige Fachunternehmer hervorgerufen werden als auch direkt im Verantwortungsbereich des Auftraggebers liegen, nämlich dann, wenn der Fachunternehmer die Pläne zur Ausführung der Leistung verspätet oder gar nicht bekommt. Auch die verspätete Erteilung der Baugenehmigung liegt im Verantwortungsbereich des Auftraggebers und stellt eine Behinderung dar.

Wird vom Auftragnehmer eine unberechtigte Behinderungsanzeige gestellt, so hat dieser kein Anrecht auf die Modifikation des Terminplans und ist an die vereinbarten Fristen gebunden. Eine unberechtigte Behinderungsanzeige liegt beispielsweise vor, wenn der Auftragnehmer sich auf angeblich schlechte Witterungsbedingungen beruft, mit denen er bei Abgabe seines Angebotes hätte rechnen müssen. Eine entsprechende nicht berechtigte Behinderungsanzeige bleibt ohne Konsequenzen.

5.4.3.2.3 Mengenabweichungen gegenüber den Vordersätzen des Leistungsverzeichnisses

488 Das Abweichen der Fertigungsmenge von den Vordersätzen ist in der Praxis ein häufig auftretender Fall, weil die Mengenermittlung zur Ausschreibung oftmals ohne eine abgeschlossene Ausführungsplanung durchgeführt wird und daher die Vordersätze von den tatsächlichen Fertigungsmengen abweichen.

Liegt jedoch der Fall einer Mengenabweichung vor, ist zu klären, wie groß die Abweichung tatsächlich ist. Analog zur Vergütung wirkt sich diese gemäß § 2 Abs. 3 VOB/B nur auf die Ausführungsfrist aus, sofern sie über 10 v.H. beträgt. Ist die Mengenabweichung jedoch geringer, so kann der Auftragnehmer keine Verlängerung der Ausführungsfristen verlangen, weil die Abweichung in dieser Größenordnung in seinem Risikobereich liegt.

In jedem Fall ist hier – ähnlich der Ausgleichsberechnung bei der Vergütung – zu untersuchen, ob die Mengenabweichungen sich nicht wechselseitig aufheben. In diesen Fällen ist ein Anspruch auf Fristverlängerung zu verneinen.

Beispiel 489

Während der Bauausführung stellt sich heraus, dass die Vordersätze der Trockenbauarbeiten unzutreffend ermittelt wurden. Dennoch gleichen sich die Mengenabweichungen der einzelnen Positionen so aus, dass keine terminlichen Folgen eintreten.

Weil Mengenabweichungen in der Praxis erst im Zuge der Abrechnung erkannt werden, bergen diese im Hinblick auf die Termine ein gewisses Risiko, das sich aber durch eine **sorgfältige Mengenermittlung für die Ausschreibung** minimieren lässt. 490

Anders als bei Einheitspreisverträgen gilt diese Regelung nicht bei Pauschalpreisverträgen. Hier liegt das Risiko einer Mengenerhöhung beim Auftragnehmer. 491

5.4.3.3 Vom Auftragnehmer zu vertretende Ursachen

Ursachen für Bauzeitverzögerungen, die auftragnehmerseitig zu vertreten sind, können beispielsweise in 492

- zu geringen Ressourcen,
- schlechten Ressourcen,
- abweichenden tägliche Arbeitszeiten oder
- der Annahme zu hoher Leistungswerte

bestehen.

Diese auftragnehmerseitig zu vertretenden Verzögerungsursachen werden im Folgenden näher erläutert.

5.4.3.3.1 Zu geringe Ressourcen

In Bezug auf die Überschreitung von Terminen liegt zunächst der Gedanke nahe, dass die eingesetzten Ressourcen unzureichend sind. Die tatsächlich eingesetzten Arbeitskräfte und Geräte können vom Bauleiter mit wenig Aufwand vor Ort ermittelt werden. 493

An Hand der eigenen Terminplanung kann dann eine Prüfung des Ressourceneinsatzes erfolgen, indem der Bauleiter in seiner Terminplanung die vorgesehenen Ressourcen den tatsächlichen gegenüberstellt.

Die Annahmen der Terminplanung zu den benötigten Ressourcen bauen auf Erfahrungswerten auf und stimmen daher nicht unbedingt mit dem tatsächlich notwendigen Ressourceneinsatz überein. In der Praxis kommt es daher häufig zu (unbedeutenden) Soll-Ist-Abweichungen.

494 Eine Gegenüberstellung kann jedoch als Anhalt für eine mögliche Ursache dienen. Dabei ist zu beachten, dass der Auftragnehmer in der Wahl seiner Ressourcen grundsätzlich frei ist und der **Auftraggeber nicht berechtigt ist, in dieser Hinsicht Anweisungen zu erteilen**.

Hat der Bauleiter den Eindruck, dass die Termine mit den eingesetzten Ressourcen nicht gehalten werden können, kann er den Auftragnehmer schriftlich zur Abhilfe auffordern.

5.4.3.3.2 Schlechte Ressourcen

495 Eine weitere Ursache für Bauzeitverzögerungen liegt im Einsatz schlechter Ressourcen. Als schlechte Ressourcen werden hier unterqualifizierte Arbeitskräfte bzw. qualitativ minderwertiges Gerät oder Material bezeichnet.

Die Tatsache, dass ausführende Unternehmen oftmals mehr Aufträge annehmen, als ihre Kapazitäten erlauben, führt in der Praxis häufig dazu, dass die Unternehmen nur eine unzureichende Anzahl an eigenen Fachkräften bereitstellen können.

Das wiederum hat zur Folge, dass Arbeiten durch Hilfsarbeiter und nicht wie vorgesehen durch Facharbeiter ausgeführt werden, worunter einerseits die Qualität der Leistung und andererseits die Einhaltung von Terminen leidet.

5.4.3.3.3 Abweichende tägliche Arbeitszeit

496 Das Abweichen von der üblichen täglichen Arbeitszeit liegt in der Regel im Verantwortungsbereich des Auftragnehmers. In Deutschland wird ein Terminplaner – von besonderen Bauvorhaben z.B. im Bestand abgesehen – von einer Arbeitszeit von acht Stunden pro Arbeitstag ausgehen. Ist die tägliche Arbeitszeit geringer, so verlängert sich die Ausführungsdauer.

5.4.3.3.4 Sonstige Gründe

497 Weitere Gründe, die der Auftragnehmer zu vertreten hat, sind beispielsweise

- Terminrückstände wegen Nachbesserung mangelhafter Leistungen,
- schlechte eigene Organisation der Baustelle oder
- fehlende Baustoffe.

498 ***Beispiel***

Der Schreiner hat die F90-Türen zu spät bestellt und kommt daher mit dem Einbau in Verzug.

6 Mängelrechte

6.1 Grundlagen

In der Baudurchführung ist eine ständige Kontrolle der Qualitäten notwendig. Die Prüfung der Qualitäten erfolgt durch Vergleich der tatsächlichen Ausführung mit den Soll-Vorgaben aus der Leistungsbeschreibung und den Ausführungsplänen etc. **499**

Eine regelmäßige Kontrolle ist auch deshalb erforderlich, um zu verhindern, dass Mängel verdeckt und damit der Kontrolle entzogen werden.

Je nach Auftragnehmer und Leistungsbereich erfolgt die Kontrolle mehr oder weniger intensiv. Dabei kommt es auf die Fehleranfälligkeit der Arbeiten (Dachdeckungsarbeiten eher als Bodenbelagsarbeiten) und auf die bisherigen Erfahrungen mit dem Auftragnehmer an.

Das Nachbessern mangelhafter Leistungen wirkt sich unweigerlich auf den Terminplan aus, sofern keine Pufferzeiten für die Mängelbeseitigungsdauer eingeplant sind. Für die Bauleitung empfiehlt es sich daher, für kritische Vorgänge einen Puffer zur Mangelbeseitigung einzuplanen, um diesem Problem vorzubeugen.

6.2 Mangelbegriff nach VOB und BGB

Die Kurzversion des Mangelbegriffs sowohl bei einem BGB- als auch bei einem VOB-Vertrag lautet: **500**

Ein Mangel liegt vor, wenn das Bau-Ist von dem vertraglich geschuldeten Bau-Soll abweicht.[69]

Die maßgeblichen Regelungen zu dem Mangelbegriff finden sich für einen BGB-Werkvertrag in § 633 BGB und bei einem VOB-Werkvertrag in § 13 Abs. 1 VOB/B.

Zunächst ist danach zu prüfen, ob die Leistung des Auftragnehmers **501**

- die vereinbarte Beschaffenheit aufweist oder wenn diese nicht klar definiert ist,
- sich für die gewöhnliche Verwendung eignet und eine Beschaffenheit aufweist, die bei Werken der gleichen Art üblich ist und die der Besteller erwarten kann, sowie
- den anerkannten Regeln der Technik im Zeitpunkt der Abnahme entspricht.

69 BGH, Baurecht 1989, 462.

Wichtig zu wissen ist, dass ein Mangel häufig auch vorliegt, obgleich es nicht zu einem Schaden am Bauwerk gekommen ist.

Auch in den Fällen, in denen die ausgeführte Leistung sogar technisch besser ist als die vereinbarte, liegt ein Mangel vor, wenn von dem vertraglich geschuldeten Bau-Soll abgewichen worden ist.[70]

Die Abnahme darf indes nur wegen wesentlicher, die Funktionsfähigkeit beeinträchtigender Mängel verweigert werden.

Diese Unterscheidung muss auch von dem Auftraggeber und dem Bauleiter strikt getroffen werden.

6.3 Vereinbarte Beschaffenheit

502 Das Bau-Soll sollte möglichst klar und eindeutig vom Auftraggeber beschrieben werden, um spätere Streitigkeiten zu Nachträgen, Behinderungen und Mängeln zu vermeiden.

Gerade bei funktionalen Leistungsbeschreibungen, bei denen keine detaillierten Darlegungen erfolgt sind, besteht anderenfalls die Gefahr, dass der Auftraggeber und die Bauleitung des Auftraggebers nicht wissen, was genau der Auftragnehmer ausführt. In diesem Fall ist der Auftragnehmer nur gehalten, die anerkannten Regeln der Technik als Mindeststandard einzuhalten und den funktionalen Werkerfolg zu erzielen. Die Art und Weise der Ausführung obliegt dann weitestgehend dem Auftragnehmer. Aus diesem Grund wird insbesondere auch exemplarisch in § 2 VOB/B der Einheitspreisvertrag grundsätzlich als „Standardvertrag" angesehen, sofern keine anderen Berechnungsarten wie Pauschalvertrag oder Stundenlohnvertrag sowie Selbstkostenerstattungsvertrag vereinbart wurden. Auf § 2 Abs. 2 VOB/B wird verwiesen.

Wichtig für den Auftraggeber und dessen Bauleiter ist die Kenntnis davon, dass der subjektive, funktionale Mangelbegriff gilt. Maßgeblich ist daher, dass der Auftragnehmer stets eine funktionsfähige Leistung schuldet.

Im Hinblick auf die Funktionalität des Mangelbegriffs ist das Werk auch dann mangelhaft, wenn es zwar die vereinbarte Beschaffenheit besitzt, jedoch die Funktionstauglichkeit fehlt, weil das Werk immer für die gewöhnliche Verwendung geeignet sein muss.[71] Zu der durch Auslegung des Werkvertrags zu ermittelnden vereinbarten Beschaffenheit gehören nach Auffassung des Bundesgerichtshofs alle Eigenschaften des Werks, die nach der Vereinbarung der Vertragsparteien den geschuldeten Erfolg herbeiführen sollen. Der vertraglich

70 BGH, IBR 2002, 552; OLG Celle, IBR 2009, 18.
71 BGH, Baurecht 2003, 533.

geschuldete Erfolg bestimmt sich somit nicht allein nach der zu seiner Erreichung vereinbarten Leistung oder Ausführungsart, sondern auch danach, welche Funktionen das Werk nach dem Willen der Vertragspartner erfüllen soll. Eine Abweichung von der vereinbarten Beschaffenheit und damit ein Mangel wird somit auch bejaht, wenn das Werk seine vereinbarte oder nach dem Vertrag vorausgesetzte Funktion nicht erfüllt.[72]

Zu berücksichtigen ist dann allerdings, ob und wenn ja in welchem Umfang der Auftraggeber sich etwaige Mehrkosten unter dem Gesichtspunkt der Vorteilsausgleichung und dem Stichwort Sowiesokosten anrechnen lassen muss.[73]

Als Sowiesokosten sind danach die Mehrkosten zu berücksichtigen, um die das Werk bei ordnungsgemäßer Ausschreibung von vornherein teurer gewesen wäre.[74]

Liegt keine Beschaffenheitsvereinbarung vor – beispielsweise bei zielorientierten Ausschreibungen –, so ist die Leistung frei von Mängeln, wenn sie sich für die im Vertrag vorausgesetzte Verwendung eignet.

Beispiel **503**

Der Auftraggeber schreibt für ein Krankenhaus die Trockenbauwände zielorientiert aus. Es ist klar, dass die Wände den jeweiligen Schallschutzanforderungen entsprechen müssen.

Ist keine Beschaffenheitsvereinbarung vorhanden, so ist zu prüfen, ob sich die Leistung für **504**

- die gewöhnliche Verwendung eignet und
- eine Beschaffenheit aufweist, die bei Werken der gleichen Art üblich ist und die der Auftraggeber nach Art der Leistung erwarten darf.

6.4 Anerkannte Regeln der Technik

Die anerkannten Regeln der Technik stellen den Mindeststandard dar, der von dem Auftragnehmer einzuhalten ist.[75] **505**

Zu berücksichtigen ist, dass häufig die Begrifflichkeiten nicht korrekt verwendet werden. Vielfach werden die Begriffe „Stand der Technik“ und „allge-

72 BGH, IBR 2008, 77; BGH, IBR 2002, 301; BGH, IBR 2010, 556; OLG Hamm, IBR 2010, 557; BGH, Baurecht 2003, 326 und instruktiv OLG München, IBR 2023, 11 „Ein Dampfbad muss dampfen“.

73 BGH, IBR 2008, 77; OLG Oldenburg, IBR 2008, 567.

74 BGH, IBRRS 2017, 4021, 4026.

75 BGH, IBR 1998, 376.

mein anerkannte Regeln der Technik" nicht voneinander abgegrenzt, obgleich unterschiedliche Inhalte zu berücksichtigen sind.

Der Begriff Stand der Technik findet sich exemplarisch in § 3 Abs. 6 BImschG und in § 7a Abs. 5 WHG. Dort heißt es:

„Stand der Technik im Sinne dieses Gesetzes ist der Entwicklungsstand fortschrittlicher Verfahren, Einrichtungen oder Betriebsweisen, der die praktische Eignung einer Maßnahme zur Begrenzung von Immissionen … zur Erreichung eines allgemein hohen Schutzniveaus für die Umwelt insgesamt gesichert erscheinen lässt …"

Stand der Technik ist mithin das „neueste auf dem Markt".

Demgegenüber existiert keine Legaldefinition für den Begriff „allgemein anerkannte Regeln der Technik".

Anders als in § 13 Abs. 1 Satz 2 VOB/B findet sich der Verweis auf die anerkannten Regeln der Technik in § 633 BGB nicht; allerdings sind auch bei einem BGB-Werkvertrag die anerkannten Regeln der Technik einzuhalten.[76]

Allgemein beschrieben werden die anerkannten Regeln der Technik dahingehend, dass sie in der Wissenschaft anerkannt und damit theoretisch richtig sein müssen, unter Technikern des Fachs allgemein bekannt sind und sich in der Baupraxis über Jahre bewährt haben.[77]

Ein Verstoß gegen die anerkannten Regeln der Technik liegt vor, wenn der Auftragnehmer die technischen Regelungen nicht beachtet, die sich in der Wissenschaft als richtig durchgesetzt und in der Baupraxis als richtig bewährt haben.[78]

Anerkannte Regeln der Technik können auch in DIN-Normen enthalten sein.[79] Stets ist dabei zu beachten, dass DIN-Normen keine Rechtsnormen darstellen, sondern lediglich private technische Regelungen mit Empfehlungscharakter.[80] DIN-Normen sind daher nur dann anerkannte Regeln der Technik, wenn sie dem allgemeinen Prüfungsmaßstab standhalten.[81] Folglich können DIN-Normen die anerkannten Regeln der Technik widerspiegeln oder aber dahinter zurückbleiben.[82] Daher kommt es nicht darauf an, welche DIN-Norm im Zeitpunkt des Vertragsabschlusses gilt, sondern darauf, ob die erbrachte Werkleistung zur Zeit der Abnahme den anerkannten Regeln der Technik entspricht.

76 RegEntw. BT-Drucksache 14/6040, Seite 261.
77 OLG Brandenburg, Baurecht 2001, 283, 284; OLG Braunschweig, Baurecht 2000, 109, 110.
78 Ausführlich hierzu Michaelis in Festschrift für Ulrich Locher, Seite 337 ff.
79 BGH, Baurecht 2012, 1756 und BGH, Baurecht 2009, 1288.
80 BGH, Baurecht 1998, 872, 873.
81 BGH, Baurecht 2009, 1288.
82 OLG Celle, IBR 2012, 17.

Wichtig ist, dass der Auftragnehmer die allgemein anerkannten Regeln der Technik zum Zeitpunkt der Abnahme einhalten muss und dies auch bei Änderungen der allgemein anerkannten Regeln der Technik zwischen Vertragsschluss und Abnahme gilt.[83]

Hinweis **506**

Der Architekt und der Bauleiter des Auftraggebers müssen daher bei der Abnahme genau darauf achten, ob die anerkannten Regeln der Technik, die im Zeitpunkt der Abnahme gelten, eingehalten worden sind. Ist dies nicht der Fall, ist zu prüfen, ob Mängel vorliegen, die zur Abnahmeverweigerung führen. Auch ist zu prüfen, ob der Auftragnehmer während der Ausführung Bedenkenhinweise erteilt hat während der Ausführung im Hinblick auf Änderungen von anerkannten Regeln der Technik.

Ist eine Leistung nicht entsprechend den einschlägigen DIN-Normen ausgeführt worden, spricht der Beweis des ersten Anscheins für eine mangelhafte Leistung des Auftragnehmers. Dieser muss dann darlegen und beweisen, dass eingetretene Schäden nicht auf die Verletzungen der DIN-Normen zurückzuführen sind.[84] Auftraggeber, Architekten und Bauleiter müssen mithin ebenso wie die Auftragnehmer stets prüfen, ob sich während der Ausführung eine anerkannte Regel der Technik ändert.[85] Ändern sich anerkannte Regeln der Technik während der Ausführung, muss der Auftragnehmer durch einen Bedenkenhinweis den Auftraggeber, den Architekten und die Bauleitung hierüber informieren und auf die Risiken hinweisen.[86]

6.5 Bedenkenhinweise

Ändern sich die anerkannten Regeln der Technik während der Ausführung, **507**
muss der Auftragnehmer den Auftraggeber und dessen Bauleitung über Risiken informieren.[87] Dabei sind an die Hinweispflichten strenge Anforderungen zu stellen, die sich bei einem VOB-Vertrag unmittelbar aus § 4 Abs. 3 VOB/B ergeben. Dieser lautet:

---

83 BGH, IBR 2018, 67; OLG Hamburg, Baurecht 2005, 1339, 1340; OLG Köln, Baurecht 2024, 659 ff.

84 OLG Brandenburg, Baurecht 2010, 100, 101; OLG Celle, Baurecht 2012, 517, 519; OLG Düsseldorf, Baurecht 2012, 1259, 1260.

85 OLG Dresden, IBR 2010, 265; OLG Hamm, Baurecht 2003, 567, 568.

86 Kammergericht, IBR 2002, 203; OLG Hamm, Baurecht 2006, 861.

87 BGH, IBR 2018, 67 und BGH, IBR 2002, 301.

„Hat der Auftragnehmer Bedenken gegen die vorgesehene Art der Ausführung ..., so hat er sie dem Auftraggeber unverzüglich ... schriftlich mitzuteilen ..."

Nur ein korrekter Bedenkenhinweis führt dazu, dass der Auftragnehmer gemäß § 13 Abs. 3 VOB/B aus der Gewährleistung herauskommt.

Die meisten Bedenkenhinweise – sofern deren Zustellung beim Auftraggeber überhaupt bewiesen werden kann – sind häufig viel zu vage formuliert, als dass hieran Rechtsfolgen geknüpft werden können. Dies gilt es für den Auftraggeber und seine Bauleitung zu wissen.

Der Bedenkenhinweis muss zur rechten Zeit, in der gebotenen Form, in der gebotenen Klarheit und gegenüber dem richtigen Adressaten nachweisbar erfolgen, damit der Auftraggeber in die Lage versetzt wird, die Tragweite der Nichtbefolgung klar zu erkennen.[88] Die Mitteilung muss dabei inhaltlich richtig und so offen sein, dass der Auftraggeber klar erkennen kann, worum es sich dabei handelt und welche Konsequenzen dies hat.[89] Der Auftragnehmer trägt die Darlegungs- und Beweislast für Inhalt und Zugang des Bedenkenhinweises.[90]

Obgleich auch nach dem neuen Bauvertragsrecht der Bedenkenhinweis nicht im BGB normiert worden ist, gelten die Grundsätze des § 4 Abs. 3 VOB/B auch bei einem BGB-Werkvertrag entsprechend.[91]

Dem Auftragnehmer steht – worauf der Auftraggeber und sein Bauleiter zu achten haben – sogar ein Leistungsverweigerungsrecht zu, wenn die weitere Durchführung der Bauarbeiten eine Gefahr für Leib und Leben beinhaltet, der Auftraggeber gleichwohl trotz eines erteilten Bedenkenhinweises hierauf besteht.[92] Besteht der Auftraggeber trotz Bedenkenanmeldung des Auftragnehmers auf der Ausführung, darf der Auftragnehmer die Arbeiten nicht einstellen, wenn weder behördliche, noch gesetzliche Bestimmungen entgegenstehen und auch keine Gefahr für Leib und Leben besteht.[93]

Ändern sich nach der Abnahme die anerkannten Regeln der Technik, kann dies zur Konsequenz haben, dass der Unternehmer im Rahmen seiner Nacherfüllungspflicht die Mängelbeseitigung nach den dann aktuell anerkannten Regeln der Technik durchzuführen hat, wobei dann wiederum unter dem

88 OLG Hamburg, IBR 2019, 7.
89 OLG Zweibrücken, IBR 2018, 250; OLG Düsseldorf, IBR 2018, 251.
90 BGH, IBR 2008, 77 ff.
91 BGH, NZBau 2008, 109 = Baurecht 2008, 344.
92 OLG Karlsruhe, Baurecht 2005, 729, 731.
93 OLG Hamm, IBR 2014, 471.

Gesichtspunkt der Vorteilsausgleichung/Sowiesokosten Mehrkosten vom Bauherrn zu erstatten sind.[94]

6.5.1 Maßgenauigkeit

Die Einhaltung von Maßen – innerhalb gewisser Toleranzen – ist für die mangelfreie Ausführung unabdingbar und gehört ebenso zur festgelegten Qualität. Wenn keine besondere Maßtoleranzen festgelegt sind, gelten die Angaben der DIN 18201 als Vorgabe. **508**

Die Einhaltung der DIN 18202 „Toleranzen im Hochbau" ermöglicht trotz unvermeidlicher Ungenauigkeiten bei der Bauausführung, die vorgesehene Funktion zu erfüllen und die Bauelemente des Roh- und Ausbaus ohne Anpass- und Nacharbeiten zusammenzufügen (vgl. Abb. 52).

Da die zulässigen Abweichungen nach oben und unten zum Teil erheblich sind, kann im Einzelfall die Vereinbarung besonderer Maßtoleranzen notwendig werden.

Die dargestellten „Toleranzen" gelten jedoch nicht, wenn das vertraglich geschuldete Bau-Soll exakt definiert und bestimmt worden ist.

Bezug	**Grenzabmaße in mm bei Nennmaßen in m**				
	bis 3	**über 3 bis 6**	**über 6 bis 15**	**über 15 bis 30**	**über 30**
Maße im Grundriss, z.B. Längen, Breiten, Achs- und Rastermaße	+/– 12	+/– 16	+/– 20	+/– 24	+/– 30
Maße im Aufriss, z.B. Geschosshöhen, Podesthöhen, Abstände von Abstandsflächen und Konsolen	+/– 16	+/– 16	+/– 20	+/– 30	+/– 30
Lichte Maße im Grundriss, z.B. Maße zwischen Stützen, Pfeilern usw.	+/– 16	+/– 20	+/– 24	+/– 30	–
Lichte Maße im Aufriss, z.B. unter Decken und Unterzügen	+/– 16	+/– 20	+/– 30	–	–
Öffnungen für Fenster, Türen, Einbauelemente	+/– 12	+/– 16	–	–	–
Öffnungen wie vor, jedoch mit oberflächenfertigen Leibungen	+/– 10	+/– 12	–	–	–

Abbildung 52: Grenzabmaße nach DIN 18202, Tabelle 1

94 OLG Hamm, Baurecht 2003, 567, 568; OLG Köln, IBR 2004, 29; BGH, Baurecht 1999, 37 und OLG Schleswig, IBR 2019, 189.

6.6 Überblick über die einzelnen Mängelrechte

509 Ein wesentlicher Unterschied zwischen dem BGB-Werkvertragsrecht und der VOB/B im Hinblick auf Mängelrechte besteht zunächst darin, dass es bei einem VOB-Vertrag nicht die Möglichkeit gibt, von dem Vertrag zurückzutreten.

Darüber hinaus gibt es bei dem BGB-Werkvertrag grundsätzlich keine Mängelansprüche vor der Abnahme,[95] während bei einem VOB-Werkvertrag § 4 Abs. 7 VOB/B zu berücksichtigen ist. Dabei ist zu beachten, dass in den häufigen Fällen, in denen die VOB/B nicht als Ganzes vereinbart worden ist, die Regelungen in § 4 Abs. 7 Satz 3 VOB/B, § 8 Abs. 3 Nr. 1 Satz 1 VOB/B nach der Rechtsprechung des BGH der Inhaltskontrolle nicht mehr standhalten, da die Kündigungsregelungen den Auftragnehmer unangemessen benachteiligen.[96] Kündigungen aus wichtigem Grund bleiben stets zulässig. Der Gedanke, der dahintersteht, ist der, dass der Auftragnehmer grundsätzlich erst im Zeitpunkt der Abnahme eine mangelfreie Leistung zu erbringen hat.[97]

510 ***Hinweis:***

Die Regelung in § 4 Abs. 7 VOB/B betrifft beim VOB-Vertrag den Zeitraum **bis zur Abnahme**, *während die Regelung in § 13 VOB/B die Anspruchsgrundlage für Mängelrechte* **nach der Abnahme** *ist.*

Mit Ausnahme des bei der VOB/B fehlenden Rücktrittsrechts korrespondieren die Ansprüche miteinander. Danach kommen folgende Mängelansprüche für den Auftraggeber gegenüber dem Aufragnehmer in Betracht:

- *Anspruch auf Nacherfüllung gemäß § 13 Abs. 5 VOB/B bzw. § 634 BGB,*
- *Schadensersatz gemäß § 13 Abs. 7 VOB/B bzw. § 634 Nr. 4 BGB,*
- *Minderung gemäß § 13 Abs. 6 VOB/B bzw. § 634 Nr. 3 BGB,*
- *Vorschussansprüche gemäß § 13 Abs. 5 Nr. 2 VOB/B bzw. § 637 Abs. 3 BGB.*[98]

511 Wichtig ist, dass **fiktive Mängelbeseitigungskosten** seitens des Auftraggebers nicht geltend gemacht werden können. In einer Grundsatzentscheidung hat der Bundesgerichtshof seine frühere Rechtsprechung geändert. Die Bemessung des Schadens nach fiktiven, dem Besteller tatsächlich nicht ent-

95 Hierzu ausführlich Werner/Pastor, Rn. 2045 ff.; BGH, IBR 2017, 168 bis 188.
96 BGH, IBR 2023, 179.
97 BGH, IBR 2023, 179.
98 Ausführlich Werner/Pastor, Rn. 2133 ff.

standenen Mängelbeseitigungskosten wird danach nicht mehr zugelassen.[99] Zur Vermeidung einer unzulässigen Überkompensation ist dies nicht zulässig. Lässt der Auftraggeber einen Mangel beseitigen durch einen Drittunternehmer nach entsprechenden Fristsetzungen gegenüber dem Auftragnehmer, erhält er die tatsächlich aufgewandten, erforderlichen Kosten. Lässt er den Mangel indes nicht beseitigen, muss der Schaden anders berechnet werden. Zum einen kann der Vorschussanspruch geltend gemacht werden. Dieser ist aber abzurechnen nach einem gewissen Zeitraum, oder aber der Besteller, der den Mangel nicht beseitigen lässt, kann den Schaden entweder nach dem Minderwert des Werkes oder nach dem Leistungsdefizit des Unternehmers mithin der Differenz zwischen der geschuldeten und der erbrachten Leistung am besten am vereinbarten Werklohn berechnen. Der Schaden kann dann nach der Wertdifferenz bemessen werden zwischen dem Wert der Sache im mangelfreien Zustand und dem tatsächlichen Wert der mängelbehafteten Sache. Auch ein Mindererlös kann hierbei berücksichtigt werden. Diese Grundsätze gelten sowohl für den VOB- als auch für den BGB-Werkvertrag und auch für den Architektenvertrag. Diese neue Rechtsprechung gilt rückwirkend für alle ab dem 1.1.2002 geschlossenen Verträge.

Umstritten ist, ob die Rechtsprechung zum Ausschluss fiktiver Mängelbeseitigungskosten auch für Mangelfolgeschäden gilt.[100]

Der Auftraggeber, der den Schaden noch nicht beseitigt hat, ist vor einer Unterkompensation durch den Ausschluss der Schadensbemessung nach fiktiven Mängelbeseitigungskosten hinreichend geschützt, wenn er die Möglichkeit hat, Vorschussansprüche geltend zu machen.[101]

6.7 Auf welche Art und Weise muss der Auftraggeber Mängel rügen?

6.7.1 Symptomtheorie

Bis zur Abnahme muss der Auftragnehmer darlegen und beweisen, dass seine Leistungen mangelfrei und abnahmefähig sind. Mit der Abnahme kehrt sich die Beweislast um. Nun muss der Auftraggeber darlegen und beweisen, dass das Gewerk des Auftragnehmers mangelhaft ist.[102] 512

Nach der Symptomtheorie reicht hierfür eine hinreichend genaue Bezeichnung der Mangelerscheinungen, die einer fehlerhaften Leistung des Auftragneh-

99 BGH, IBR 2018, 196, 197, 208.
100 Verneinend OLG Köln, IBR 2023, 15; bejahend OLG Oldenburg, IBR 2021, 179.
101 BGH, IBR 2021, 636, 644.
102 BGH, IBR 2009, 15.

mers zugeordnet werden können. Der Auftraggeber muss nicht die einzelnen Mängelursachen angeben.[103]

Der Auftraggeber muss in der Mangelanzeige den Baumangel jedoch so genau bezeichnen, dass der Auftragnehmer weiß, was ihm vorgeworfen wird. Exemplarisch reicht es aus, wenn „Risse im Außenputz" moniert werden.[104] Mit dieser Rüge sind dann alle Mängel umfasst, die auf diese Ursache zurückgehen. Alle Ursachen der bezeichneten Erscheinungen sind dann von der Mängelrüge umfasst.[105]

Folglich ist der Mangel vom Auftraggeber nur nach seinem äußeren objektiven Erscheinungsbild zu beschreiben. Die Mängelursache muss nicht benannt werden. Die Nacherfüllungspflicht des Auftragnehmers bezieht sich dann automatisch auf alle Mangelursachen, die den beschriebenen Mangel verursacht haben. Nach Anzeige des Mangelsymptoms ist es somit Aufgabe des Auftragnehmers, den Mangel und seine Ursachen zu überprüfen.[106]

513 **Musterbrief bei Mängeln nach der Abnahme durch den Auftraggeber**

Schreiben an Auftragnehmer (Schriftform geboten und Zugang beweisen.)

Bauvorhaben:

Bauvertrag vom:

hier: Mängelbeseitigungsaufforderung

Sehr geehrte Damen und Herren, (Genauen Ansprechpartner mit einfügen.)

An dem oben genannten Bauvorhaben haben wir folgende Mängel festgestellt:

-
-
-

(Nach Symptomrechtsprechung beschreiben.)

103 BGH, IBR 2016, 633; BGH, Baurecht 2005, 1626.
104 Kammergericht, IBR 2008, 213.
105 BGH, IBR 2008, 86.
106 BGH, IBR 2014, 484; BGH, IBR 2009, 17; OLG Hamm, IBR 2008, 731; OLG Frankfurt, IBR 2009, 709.

Wir fordern Sie auf, diese Mängel zu beseitigen. Hierfür wird Ihnen eine Frist bis zum ... gesetzt. (Angemessen ist die Frist dann, wenn der Auftragnehmer unter größtmöglichen Anstrengungen die Mängel innerhalb dieser Frist beseitigen kann; hierauf ist durch den Bauleiter und die Auftraggeber genau zu achten.)

Sollten Sie der Auffassung sein, dass diese Frist zu kurz ist, erwarten wir bis zum ... (Kurze Frist) Ihre Mitteilung und Angabe der Gründe dafür sowie zugleich die Angabe einer dafür notwendigen Frist, bis wann die Mängel beseitigt werden können. In diesem Fall würden wir bei einem berechtigten Grund die bisher gesetzte Frist verlängern.

Gleichzeitig fordern wir Sie in diesem Fall auf, bis zum ... mit der Mängelbeseitigung zu beginnen.

Mit freundlichen Grüßen

6.7.2 Unberechtigte Mängelrüge und deren Konsequenzen

Auch wenn nach der Symptomrechtsprechung an die Darlegungslast des Auftraggebers keine allzu hohen Anforderungen gestellt werden, muss der Auftraggeber gleichwohl vorsichtig sein, wenn unberechtigte Mängelbeseitigungsaufforderungen gestellt werden. Allerdings darf der Auftragnehmer Maßnahmen zur Mängelbeseitigung nicht davon abhängig machen, dass der Auftraggeber eine Erklärung abgibt, wonach er die Kosten der Untersuchung und weiterer Maßnahmen für den Fall übernimmt, dass der Auftragnehmer nicht für den Mangel verantwortlich zeichnet.[107] Gleichwohl kann ein unberechtigtes Mängelbeseitigungsverlangen eine zum Schadensersatz verpflichtende schuldhafte Vertragsverletzung des Auftraggebers darstellen. Wenn der Auftraggeber nämlich erkennt oder fahrlässig nicht erkannt hat, dass ein Mangel nicht vorliegt und die Ursache für die von ihm beanstandete Erscheinung in seinem eigenen Verantwortungsbereich liegt, darf er nicht eine Mängelbeseitigungsaufforderung „ins Blaue hinein" abgeben.[108] 514

6.8 Auf welche Art und Weise muss der Auftragnehmer die Nacherfüllung durchführen?

Grundsätzlich obliegt es dem Auftragnehmer zu entscheiden, wie er die Mängelbeseitigung durchführt. Der Auftragnehmer ist verpflichtet, innerhalb der 515

107 BGH, IBR 2010, 612.
108 BGH, IBR 2008, 144.

vom Auftraggeber gesetzten angemessenen Frist zur Mängelbeseitigung diese sach- und fachgerecht durchzuführen. Der Auftraggeber kann aber grundsätzlich nicht verlangen, dass in einer bestimmten Art und Weise die Nacherfüllung erfolgt. Im schlimmsten Fall kann dies nämlich dazu führen, dass der Auftraggeber den Auftragnehmer nicht ordnungsgemäß zur Nacherfüllung aufgefordert hat. Beseitigt der Auftraggeber den Mangel dann selbst und verlangt Kostenerstattung, kann das sogar zu einem Anspruchsverlust gegenüber dem Auftragnehmer führen.[109]

Etwas anderes gilt selbstverständlich dann, wenn der Auftragnehmer die Nacherfüllung von vornherein endgültig abgelehnt hat, woran jedoch strenge Anforderungen zu stellen sind.

516 ***Hinweis***

Dem Bauleiter des Auftraggebers ist grundsätzlich anzuraten, dass dem Auftragnehmer auf jeden Fall eine angemessene Frist zur Mängelbeseitigung gesetzt wird und ihm nicht vorgegeben wird, wie er diese Mängelbeseitigung durchführen muss.

6.9 Einwand der Unverhältnismäßigkeit der Mängelbeseitigung

517 Sowohl in § 635 Abs. 3 BGB als auch in § 13 Abs. 6 VOB/B sind die Begriffe „unzumutbar" und „unverhältnismäßig" aufgeführt.

Allerdings ist der Einwand der Unverhältnismäßigkeit in den allermeisten Fällen unerheblich und nicht durchgreifend zu Gunsten des Auftragnehmers. Die Rechtsprechung hat hohe Anforderungen an die Bejahung eines Unverhältnismäßigkeitseinwandes gestellt.[110]

In der Praxis kommt es häufig nur dann zum berechtigten Einwand der Unverhältnismäßigkeit, wenn es lediglich um „optische" Beeinträchtigungen, nicht jedoch um funktionale Mängel geht. Wenn beispielsweise der Auftraggeber die Neuerstellung eines Verblendmauerwerks verlangt, jedoch kein Qualitätsunterschied und nur geringfügige optische Unterschiede durch die Mängelbeseitigung entstehen, wurde der Einwand der Unverhältnismäßigkeit der Neuherstellung bejaht.[111]

109 OLG Brandenburg, IBR 2008, 91.
110 OLG Jena, Baurecht 2024, 664 ff.
111 OLG Celle, IBR 2008, 646; OLG Karlsruhe, IBR 2009, 83; Kammergericht, IBR 2009, 649; OLG Düsseldorf, IBR 2010, 80; OLG Köln, IBR 2010, 617.

6.10 Die Vorteilsausgleichung

Im Rahmen der Geltendmachung von Gewährleistungsansprüchen kommt häufig die Frage auf, ob der Auftraggeber sich an den Kosten der Mängelbeseitigung beteiligen muss. 518

Der Grundsatz der Vorteilsausgleichung beinhaltet, dass ein durch das schadenstiftende Ereignis verursachter Vorteil des Auftraggebers von diesem auszugleichen ist. Ein Geschädigter soll nicht bessergestellt werden, als es ohne das schädigende Ereignis der Fall gewesen wäre.[112] Unter das Stichwort der Vorteilsausgleichung fallen in der Baupraxis die Schlagworte „Abzug Neu für Alt" und „Sowiesokosten".

6.10.1 Abzug Neu für Alt

Ein Abzug Neu für Alt kommt in Betracht, wenn die Beseitigung des Mangels zu einer Wertverbesserung gegenüber dem Zustand ohne den Mangel geführt hat. Denkbar sind dabei die Gesichtspunkte einer längeren Haltbarkeit aufgrund der Reparatur oder Einsparungen von Renovierungsarbeiten. Dieser Einwand wird häufig von Auftragnehmern in Rechtsstreitigkeiten und außergerichtlichen Auseinandersetzungen erhoben. 519

Dabei müssen der Auftraggeber und sein Bauleiter wissen, dass dieser Abzug häufig kompensiert werden kann, weil der Besteller bis zur Nachbesserung mit den negativen Auswirkungen des Mangels leben musste. Vor allem in den Fällen, in denen die Nachbesserung oder Ersatzleistungen durch den Auftragnehmer verzögert wurde, greift der Grundsatz gerade nicht ein. In diesen Fällen erfolgt eine Verrechnung der längeren Haltbarkeit mit den Nachteilen, die der Besteller aufgrund des Mangels bis zu der Beseitigung in Kauf nehmen musste.[113] Demgegenüber ist ein Abzug Neu für Alt denkbar, wenn sich der Mangel erst nach längerer Nutzungsdauer zeigt und der Auftraggeber bis dahin keine Nachteile hinnehmen musste.[114]

6.10.2 Sowiesokosten

Ein Ersatzanspruch des Auftraggebers ist auch um die Mehrkosten, um die die Bauleistung bei einer ordnungsgemäßen Ausführung von vornherein teurer gewesen wäre, zu kürzen. Diese Mehrkosten werden Sowiesokosten genannt.[115] 520

112 Werner/Pastor, Rn. 2934.
113 BGH, Baurecht 2002, 86; OLG Oldenburg, IBR 2013, 413.
114 Werner/Pastor, Rn. 2937.
115 BGH, Baurecht 1984, 510; OLG Karlsruhe, IBR 2006, 575; OLG Stuttgart, IBR 2011, 697.

Muss der Auftraggeber im Rahmen der Mängelbeseitigung Zusatzarbeiten vergüten, so sind diese Zusatzvergütungen im Rahmen der Gewährleistung als Sowiesokosten zu berücksichtigen.[116]

6.11 Die Abnahme

521 Die Abnahme ist sowohl bei einem BGB-Vertrag gemäß § 640 BGB als auch bei einem VOB-Werkvertrag gemäß § 12 VOB/B eine „Hauptpflicht" des Auftraggebers, auf die gesondert **geklagt werden kann.**[117]

Die Abnahme stellt eine wesentliche Zäsur dar zwischen Erfüllungsstadium und Gewährleistungsrecht.

Definiert wird die Abnahme als Entgegennahme der Werkleistung und ihre Billigung als in der Hauptsache vertragsgerecht.[118] Unwirksam sind grundsätzlich in allgemeinen Geschäftsbedingungen vertragliche Regelungen, wonach die Abnahme z.B. von einer Mängelfreiheitsbescheinigung eines Dritten oder von einer öffentlichen Gebrauchsabnahme oder von der Abnahme durch den Hauptauftraggeber abhängig gemacht wird.[119]

Die Konsequenzen der Abnahme sind erheblich.

522 Bis zur Abnahme

- trägt der Auftragnehmer die Beweislast für die Mangelfreiheit seiner Leistungen; nach der Abnahme ist der Auftraggeber beweispflichtig für das Bestehen von Mängeln am Gewerk des Auftragnehmers,
- mit der Abnahme beginnt die Gewährleistung,
- bis zur Abnahme trägt der Auftragnehmer die Gefahr der Verschlechterung oder Zerstörung seiner Leistung,
- ohne Abnahme wird die Schlussrechnung des Auftragnehmers nicht fällig.

Wichtig ist weiter, dass in den Fällen, in denen eine Vertragsstrafe vereinbart worden ist, diese bei der Abnahme vorbehalten werden muss. Dies folgt aus § 11 Abs. 4 VOB/B.

116 OLG Celle, Baurecht 2003, 730.
117 BGH, Baurecht 1996, 386.
118 BGHZ 48, 257, 262.
119 OLG Düsseldorf, Baurecht 2002, 482; BGH, Baurecht 1997, 202.

6.11.1 Abnahmearten nach BGB und VOB

6.11.1.1 Abnahmearten nach VOB

6.11.1.1.1 Förmliche Abnahme

Die förmliche Abnahme ist in § 12 Abs. 1 VOB/B geregelt. 523

Verlangt der Auftragnehmer nach der Fertigstellung die Abnahme der Leistung, so hat sie der Auftraggeber binnen 12 Werktagen durchzuführen, wobei eine andere Frist vertraglich vereinbart werden kann.

Nur wegen wesentlicher Mängel darf die Abnahme gemäß § 12 Abs. 3 VOB/B verweigert werden. Wesentliche Mängel liegen insbesondere vor, wenn die Funktionsfähigkeit des Gewerks des Auftragnehmers beeinträchtigt ist.

Hinweis 524

Sinnvoll ist es, eine förmliche Abnahme vertraglich zu vereinbaren und auch tatsächlich durchzuführen, weil nur dann Rechtssicherheit für die Vertragspartner gewährleistet ist.

Der Inhalt eines Abnahmeprotokolls wird in § 12 Abs. 4 Nr. 1 VOB/B erläutert.

Darin wird aufgeführt, dass jede Partei auf ihre Kosten einen Sachverständigen zuziehen kann. Der Befund ist in einer gemeinsamen Verhandlung schriftlich niederzulegen. In der Niederschrift sind etwaige Vorbehalte wegen bekannter Mängel und wegen Vertragsstrafen aufzunehmen, ebenso etwaige Einwendungen des Auftraggebers. Jede Partei erhält eine Ausfertigung.

Gemäß § 12 Abs. 4 Nr. 2 VOB/B kann die förmliche Abnahme auch in Abwesenheit des Auftragnehmers stattfinden, wenn der Termin vereinbart war oder der Auftraggeber mit genügender Frist hierzu eingeladen hat. Das Ergebnis der Abnahme ist dann dem Auftragnehmer alsbald mitzuteilen.

Das Abnahmeprotokoll ist sorgfältig zu erstellen. Es muss geklärt werden, ob Bevollmächtigte des Auftraggebers und/oder des Auftragnehmers die Abnahme durchführen, weil es sich dabei um eine rechtsgeschäftliche Erklärung handelt! Wird exemplarisch im Abnahmeprotokoll eine andere Verjährungsfrist angegeben als im Bauvertrag vereinbart, ist durch Auslegung mit den damit verbundenen Risiken für die Parteien zu ermitteln, ob es sich um eine einvernehmliche Verkürzung bzw. Verlängerung der Gewährleistungsfrist handelt oder ob ein Redaktionsversehen vorliegt.[120]

120 BGH, IBR 2019, 62.

Die Rechtsprechung hat teilweise dem Abnahmeprotokoll dann den Vorrang vor den vertraglichen Regelungen eingeräumt.[121]

6.11.1.1.2 Teilabnahme

525 Denkbar ist auch, dass der Auftragnehmer eine **Teilabnahme** gemäß § 12 Abs. 2 VOB/B verlangt. Voraussetzung ist hierfür, dass es sich um in sich abgeschlossene Teile einer Leistung handelt.

526 ***Hinweis***

Wichtig zu wissen ist, dass die sogenannte Sichtabnahme gemäß § 4 Abs. 10 VOB/B keine Abnahme ist. Es handelt sich dabei um die Regelung, wonach der Zustand von Teilen der Leistung auf Verlangen gemeinsam von Auftraggeber und Auftragnehmer festzustellen ist, wenn diese Teile der Leistung durch die weitere Ausführung der Prüfung und Feststellung entzogen werden. Häufig ist dies sinnvoll, wenn durch die weitere Ausführung des Bauwerks die Ordnungsgemäßheit der Bauausführung einer späteren Überprüfung entzogen wird. Die Wirkungen der Abnahme erfolgen bei einer „Sichtabnahme" im Gegensatz zu einer „Teilabnahme" indes nicht.

6.11.1.1.3 Fiktive Abnahme

527 Diese ist in § 12 Abs. 5 VOB/B geregelt.

Wird keine Abnahme verlangt, so gilt die Leistung als abgenommen mit Ablauf von 12 Werktagen nach schriftlicher Mitteilung über die Fertigstellung der Leistung.

Diese ist abzugrenzen von der **stillschweigenden** Abnahme.

Während bei der stillschweigenden Abnahme der Bauherr die Bauleistung bewusst und willentlich abnimmt, tritt bei der fiktiven Abnahme die Abnahmewirkung unabhängig vom wirklichen Willen des Auftraggebers ein. Folglich sind strenge Anforderungen an die Bejahung zu stellen. Diese sind im Wesentlichen:

- Fehlen eines Abnahmeverlangens und einer förmlichen Abnahme gemäß § 12 Abs. 1 VOB/B,

121 OLG Düsseldorf, IBR 2017, 193.

- eine ausdrückliche Abnahmeverweigerung wegen wesentlicher Mängel liegt nicht vor,[122]
- die Bauleistung ist abnahmefähig, also im Wesentlichen sach- und fachgerecht erstellt,
- der Unternehmer teilt dem Auftraggeber die Fertigstellung der Bauleistung schriftlich mit,
- der Auftraggeber lässt gemäß § 12 Abs. 5 Nr. 1 VOB/B 12 Werktage verstreichen, ohne sich bezüglich einer Abnahme mit dem Auftraggeber in Verbindung zu setzen.

Im Fall der Inbenutzungnahme wird die Frist gemäß § 12 Abs. 5 Satz 2 VOB/B auf 6 Werktage verkürzt.

Grundsätzlich kommt eine fiktive Abnahme nicht in Betracht, wenn die Parteien ausdrücklich eine förmliche Abnahme vertraglich vereinbart haben.[123]

6.11.2 Abnahmearten nach BGB

Zunächst ist auf die obigen Ausführungen zum VOB-Werkvertrag ergänzend **528**
zu verweisen.

Wesentliche Regelung bei einem BGB-Vertrag für die Abnahme ist § 640 BGB.

In § 640 Abs. 1 BGB ist geregelt, dass der Auftraggeber verpflichtet ist, das vertragsgemäß hergestellte Werk abzunehmen und wegen unwesentlicher Mängel die Abnahme nicht verweigern darf.

Eine Besonderheit besteht darin, dass gemäß § 640 Abs. 2 BGB ein Werk auch dann als abgenommen gilt, wenn der Unternehmer dem Auftraggeber nach Fertigstellung des Werks eine angemessene Frist zur Abnahme gesetzt hat und der Auftraggeber die Abnahme nicht innerhalb dieser Frist unter Angabe mindestens eines Mangels verweigert hat, wobei es auf die Wesentlichkeit dieses Mangels gerade nicht ankommt!

Gleichermaßen für VOB- und BGB-Verträge gilt schließlich, dass in den Fäl- **529**
len, in denen eine Leistung abgenommen wurde, obgleich ein Mangel **positiv bekannt war**, die verschuldensunabhängigen Gewährleistungsansprüche ausscheiden und nur noch verschuldensabhängige Schadensersatzansprüche in Betracht kommen.

122 BGH, NZBau 2002, 437, 439; OLG Frankfurt, IBR 2004, 243.
123 BGH, Baurecht 1984, 166, 167.

530 ***Hinweis***

Auftraggeberseits sollten in dem Abnahmeprotokoll alle Mängel mit vorbehalten bleiben, um spätere Rechtsnachteile zu vermeiden.

6.11.3 Muster eines Abnahmeprotokolls

531 Das nachfolgende Muster enthält Anhaltspunkte, wie ein Abnahmeprotokoll verfasst werden könnte, wobei dies im Einzelfall modifiziert und geändert werden kann.

532 **Abnahmeprotokoll**

Bauvorhaben:

Gewerk:

Auftraggeber:

Auftragnehmer:

Teilnehmer: für Auftraggeber und für Auftragnehmer (Bevollmächtigung prüfen.)

Die Leistungen wurden am...begonnen und am...beendet.

Am heutigen Tage, dem...wurde abgenommen:

Sämtliche Leistungen (Gesamtabnahme)

Folgende Teilleistungen (Teilabnahme)

Folgende Mängel werden vorbehalten:

Der Auftragnehmer beseitigt vorstehende Mängel bis zum...

Die Geltendmachung einer Vertragsstrafe bleibt vorbehalten.

Gewährleistungsfrist beginnt am...

Die Abnahme wird verweigert wegen

- bestehender wesentlicher Mängel
- fehlender Fertigstellung der Leistungen

Ort, Datum

Unterschrift Auftraggeber; Auftragnehmer

6.12 Verantwortlichkeiten mehrerer Baubeteiligter bei Mängeln

Für den Auftraggeber und die Bauleitung ist stets zu klären bei Bestehen von Mängeln, wer in Anspruch genommen werden kann. 533

Grundsätzlich ist im Bereich der Bauabwicklung zu trennen zwischen 534

- Planungsfehlern,
- Bauüberwachungsfehlern und
- Bauausführungsfehlern.

Hinter Architekten, Ingenieuren und Tragwerksplanern können Haftpflichtversicherungen sowohl für Mangel-, als auch für Mangelfolgeschäden einstandspflichtig sein, während die Haftpflichtversicherung der Bauunternehmer nur für den Bereich der Folgeschäden Deckungsschutz gewährt. Es ist daher in der Praxis häufig, dass der Bauherr nicht nur den Unternehmer, sondern auch den planenden und bauüberwachenden Architekten und Ingenieur mit in die Haftung einbezieht.

Ein **Gesamtschuldverhältnis** zwischen den planenden Architekten und Unternehmern ist zu bejahen, wenn der Baumangel sowohl auf Planungsfehler des Architekten als auch auf Ausführungsfehler des Unternehmers zurückzuführen ist. Auch bei einem Zusammenfallen von Überwachungsfehlern durch den bauleitenden Architekten und Ausführungsfehlern durch den Unternehmer wird eine Gesamtschuld bejaht. Zu beachten ist indes, dass der Auftraggeber sich die Planungsfehler seines Architekten gegenüber dem bauausführenden Unternehmen entgegenhalten lassen muss.

Der Auftragnehmer kann sich nicht auf Bauüberwachungsfehler berufen.[124]

Zu berücksichtigen ist weiter, dass in den Fällen, in denen Bauüberwachungsfehler und Ausführungsfehler zusammenfallen, der Auftraggeber zunächst an den Bauunternehmer herantreten muss mit einer Mängelanzeige gemäß § 650t BGB.

6.13 Verjährung von Gewährleistungsansprüchen

6.13.1 Verjährungsvereinbarungen

Verjährungsfristen können grundsätzlich in Verträgen frei vereinbart werden.[125] 535

---

124 BGH, IBR 2006, 85.
125 BGH, Baurecht 1990, 231.

Zumindest in Allgemeinen Geschäftsbedingungen können Gewährleistungsfristen nicht verkürzt werden gemäß § 309 Nr. 8b ff. BGB. Verlängerungen von Gewährleistungsfristen sind grundsätzlich unproblematisch.

Auch die in Verträgen häufig vorkommende Verlängerung der Gewährleistungszeiten bei Abschluss eines Wartungsvertrages ist zulässig.[126]

6.13.2 BGB-Verjährungsfristen

536 Die gesetzliche Grundlage für die Verjährungsansprüche findet sich in § 634a BGB.

537 Gemäß § 634a Abs.1 Nr. 2 BGB beträgt die Gewährleistungsfrist für Arbeiten an einem Bauwerk fünf Jahre. Dies gilt

- für Nacherfüllungsansprüche gemäß § 635 BGB,
- für Ansprüche auf Selbstvornahme und auf Ersatz der erforderlichen Aufwendungen gemäß § 637 BGB sowie
- für Schadensersatzansprüche gemäß § 636 BGB.

Zu berücksichtigen ist, dass für das Minderungsrecht als Gestaltungsrecht eine Verjährung nicht in Betracht kommt. Ähnlich wie beim Rücktritt als Gestaltungsrecht ist jedoch § 218 BGB zu berücksichtigen. Danach gilt, dass Minderung und Rücktritt ausgeschlossen sind, wenn der Erfüllungsanspruch/Nacherfüllungsanspruch verjährt ist und der Auftragnehmer sich hierauf beruft.[127]

Rechtliche Konsequenzen hat die Unterscheidung wie folgt. Der Auftraggeber ist trotz der Unwirksamkeit der Minderung gemäß § 318 BGB und des Rücktritts berechtigt, die Zahlung der Vergütung später immer noch zu verweigern, da ihm insoweit ein Leistungsverweigerungsrecht zusteht!

Problematisch ist nach wie vor, welche Arbeiten unter den Begriff „Bauwerk" zu subsumieren sind. Nach der überwiegenden Rechtsprechung und Literaturmeinung kommen nur solche Arbeiten in Betracht, die für die Erneuerung und den Bestand des Bauwerks von wesentlicher Bedeutung sind.[128]

Diese Unterscheidung ist insbesondere zur Abgrenzung der lediglich 2-jährigen Verjährungsfrist gemäß § 634a Abs.1 Nr. 1 BGB erforderlich.

In dem Regierungsentwurf zu dem Schuldrechts-Modernisierungsgesetz heißt es in der Begründung:

---

126 OLG Düsseldorf, Baurecht 2004, 97.

127 Werner/Pastor, Rn. 2383.

128 BGH, Baurecht 1994, 101; Werner/Pastor, Randziffer 2384.

„Danach ist ein Bauwerk eine unbewegliche, durch Verwendung von Arbeit und Material in Verbindung mit dem Erdboden hergestellte Sache. Erfasst sind nicht nur Neuerrichtungen, sondern auch Erneuerungs- und Umbauarbeiten an einem bereits errichteten Bauwerk, wenn sie für Konstruktion, Bestand, Erhaltung oder Benutzbarkeit des Gebäudes von wesentlicher Bedeutung sind und wenn die eingebauten Teile mit dem Gebäude fest verbunden sind."[129]

Sowohl Auftraggeber, Auftragnehmer, als auch die sie beratenden Rechtsanwälte müssen die Terminologie beherrschen, da anderenfalls die große Gefahr besteht, dass Ansprüche nicht in unverjährter Zeit geltend gemacht werden, beziehungsweise dass Auftragnehmer mangels Kenntnis einer möglichen Verjährung Nacherfüllungsarbeiten durchführen, obgleich die Ansprüche des Auftraggebers bereits verjährt wären.

Gemäß § 634a Abs. 1 Nr. 1 BGB beträgt die Verjährungsfrist zwei Jahre bei einem Werk, dessen Erfolg in der Herstellung, Wartung oder Veränderung einer Sache oder in der Erbringung von Planungs- oder Überwachungsleistungen hierfür besteht. Dies gilt zum Beispiel für Abbrucharbeiten oder Schönheitsreparaturen an einem Objekt.[130]

Auch hierunter fallen die Arbeiten an einem Grundstück, sofern nach der oben zitierten Rechtsprechung diese Leistungen zum Beispiel für die Erneuerung eines Bauwerks von wesentlicher Bedeutung sind wie beispielsweise die Ausschachtung einer Baugrube[131] oder auch die Erd- und Entwässerungsarbeiten, Hofpflasterungsarbeiten[132] und Pflasterung einer Terrasse.[133]

Als Auffangtatbestand ist in § 634a Abs. 1 Nr. 3 BGB auch noch auf die regelmäßige Verjährungsfrist von drei Jahren verwiesen worden für die Fälle, die nicht unter die Nummern 1 und 2 fallen.

Im Zusammenhang mit dem Wortlaut des § 634 Abs. 1 Nr. 1 BGB ist darauf hinzuweisen, dass Planungs- und Überwachungsleistungen insbesondere in Form von Architektenleistungen und Tragwerksplanungen aufgrund der Rechtsprechung unter § 634a Abs. 1 Nr. 2 BGB subsumiert werden[134] und daher diese Leistungen der 5-jährigen Gewährleistungsfrist unterliegen.

Bezüglich des Verjährungsbeginns ist darauf zu achten, dass in den Fällen des § 634a Abs. 1 Nr. 1 und 2 BGB die Verjährung mit der Abnahme gemäß § 640 BGB beginnt, während die regelmäßige Verjährungsfrist in den Fällen

129 Werner, Festschrift für Jagenburg, S. 1025, 1035 ff.
130 BGH, IBR 2004,562.
131 BGH, Baurecht 1997, 203.
132 BGH, Baurecht 1993, 217.
133 OLG Düsseldorf, Baurecht 2001, 648.
134 Grüneberg, § 634a BGB, Rn. 10.

des § 634a Abs. 1 Nr. 3 BGB am Ende des Jahres der Anspruchsentstehung zu laufen beginnt gemäß § 199 Abs. 1 BGB

6.13.3 VOB-Verjährungsfristen

538 Grundlage ist § 13 Abs. 4 VOB/B.

Danach beträgt die Verjährungsfrist für Arbeiten an Bauwerken vier Jahre, für Arbeiten an einem Grundstück zwei Jahre. Das Gleiche gilt für Ansprüche, bei denen die Wartung Einfluss auf die Sicherheit und Funktionsfähigkeit hat gemäß § 13 Abs. 4 Nr. 2 VOB/B, sofern der Auftraggeber dem Auftragnehmer die Wartung für die Dauer der Verjährungsfrist nicht übertragen hat.

Eine besondere Bedeutung hat die „Quasi-Unterbrechung", die in § 13 Abs. 5 Nr. 1 Satz 3 VOB/B aufgeführt wird. Danach führt die erste schriftliche Mängelanzeige zu einer einmaligen Verlängerung der Verjährungsfrist für weitere zwei Jahre, gerechnet vom Zugang des schriftlichen Verlangens an, jedoch nicht vor Ablauf der Regelfrist gemäß § 13 Abs. 4 VOB/B. Läuft demnach die durch die schriftliche Aufforderung in Lauf gesetzte Verjährungsfrist vor der vertraglich vereinbarten Gewährleistungsfrist ab, kann die Verjährungsfrist nicht durch eine nochmalige Aufforderung verlängert werden.[135]

6.13.4 Verjährungshemmung und Anerkenntnis

539 Gut ist es für den Auftraggeber, wenn der Auftragnehmer einen Mangel anerkennt, wobei dieser Begriff weit auszulegen ist. Es beginnt nämlich nach der Mängelbeseitigung die Gewährleistungsfrist neu zu laufen gemäß § 212 Abs. 1 Nr. 1 BGB.

540 ***Beispiel***

Es ist eine 5-jährige Gewährleistungsfrist vereinbart worden. Nach vier Jahren und sechs Monaten erfolgt die Mängelanzeige durch den Auftraggeber. Der Auftragnehmer beseitigt die gerügten Mängel. Dann beginnt für diese gerügten und beseitigten Mängel die 5-jährige Gewährleistungsfrist neu zu laufen, mit der Konsequenz, dass für diese Mängel der Auftragnehmer neun Jahre und sechs Monate sich in der Gewährleistung befindet! Daher sollte die Mängelanzeige vom Auftraggeber und seinen Bauleitern möglichst weit gefasst sein![136] *Hier wird wiederum die Bedeutung der Symptomrechtsprechung deutlich.*[137]

135 BGH, Baurecht 1990, 723.
136 OLG München, IBR 2019, 131.
137 BGH, IBR 2016, 633.

Die Verjährung kann auch gehemmt werden. Zum einen durch Klagerhebung oder durch Einleitung eines selbstständigen Beweisverfahrens gemäß den §§ 485 ff. ZPO.

Eine wichtige Vorschrift auch für den Auftraggeber und seine Bauleiter ist die Regelung in § 203 BGB, deren Inhalt auch für einen VOB-Vertrag gilt. Darin ist geregelt, dass in den Fällen, in denen verhandelt wird, die Verjährung gehemmt ist. Für ein Verhandeln genügt danach jeder Meinungsaustausch über den Schadensfall und die Mängel zwischen dem Auftraggeber und dem Auftragnehmer, sofern letzterer nicht sofort eindeutig das Bestehen von Mängeln zurückweist.[138]

Hinweis 541

Jede Reaktion auf Schreiben oder Telefonanrufe oder auch Besprechungsprotokolle können daher zu Gunsten des Auftraggebers eine erhebliche Verjährungsrelevanz haben. Dasselbe gilt bei gemeinsamen Besichtigungsterminen, wenn sich der Auftragnehmer auf die Erörterung über die Berechtigung von Mängeln einlässt.[139]

Beendet werden die „Verhandlungen" nur durch ein sogenanntes **doppeltes Nein** des Auftragnehmers. Erforderlich sind danach eine endgültige Ablehnung der Mangelverantwortung und die Verweigerung der Fortsetzung von Verhandlungen.[140]

6.13.5 Organisationsverschulden/Arglisthaftung

In den Fällen des **Organisationsverschuldens/der Arglisthaftung** beträgt 542
die Verjährungsfrist drei Jahre allerdings beginnt diese Verjährung erst mit dem Schluss des Jahres, in dem der Anspruch entstanden ist und der Gläubiger Kenntnis von ihm erlangt hat oder ihn ohne grobe Fahrlässigkeit hätte erkennen müssen. Für Eigentums- und Vermögensschäden gilt eine Kenntnis unabhängige Höchstfrist von 10 Jahren nach Abnahme. Die Verjährung tritt unabhängig von der absoluten 10-Jahres-Frist drei Jahre nach dem Schluss des Jahres ein, in dem der Besteller von dem Mangel Kenntnis erlangt hat, frühestens aber mit Ablauf der Gewährleistungsfrist.[141]

138 BGH, IBR 2014, 470.
139 BGH, NJW 2007, 587.
140 OLG Oldenburg, IBR 2007, 674.
141 Werner/Pastor, Rn. 2772.

6.13.6 Ansprüche des Bauherrn (Auftraggeber) gegen Architekten und Sonderfachleute

543 Sofern keine ausdrücklichen, anderweitigen Vereinbarungen bezüglich der Verjährung getroffen werden, verjähren die Gewährleistungsansprüche des Auftraggebers gegenüber dem Architekten gemäß § 634 Abs. 1 Nr. 2 BGB in fünf Jahren, sofern es sich um Planungs- oder Überwachungsleistungen für ein Bauwerk handelt.

Zu beachten ist indes, dass in den Fällen, in denen Mängel an Plänen auftreten, die ausschließlich Arbeiten an einem Grundstück dienen sollen, lediglich die 2-jährige Verjährungsfrist gemäß § 634a Abs.1 Nr. 1 BGB gilt.

Anders als zwischen Auftraggebern und Bauunternehmern kann die VOB in einem Architekten- beziehungsweise Ingenieurvertrag nicht wirksam vereinbart werden. Der Grund hierfür liegt darin, dass in der VOB/B weder Planungsleistungen noch Überwachungsleistungen von Architekten beziehungsweise Ingenieuren oder Sonderfachleuten geregelt sind.[142]

In den Fällen der Bausummenüberschreitung oder der Baukostengarantie kommt ebenfalls die 5-jährige Gewährleistungsfrist gemäß § 634a BGB zum Zuge.[143]

Ebenso wie bei den Ansprüchen des Auftraggebers gegenüber Bauunternehmen beginnt die Verjährung auch bei Ansprüchen gegen den Architekten oder Ingenieur mit der Abnahme zu laufen.

Da die Leistung des Architekten grundsätzlich als solche nicht entgegengenommen werden kann, wird die Vollendung der Architektenleistungen vorausgesetzt. Die Abnahmefähigkeit der Leistung des Architekten hat nicht zur Voraussetzung, dass diese ohne jeden Mangel vollendet ist. Vielmehr reicht es aus, wenn das Gewerk in der Hauptsache dem Vertrag entsprechend hergestellt und vom Bauherrn gebilligt werden kann. Ob dies tatsächlich geschieht, ist dabei unerheblich, da dem Bauherrn gegenüber dem Architekten beim Vorhandensein von Mängeln Gewährleistungsansprüche zustehen.[144]

Liegen indes wesentliche Mängel vor, die das Architektengewerk betreffen, muss der Architekt diese beseitigen, sofern sich der Mangel noch nicht im Bauwerk realisiert hat und der Architekt mithin noch nacherfüllen kann.

Problematisch ist die Festlegung des Abnahmezeitpunktes, wenn lediglich die Leistungsphasen 1 bis 4 des § 15 HOAI geschuldet wurden. Überwiegend wird als Abnahmezeitpunkt in diesen Fällen die Genehmigung des Bauantrages

142 BGH, Baurecht 1987, 702.
143 Werner/Pastor, Rn. 2396.
144 Werner/Pastor, Rn. 962.

durch die zuständige Behörde und die sich hieran anschließende Verwertung der Genehmigungsplanung durch den Auftraggeber angesehen.

Sofern eine Abnahme der Leistungen des Architekten oder Ingenieurs nicht **544**
in Betracht kommt, ist zu beachten, dass etwaige Schadensersatzansprüche gemäß § 634 Nr. 4 BGB in der regelmäßigen Verjährungsfrist von drei Jahren gemäß § 195 BGB verjähren.[145]

Im Hinblick auf die bereits angesprochene „Sekundärhaftung" des Architekten **545**
ist dieser beim Bekanntwerden von Baumängeln verpflichtet, den Ursachen hierfür ohne Rücksicht auf mögliche eigene Haftungsfragen nachzugehen und dem Bauherrn rechtzeitig ein zutreffendes Bild der tatsächlichen und rechtlichen Möglichkeiten der Schadensbehebung zu verschaffen.[146]

Wobei der Architekt sogar gezwungen ist, ausdrücklich auf die Möglichkeiten eines Anspruchs gegen ihn selbst hinzuweisen.[147]

Geschieht dies nicht, gilt die Verjährung der Ersatzansprüche als nicht eingetreten.[148]

Schuldet der Architekt oder Sonderfachmann die Vollarchitektur einschließlich Leistungsphase 9 des § 15 HOAI alte Fassung, ist seine Leistung auch nach Abschluss der Bauüberwachung (Leistungsphase 8 des § 15 HOAI alte Fassung) noch nicht abgeschlossen und mithin nicht abnahmefähig.[149]

Dem Architekten kann daher in diesen Fällen nur dringend angeraten werden, vertraglich Teilabnahmen insbesondere nach der Leistungsphase 8 zu vereinbaren.[150]

Wird der Architektenvertrag gekündigt, stellt dies die Zäsur dar, ab der dann auch die Verjährung von Ersatzansprüchen zu laufen beginnt.[151]

Am Rande sei angemerkt, dass auch Ansprüche gegenüber Projektsteuerern **546**
und Sonderfachleuten gemäß § 634a BGB verjähren und daher zumindest grundsätzlich die 5-jährige Verjährungsfrist zu berücksichtigen ist. Allerdings ist zu beachten, dass bei Arbeiten auf gutachterlicher Basis lediglich die 3-jährige Verjährungsfrist gemäß § 634a Abs. 1 Nr. 3 BGB gilt. Bei reinen Beratungsleistungen durch Sonderfachleute und Projektsteuerern gilt die Regelfrist von drei Jahren für die Verjährung der Gewährleistungsansprüche.[152]

---

145 BGH, Baurecht 2000, 128.
146 BGH, Baurecht 1985, 232.
147 BGH, Baurecht 1996, 418.
148 BGH, Baurecht 1985, 232.
149 BGH, Baurecht 1994, 392.
150 BGH, Baurecht 2001, 1928.
151 Werner/Pastor, Rn. 2401.
152 OLG Nürnberg, IBR 2002, 81; OLG Dresden, IBR 2014, 489 (BGH Nichtzulassungsbeschwerde zurückgewiesen).

6.13.7 Hemmung der Verjährung

547 Zunächst kann die Verjährung gehemmt werden durch Klageerhebung oder aber insbesondere auch durch die Einleitung eines selbstständigen Beweisverfahrens gemäß den §§ 485 ff. ZPO.

In diesem letztgenannten Verfahren wird ein vom Gericht zu stellender öffentlich bestellter und vereidigter Sachverständiger beauftragt, zu überprüfen, ob Mängel vorliegen, in wessen Verantwortungssphäre sie fallen und welche Kosten mit einer etwaigen Mängelbeseitigung verbunden sind.

Der Auftragnehmer kann in diesem Verfahren ergänzende Fragen stellen zum Beispiel im Hinblick auf die Planungsfehler, die haftungsmindernd zu berücksichtigen sind, Sowiesokosten und Abzüge Neu für Alt.

Sinn und Zweck des selbstständigen Beweisverfahrens ist es, im Wege einer sogenannten vorweggenommenen Beweisaufnahme die tatsächlichen, strittigen Punkte zu klären, mit dem Ziel, dass möglichst ein Rechtsstreit im Anschluss vermieden werden kann und sich die Parteien dann einigen.

6.14 Kontrolle der Ausführung

6.14.1 Typische Mängel in der Bauausführung

548 Die überwiegende Mehrheit der Ausführungsmängel ist bei Kontrollen offensichtlich erkennbar, nur eine kleine Zahl der Mängel ist schwer erkennbar. Typische Mängel in der Bauausführung sind beispielsweise

- die Beschädigung von ungeschützten Bauelementen,
- eine Ausführung, die nicht den Plänen entspricht,
- der Einsatz falschen Materials.

Viele dieser zum Teil „kleinen" Mängel können mit Voranschreiten der Bauausführung nur noch mit großem Aufwand beseitigt werden.

549 ***Beispiel***

Bei Malerarbeiten an den Fassadenelementen wurde das Entfernen der Abklebungen vergessen. Weil das Gerüst bereits abgebaut ist, muss das Entfernen mit einem Hubsteiger erfolgen.

6.14.2 Verwaltung von Mängeln

6.14.2.1 Grundsätzliches

Der Aufwand zur Beseitigung von Mängeln nimmt mit der Bauausführung zu. Einige Auftragnehmer schieben die Mängelbeseitigung auf die lange Bank, weil sie aus der Erfahrung anderer Projekte wissen, dass die Mängelbeseitigung am Ende sogar unmöglich ist, beispielsweise dann, wenn der Auftraggeber ein Gebäude bereits nutzt. **550**

Dieses Problem kann nur gelöst werden, wenn die Qualitätskontrollen schon baubegleitend und nicht erst mit der Abnahme erfolgen.

Zur Unterstreichung des Anspruchs des Auftraggebers auf ein mangelfreies Bauwerk ist es zudem ratsam, die voraussichtlichen Mängelbeseitigungskosten von den jeweiligen Abschlagsrechnungen einzubehalten.

Auftragnehmer arbeiten umso zuverlässiger, je stärker sie sich kontrolliert fühlen.

6.14.2.2 Regelmäßige Baustellenbegehung

Die Kontrolle der Qualitäten kann bezogen auf **551**

a) eine bestimmte Bauleistung oder

b) sämtliche Bauleistungen

erfolgen.

Zu a) Kontrolle bezogen auf eine bestimmte Bauleistung

Die Kontrolle einer bestimmten Bauleistung kommt bei besonders schwieriger Ausführung und/oder bei besonders kritischen Bauelementen wie beispielsweise der Dachabdichtung in Betracht. **552**

Welche Bauelemente besonders überprüft werden sollen, kann der Bauleiter anhand der Baubeschreibung schnell und einfach prüfen und die entsprechenden Vorgänge im Terminplan markieren.

So kann erreicht werden, dass keine Kontrolle wichtiger Bauelemente unterbleibt.

Zu b) Kontrolle sämtlicher Bauleistungen

Bei der Vielzahl der Auftragnehmer und der auszuführenden Bauelemente erscheint die Kontrolle aller einzelnen Bauelemente nacheinander unwirtschaftlich. Vielmehr geht es darum, den eigenen Aufwand gering zu halten und dennoch keine Mängel zu übersehen. Dazu wird die gesamte Bau- **553** stelle überprüft, indem der Bauleiter die gesamte Baustelle Raum für Raum in Augenschein nimmt und dabei kontrolliert,

- ob Mängel vorhanden sind und
- ob bereits erkannte Mängel zwischenzeitlich beseitigt wurden.

Mängelliste nach Räumen **2.900,00 EUR**

Büro 01

Meier Zu beseitigen bis: 09.11.2007	Putzoberfläche uneben 19.10.2007/ /1.000,00	☐
Schmolke Zu beseitigen bis: 03.12.2007	Türzargen beschädigt 10.11.2007/ /1.500,00	☐
Schmolke Zu beseitigen bis: 03.12.2007	falsche Türgriffe eingebaut 10.11.2007/ /300,00	☐
Schulze Zu beseitigen bis: 16.11.2007	Malerkrepp nicht beseitigt 26.10.2007/ /100,00	☐

Abbildung 53: Gesamte Mängelliste aller Auftragnehmer, gegliedert nach Räumen

554 Zur Kontrolle reichen in der Regel verkleinerte Grundrisse aus, in denen die Raumnummern aufgeführt sind. Sofern weitere Unterlagen zur Prüfung notwendig sind, können diese später im Büro eingesehen werden.

Die Feststellungen werden raumweise je festgestelltem Mangel dokumentiert. Die Mängel werden dann im Büro anhand der Raumnummer, des Verursachers und der genauen Beschreibung verwaltet.

Dieser Prozess wird während der Bauausführung – speziell im Ausbau – in der Regel wöchentlich durchgeführt. Die Bauleitung kann durch die permanenten Kontrollen und die damit verbundenen Mängelrügen im Wochenrhythmus die Auftragnehmer rechtzeitig zur Mängelbeseitigung auffordern.

6.14.2.3 Systematische Verwaltung

Je nach Größe des Bauvorhabens kann die Anzahl an Mängeln erheblich variieren. **555** Schon bei mittelgroßen Projekten kann die Anzahl der Mängel schnell mehrere hundert oder tausend betragen. Dabei bedarf es nicht nur der Feststellung der Mängel, sondern auch deren Dokumentation und Nachverfolgung.

In der Praxis werden Mängel oft mit konventioneller Textverarbeitung oder Tabellenkalkulation dokumentiert und verwaltet. Problematisch dabei ist, dass der Zeitaufwand für die Eingabe und Bearbeitung sowie die Nachverfolgung sehr hoch ist, weil sich diese Programme nur bedingt für diesen Einsatzzweck eignen. Geht man beispielsweise von 1.500 Mängeln aus, wird schnell klar, wie aufwändig deren Verwaltung ist.

Wird hingegen eine Datenbank verwendet, können die festgestellten Mängel den einzelnen Räumen und Auftragnehmern zugeordnet und zudem übersichtliche Auswertungen erstellt werden, die einen großen Vorteil für den Bauleiter bieten.

So kann die Ausgabe der Mängel **556**

- als nach Räumen sortierte Gesamtliste erfolgen, die sämtliche Mängel der Räume enthält (vgl. Abb. 53) oder
- als nach Räumen sortierte Liste eines Auftragnehmers erfolgen, die nur dessen Mängel beinhaltet (vgl. Abb. 54, nächste Seite).[153]

153 Die hier abgebildete Datenbank zur Mängelverwaltung kann kostenlos unter http://www.feuerabend.de/bauleitung heruntergeladen werden.

Mängelliste Auftragnehmer Schmolke **5.950,00EUR**

Büro 01

Schmolke

Türzargen beschädigt

Zu beseitigen bis:
03.12.2007

10.11.2007/ /1.500,00

Schmolke

falsche Türgriffe eingebaut

Zu beseitigen bis:
03.12.2007

10.11.2007/ /300,00

Büro 02

Schmolke

Türblatt beschädigt

Zu beseitigen bis:
03.12.2007

10.11.2007/ /2.100,00

Foyer

Schmolke

Tür falsch angeschlagen

Zu beseitigen bis:
03.12.2007

10.11.2007/ /1.000,00

Abbildung 54: Mängelliste eines Auftragnehmers, gegliedert nach Räumen

7 Fristen und Termine

7.1 Ausführungsfristen/Vertragsfristen

Gemäß § 5 Abs. 1 Satz 1 VOB/B ist die Ausführung nach den verbindlichen Fristen (Vertragsfristen) zu beginnen, angemessen zu fördern und zu vollenden. 557

Hinweis 558

Die in einem Bauzeitenplan enthaltenen Einzelfristen gelten nur dann als Vertragsfristen, wenn dies im Vertrag ausdrücklich vereinbart ist. Dies folgt unmittelbar aus § 5 Abs. 1 Satz 2 VOB/B. Hierauf muss sehr geachtet werden, weil in der Baupraxis häufig Bauzeitenpläne mit Vertragsfristen gleichgestellt werden, obgleich dies nur dann der Fall ist, wenn dies so auch im Vertrag geregelt wurde!

Wichtig zu wissen ist weiterhin, dass selbst in den Fällen, in denen keine fixe Vertragsfrist vereinbart worden ist, der Auftragnehmer nicht frei entscheiden kann, wann er mit den Arbeiten zu beginnen hat. Gemäß § 5 Abs. 2 VOB/B muss der Auftraggeber dem Auftragnehmer Auskunft über den voraussichtlichen Beginn der Arbeiten erteilen, wenn keine Frist vereinbart wurde. Der Auftragnehmer muss dann innerhalb von 12 Werktagen nach der Aufforderung beginnen und dies dem Auftraggeber anzeigen!

7.2 Folge der Nichteinhaltung von Vertragsfristen

Wird der Beginn der Ausführung durch den Auftragnehmer verzögert oder gerät der Auftragnehmer mit der Vollendung der Leistung in Verzug, kann der Auftraggeber entweder den Vertrag aufrechterhalten und Schadensersatz verlangen oder aber dem Auftragnehmer eine angemessene Frist zur Vertragserfüllung setzen und erklären, dass der Auftraggeber nach fruchtlosem Ablauf der Frist den Vertrag kündigt. Dies ist in §§ 5 Abs. 4 in Verbindung mit 8 Abs. 3 VOB/B geregelt. 559

7.3 Erfordernis eindeutiger Fristen

In § 5 VOB/B wird der Begriff der „Frist" genannt, ohne diesen näher zu definieren. 560

In der Baupraxis werden die Begriffe „Frist" und „Termin" häufig gleich verwandt.

„Frist" ist ein Zeitraum, dessen Begrenzung bestimmt bezeichnet oder jedenfalls bestimmbar ist. Bei einer „Frist" kann es sich daher um Zeiteinheiten wie Tage, Wochen, Monate, ein konkretes Datum oder eine Kombination handeln. Bei der Berechnung der Frist ist auf die §§ 187 bis 193 BGB abzustellen.

Ist die Frist nach Werktagen bestimmt, zählen Samstage mit.

Fristen sollten klar und eindeutig definiert werden bezüglich Beginn und Ende, insbesondere sollte vermieden werden „ca." oder „voraussichtlich" oder ähnliche Begriffe zu verwenden. Unklarheiten gehen grundsätzlich zu Lasten desjenigen, der den Vertrag vorgibt. Dies ist meistens der Auftraggeber. In diesen Fällen ist durch Auslegung zu klären, ob es sich um eine unverbindliche Frist handelt oder um eine Vertragsfrist mit einem Toleranzraum, wobei grundsätzlich nur eine unverbindliche Frist vorliegt, da die Parteien die Bedeutung der Frist gerade abgeschwächt haben.

Werden Beginn und Vollendung der Leistungserbringung nicht klar und eindeutig definiert kommt es häufig zu Auseinandersetzungen später, wenn es zu „Verzögerungen" in dem Bauvorhaben kommt.

Haben die Parteien keine klaren Fristen vereinbart und wollten sie diese auch nicht, handelt es sich um unverbindliche Arbeitsfristen.

7.4 Verzug des Auftragnehmers

561 Die **Voraussetzungen des Verzugs** sind

a) die Fälligkeit der Leistung,

b) eine Mahnung,

c) Verschulden des Auftragnehmers.

Zu a) Fälligkeit der Leistung

562 Sofern für eine Leistung eine Vertragsfrist vereinbart wurde, so ist die Leistung mit Verstreichen der Frist automatisch fällig.

Handelt es sich jedoch um eine **Nicht-Vertragsfrist oder um eine Vertragsfrist, die keine Kalender- oder Ereignisfrist ist**, so ist zunächst die Fälligkeit z.B. durch eine Abhilfeaufforderung nach § 5 Abs. 3 VOB/B herbeizuführen.

Zu b) Mahnung

563 Eine Mahnung ist nur bei Vertragsfristen entbehrlich, die Kalender- oder Ereignisfristen sind. **In allen anderen Fällen ist eine zusätzliche Mahnung erforderlich**.

Eine Ausnahme besteht auch für den Fall, dass eine **Behinderung des Auftragnehmers** vorliegt oder vorlag. In diesem Fall handelt es sich zwar nach wie vor um eine – wenn auch durch die Behinderung verschobene – Vertragsfrist, jedoch nicht mehr um eine Kalenderfrist, weil die Behinderung zum Zeitpunkt des Vertragsschlusses nicht vorhergesehen werden konnte und der Termin unter Zuhilfenahme des Vertrags und eines Kalenders nicht ermittelbar ist; der Auftragnehmer gerät mithin auch nicht automatisch in Verzug. **564**

Auch in dem Fall, dass der Bauleiter sicher ist, dass sich der Auftragnehmer bereits in Verzug befindet, ist eine zusätzliche Mahnung sinnvoll. Im Fall einer Auseinandersetzung entsteht dem Auftraggeber durch die zusätzliche Mahnung kein Nachteil – sie war nur überflüssig.

Dabei ist zu beachten, dass der in der Mahnung gesetzte Termin angemessen ist.

Zu c) Verschulden

Sofern ein Auftragnehmer seine Termine nicht einhält, wird ihm ein Verschulden unterstellt und er muss widerlegen, dass er die Terminüberschreitung zu vertreten hat. Das Verschulden des Auftragnehmers ist daher in den weitaus meisten Fällen in der Praxis gegeben. **565**

7.5 Prüfschema

Der Leistungsverzug des Auftragnehmers setzt das zuvor Besprochene voraus. Ein Prüfschema findet sich in Abb. 55. **566**

Zunächst ist zu klären, ob es sich bei den Fristen, die überschritten wurden oder drohen überschritten zu werden, um Vertrags- oder Nicht-Vertragsfristen handelt. Handelt es sich um Vertragsfristen, so ist die Leistung automatisch fällig, wenn es sich um Kalender- oder Ereignisfristen handelt.

Bei Nicht-Vertragsfristen tritt die Fälligkeit der Leistung erst nach fruchtlosem Ablauf einer im Zuge der vom Auftraggeber gestellten Abhilfeaufforderung gesetzten Nachfrist (Mahnung) ein.

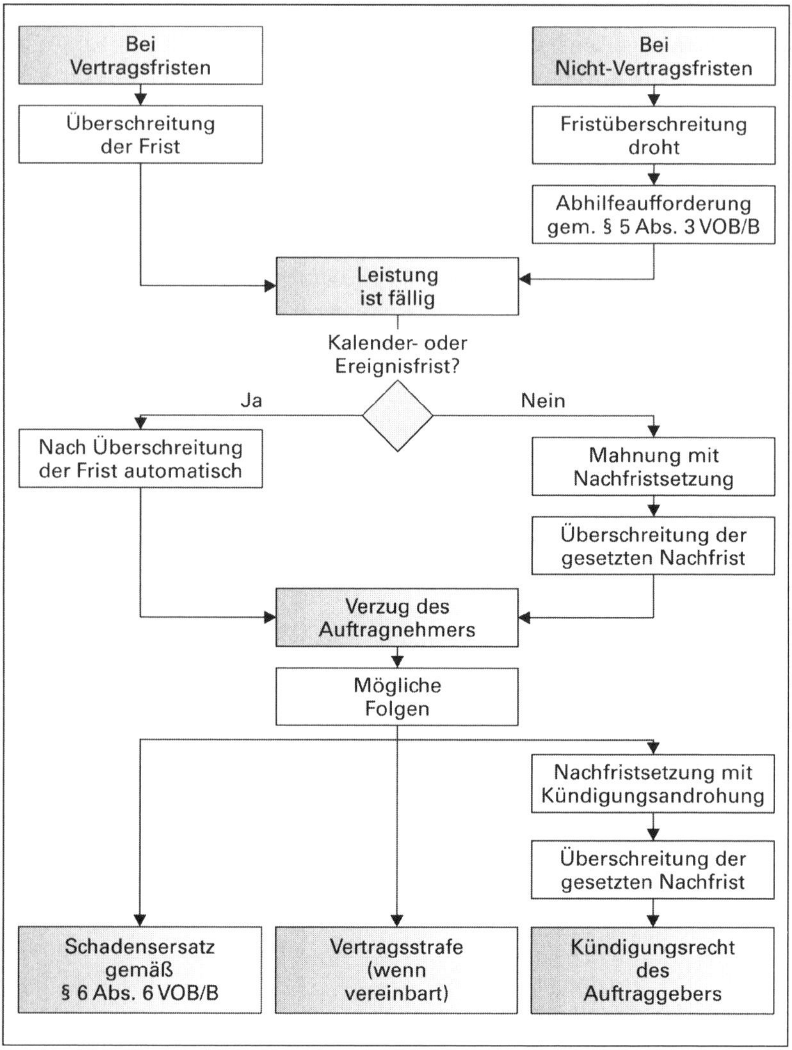

Abbildung 55: Prüfschema für den Leistungsverzug des Auftragnehmers

Hinweis 567

In dem Fall, dass es u.a. durch eine von dem Auftraggeber verursachte Behinderung zu Verzögerungen gekommen ist, werden Ausführungsfristen gemäß § 6 Abs. 2 Nr. 1a VOB/B verlängert, während Witterungseinflüsse während der Ausführungszeit, mit denen bei Abgabe des Angebots normalerweise gerechnet werden musste, nicht als Behinderung gelten gemäß § 6 Abs. 2 Nr. 2 VOB/B.

Die Fristverlängerung wird berechnet nach der Dauer der Behinderung mit einem Zuschlag für die Wiederaufnahme der Arbeiten und die etwaige Verschiebung in eine ungünstigere Jahreszeit gemäß § 6 Abs. 4 VOB/B.

7.6 Abhilfeaufforderung gemäß § 5 Abs. 3 VOB/B

Der Auftraggeber kann einen Auftragnehmer gemäß § 5 Abs. 3 VOB/B zur 568
Abhilfe auffordern, sofern die Nichteinhaltung von Vertragsfristen droht. Auch in dem Fall, dass durch die Nichteinhaltung von unverbindlichen Einzelfristen (Nicht-Vertragsfristen) eine oder mehrere Vertragsfristen gefährdet sind, kann der Auftraggeber zur Abhilfe auffordern.

Die Abhilfeaufforderung kann formlos erfolgen, sollte allerdings aus Beweisgründen immer schriftlich gestellt werden. Sie beschränkt sich auf das Aufzeigen von Terminrückständen und gibt angemessene Fristen zur Aufholung dieser Rückstände vor (vgl. Musterschreiben 4).

In der Abhilfeaufforderung sind **keinesfalls Vorschläge für die Lösung** zu 569
unterbreiten, weil die Wahl der Mittel, mit denen die Einhaltung der Fristen erreicht wird, dem Auftragnehmer obliegt und der Auftraggeber sich sonst in die Gefahr begibt, dass seine Anordnungen im Sinn des § 2 Abs. 5 VOB/B als Beschleunigungsanordnung zu verstehen sind und zu zusätzlichen Beschleunigungskosten führen.

Zudem ist der in der Abhilfeaufforderung gesetzte **Termin angemessen** zu 570
wählen, beispielsweise durch Verwendung der Ausführungsdauern aus dem Vertragsterminplan.

Zudem ist zu beachten, dass der Auftragnehmer nur dazu verpflichtet ist, so zu reagieren, dass der angemahnte Termin gehalten werden kann. Eine Verpflichtung zur „Aufholung" des Terminplans hat er nicht.

7.7 Anordnung einer Beschleunigung

571 Sofern nach Vertragsschluss ein Bedürfnis zur Anpassung von Vertragsfristen besteht, jedoch keine Einigung über neue Vertragsfristen im Rahmen von Verhandlungen zwischen Auftraggeber und Auftragnehmer erfolgen, stellt sich die Frage nach einer „Beschleunigungsanordnung".

Zumindest in den üblichen Allgemeinen Geschäftsbedingungen ist ein einseitiges Leistungsbestimmungsrecht zu Gunsten des Auftraggebers problematisch.[154] Ob neben dem Leistungsbestimmungsrecht in § 315 BGB auch noch ein einseitiges Anordnungsrecht gemäß § 1 Abs. 3 VOB/B in Verbindung mit § 2 Abs. 5 VOB/B besteht, ist streitig.[155]

154 OLG Frankfurt, Baurecht 2003, 269.

155 Vergleiche zum Streitstand Jagenburg/Baldringer/Haupt, Praxiskommentar VOB Teile A und B, § 5 VOB/B, Rn. 61 ff.

8 Einstellung der Arbeiten bei Streitigkeiten

8.1 Grundsätze

572 Für den Auftraggeber und die Bauleiter ist es wichtig zu wissen, dass es für den Auftragnehmer extrem riskant ist, wenn er die Arbeiten grundlos einstellt, da er vorleistungspflichtig ist.[156] Wenn kein berechtigter Grund zur Arbeitseinstellung vorliegt, riskiert der Auftragnehmer, dass der Auftraggeber ihm den Werkvertrag aus wichtigem Grund kündigt. Im Fall der Kündigung aus wichtigem Grund kann der Auftragnehmer dann nur die bis zur Kündigung erbrachten Leistungen abrechnen, und der Auftraggeber ist berechtigt, die Restleistungen durch einen Drittunternehmer ausführen zu lassen und die Mehrkosten dem Auftragnehmer in Rechnung zu stellen.

Es kann festgehalten werden, dass der Grundsatz gilt: „Wer die Arbeiten einstellt, spielt mit dem Feuer".[157]

In § 18 Abs. 5 VOB/B ist geregelt, dass Streitfälle den Auftragnehmer nicht berechtigen, die Arbeiten einzustellen.

In verschiedenen Regelungen wird auf das Recht zur Leistungsverweigerung verwiesen, wie exemplarisch die Einstellung der Arbeiten bei nicht fristgerechter Zahlung gemäß § 16 Abs. 5 Nr. 3 VOB/B, die Kündigung gemäß § 9 VOB/B oder die Nicht-Gestellung einer Bauhandwerkersicherheit gemäß § 650f BGB.

Wenn Nachträge strittig sind, der Auftraggeber jedoch dem Grunde nach einen berechtigten Nachtrag akzeptiert hat, darf der Auftragnehmer die Arbeiten nicht einstellen, wenn es nur noch um die Höhe des Nachtrags geht.[158] Gefährlich ist es für den Auftraggeber und den Bauleiter nur dann, wenn er grundlos und zu Unrecht einen Nachtrag endgültig und kategorisch verweigert, weil dann ein Leistungsverweigerungsrecht besteht.[159]

Hinweis 573

Wenn ein Nachtrag grundsätzlich berechtigt, die Höhe jedoch streitig ist, sollten der Auftraggeber und sein Bauleiter den Nachtrag nur **dem Grunde nach** *beauftragen.*

156 Kammergericht, IBR 2017, 421, 422.
157 OLG Dresden, IBR 2018, 675.
158 OLG Frankfurt, IBR 2011, 690.
159 BGH, IBR 2004, 486.

Es gilt der Grundsatz „Vertragsdurchführung geht vor Preisgewissheit".[160] *Ein Nachtrag sollte nur dann kategorisch abgelehnt werden, wenn der Auftraggeber sich sicher ist, dass dieser tatsächlich nicht besteht, um Rechtsnachteile zu vermeiden.*

8.2 Abschlagszahlungen

574 Wird eine Zahlung trotz angemessener Fristsetzung durch den Auftragnehmer nicht geleistet regelt § 16 Abs. 5 Nr. 4 VOB/B, dass bei Zahlungsverzug die Arbeiten bis zur Zahlung eingestellt werden dürfen. Dabei ist jedoch zu berücksichtigen, dass auch hier das Risiko der Arbeitseinstellung für den Auftragnehmer erheblich ist. Es muss nämlich tatsächlich eine fällige Forderung zu Gunsten des Auftragnehmers offenstehen. Dies ist beispielsweise dann nicht der Fall, wenn Mängel am Gewerk des Auftragnehmers vorliegen, die zu einem Zurückbehaltungsrecht in zweifacher Höhe der voraussichtlichen Mängelbeseitigungskosten zu Gunsten des Auftraggebers führen. Auch wenn die Leistungen nicht vollständig erbracht worden sind, die in Rechnung gestellt wurden, besteht eine große Gefahr für den Auftragnehmer, wenn er die Leistungen einstellt.

575 ***Beispiel***

Der Auftragnehmer stellt eine Abschlagsrechnung über 20.000,00 €. Es bestehen unstreitige Mängel, die einen Mängelbeseitigungsaufwand in Höhe von 5.000,00 € erfordern. Dann darf der Auftraggeber allein diesbezüglich 10.000,00 € einbehalten unter Berücksichtigung des zweifachen „Druckzuschlags". Stellt sich dann auch noch heraus, dass der Auftragnehmer nur Leistungen im Wert von insgesamt 10.000,00 € statt der geltend gemachten 20.000,00 € ausgeführt hat, steht ihm überhaupt keine fällige Forderung zu, weil er schlicht zu viel abgerechnet hat.

Stellt der Auftragnehmer bei dem vorgenannten Beispiel die Arbeiten zu Unrecht ein, riskiert er, dass der Auftraggeber den Werkvertrag gemäß § 8 Abs. 3 VOB/B aus wichtigem Grund kündigt.[161]

---

160 Kammergericht, IBR 2017, 421.

161 OLG Köln, Baurecht 2017, 741; OLG Stuttgart, IBR 2016, 272; OLG Karlsruhe, IBR 2016, 334.

Hinweis 576

Selbst geleistete Abschlagszahlungen auf in der Sache unberechtigt gestellte Abschlagsrechnungen stellen kein Anerkenntnis des Auftraggebers dar. Selbst wenn der Auftraggeber daher z.B. einen nicht berechtigten Nachtrag beauftragt und Zahlungen leistet, kann er diese Zahlungen später von der Schlussrechnung des Auftragnehmers abziehen.[162]

Auch der „Freigabevermerk" eines Architekten oder eines Bauleiters des Auftraggebers stellt kein Anerkenntnis dar.[163] *Mithin besteht ein erhebliches Risiko, wenn ein Auftragnehmer wegen nicht vollständig bezahlter Abschlagszahlungen, die nicht fällig oder der Höhe nach nicht berechtigt sind, einstellt.*[164]

8.3 Bedenkenhinweise und Leistungsverweigerungsrecht

Zu beachten ist weiterhin, dass dem Auftragnehmer dann ein Leistungsverweigerungsrecht zusteht, wenn er dem Auftraggeber nicht nur ordnungsgemäß seine Bedenken gemäß § 4 Abs. 3 VOB/B mitgeteilt hat, sondern wenn die Prüfung dieser Bedenken mit an Sicherheit grenzender Wahrscheinlichkeit das Ergebnis hat, dass die vom Auftraggeber vorgesehene Art der Ausführung zum Eintritt eines erheblichen Leistungsmangels oder eines sonstigen nicht nur geringfügigen Schadens führt.[165] 577

8.4 Bauhandwerkersicherheit gemäß § 650f BGB

Die Regelung des § 650f BGB, die auch bei einem VOB-Werkvertrag gilt, muss jeder Auftraggeber, Architekt und Bauleiter kennen, weil diese Regelung mit extremen Risiken für den Auftraggeber verbunden ist. 578

Die Bauhandwerkersicherheit stellt für den Auftragnehmer das stärkste und effektivste Druckmittel gegenüber dem Auftraggeber dar, wenn dieser keine Zahlungen leistet oder Mängel behauptet.

Leistet der Auftraggeber auf ein entsprechendes Verlangen des Auftragnehmers hin die Bauhandwerkersicherheit nicht innerhalb einer angemessenen Frist von z.B. 14 Tagen bis drei Wochen, kann der Auftragnehmer

162 OLG Dresden, IBR 2014, 132; OLG Bamberg, IBR 2021, 16; Kammergericht, IBR 2017, 421.
163 OLG Frankfurt, IBR 2010, 15.
164 OLG Stuttgart, IBR 2020, 634.
165 OLG Dresden, IBR 2022, 562; OLG Düsseldorf, NZBau 2018, 607.

- die Arbeiten sofort einstellen,
- den Vertrag kündigen und
- die Sicherheit auch einklagen lassen.

In Einzelfällen wurde die Frist von 14 Tagen noch als zu gering angesehen, wobei dies streitig ist.[166]

Nur von öffentlichen Auftraggebern und in bestimmen Fällen des Verbraucherbauvertrages gemäß § 650i BGB kann die Bauhandwerkersicherheit nicht verlangt werden.

579 ***Hinweis***

Verlangt ein Auftragnehmer im Hinblick auf seine werkvertragliche Hauptforderung zumindest ohne Nachträge eine Bauhandwerkersicherheit innerhalb einer angemessenen Frist, **muss** *der Auftraggeber diese Sicherheit ohne Wenn und Aber stellen, da Einwendungen jeglicher Art unerheblich sind und sonst das Risiko der Arbeitseinstellung besteht!*

Bezüglich der werkvertraglichen Hauptforderung kann der Auftragnehmer stets eine Bauhandwerkersicherheit verlangen. Bei strittigen Nachträgen bedarf es eines besonderen ergänzenden Sachvortrags und diese Streitfragen sind dann auch zu klären.[167]

Gegenforderungen sind ebenso unmaßgeblich wie Mängeleinwendungen. Selbst nach der Abnahme kann die Sicherheit verlangt werden und auch nach der Kündigung eines Werkvertrags.[168]

Der Anspruch auf Bauhandwerkersicherheit stellt mithin zu Gunsten des Auftragnehmers und zu Lasten des Auftraggebers eine „Wunderwaffe ohne Verfallsdatum" dar.[169]

Kann der Auftragnehmer aufgrund steuerrechtlicher Vorschriften nur Nettobeträge verlangen, umfasst der Anspruch auf Gestellung einer Bauhandwerkersicherheit nicht die vom Auftraggeber noch nicht geleistete Umsatzsteuer.[170]

Auch ein Planer/Architekt kann von dem Auftraggeber die Bauhandwerkersicherheit verlangen.[171]

---

166 OLG Stuttgart, IBR 2022, 292.
167 OLG Karlsruhe, IBR 2018, 683; Kammergericht, IBR 2020, 237.
168 BGH, IBR 2004, 201; BGH, IBR 2004, 246.
169 Rodemann, Praxishinweis zu BGH, IBR 2021, 296.
170 OLG Oldenburg, IBR 2020, 590.
171 OLG Celle, IBR 2022, 348.

9 Überblick über Aufgaben und Pflichten des Bauleiters

9.1 Allgemeines

Eine allgemein gültige gesetzliche Definition des Begriffs des Bauleiters gibt es nicht. 580

Die Rechte ergeben sich zunächst einmal aus dem Arbeitsvertrag einerseits und die Pflichten auch aus den mit den Unternehmern geschlossenen Verträgen andererseits.

Dies betrifft auch Vollmachten, die explizit ausgesprochen werden sollten.

In der Musterbauordnung und in einzelnen Landesbauordnungen werden die Begriffe des Bauleiters definiert.

Danach muss der Bauleiter die für seine Aufgabe erforderliche Sachkunde und Erfahrung besitzen. Verfügt er auf einzelnen Teilgebieten nicht über die erforderliche Sachkunde, so sind geeignete Fachbauleiter heranzuziehen. Der Bauleiter hat darüber zu wachen, dass die Baumaßnahme entsprechend den öffentlich-rechtlichen Anforderungen durchgeführt wird und die dafür erforderlichen Weisungen zu erteilen. Er hat im Rahmen dieser Aufgabe auf den sicheren bautechnischen Betrieb der Baustelle, insbesondere auf das gefahrlose Ineinandergreifen der Arbeiten der Unternehmer zu achten. Dies folgt exemplarisch aus § 56 Abs. 1 Musterbauordnung für die Bundesländer.

Mithin fallen hierunter Koordinationsaufgaben, Bauüberwachung und auch Dokumentationsleistungen. Der Bauleiter muss sich daher auch einen Überblick über das vertraglich geschuldete Bau-Soll verschaffen.

Darüber hinaus muss er im Rahmen eines geregelten Bauablaufs dafür sorgen, dass die Organisation der Baustelle korrekt erfolgt, Baubesprechungen durchgeführt werden, die Termine eingehalten werden und auch die Besprechungsprotokolle und Dokumentation ordnungsgemäß erfolgen einschließlich der Überprüfung der Ausführung der Kostenverfolgung von Abschlagsrechnungen, Nachträgen u.a.

Unter Berücksichtigung einer entsprechenden Vollmacht führt der Bauleiter auch die Abnahme durch, stellt entsprechende Mängelrügen aus und überwacht die Mängelbeseitigung.

Auch die mit dem Baufortschritt veranschlagten Kosten sind im Rahmen der Kostenkontrolle zu überwachen.

Da jedoch Leistungspflichten eines Bauleiters grundsätzlich zunächst einmal frei zu vereinbaren und in einem entsprechenden Vertrag zu regeln sind, können hier nur Anhaltspunkte gegeben werden für die Leistungen, die vom Bauleiter durchgeführt werden können.

581 Der Bauleiter ist Erfüllungsgehilfe des Auftraggebers und vertritt auf der Baustelle grundsätzlich den Bauherrn und Auftraggeber. Ob und wenn ja in welcher Weise er weisungsbefugt ist, hängt von der ihm erteilten Vollmacht ab. Ohne Vollmacht können insbesondere keine rechtsgeschäftlichen Erklärungen abgegeben werden wie der Abschluss von Verträgen, die Abnahme und Änderungen/Nachträge. Auch geänderte Vertragstermine können dann nicht wirksam vereinbart werden. Ebenso wenig können Vergleiche abgeschlossen werden ohne Vollmacht.

582 Die Einhaltung der anerkannten Regeln der Technik muss der Bauleiter auf jeden Fall überprüfen, da dies als Mindestanforderung Voraussetzung für eine abnahmefähige Leistung ist.

583 Im Rahmen der Objektüberwachung werden grundsätzlich nur stichprobenartige Überprüfungen vorgenommen; allerdings bedarf es bei besonders schadensanfälligen Bauteilen wie Kellerabdichtung, Entwässerung oder Ähnlichem einer besonderen Überwachung.[172]

9.2 Verkehrssicherungspflichten

584 Aus der Stellung als Bauleiter und der daraus resultierenden Bauüberwachungspflicht folgt eine allgemeine Verkehrssicherungspflicht des Bauleiters. Jeder, der eine Gefahrenquelle schafft, muss die notwendigen Vorkehrungen zum Schutz Dritter treffen. Grundsätzlich ist der Eigentümer verkehrssicherungspflichtig. Der Umfang der Pflicht hängt davon ab, welche Gefahren für die Gesundheit oder Unversehrtheit unbeteiligter Dritter drohen.

9.3 Haftungstatbestände

585 Eine Haftung aus § 823 Abs. 2 BGB trifft den Bauleiter bei einem schuldhaften Verstoß gegen ein **Schutzgesetz**. Gemeint sind dabei nur solche öffentlich-rechtlichen Vorschriften und Gesetze, die nicht nur den Schutz der Allgemeinheit, sondern zumindest auch den Schutz des Einzelnen oder eines bestimmten Personenkreises bezwecken.

---

172 OLG Schleswig, IBR 2019, 327; OLG Saarbrücken, IBR 2020, 599.

Eine nachbarschützende Vorschrift ergibt sich unmittelbar aus § 909 BGB, gemäß dem der Bauleiter die Pflicht hat, den Auftraggeber über die mit der Vertiefung verbundenen Gefahren zu belehren und zweckmäßige Maßnahmen zur Vermeidung von Gefahren vorzuschlagen und gegebenenfalls durchzuführen. **586**

9.4 Bautagebuch

Die Pflicht des Bauleiters ebenso wie des Architekten zur Führung eines Bautagebuchs besteht im gleichen Umfang wie seine Pflicht zur Bauüberwachung. **587**

In dem Bautagbuch hat eine präzise und umfassende Niederlegung der Baudaten wie **588**

- anwesende Handwerker,
- Lieferungen,
- Hinweise, Anleitungen und Fristsetzungen,
- Bautenstand oder
- Witterungsverhältnisse

zu erfolgen.

10 Anhang

589 **Liste wesentlicher Aufwandswerte**

DIN 18...	Bezeichnung des Leistungsbereiches/ Bauelements	AW	Einheit	Quelle*
300	**Erdarbeiten**			
a	Aushub Baugrube, z.B. Radlader bis 0,4 m³, in Kl.4, lösen, laden, abfahren, deponieren	0,04	h/m³	Plümecke
b	Aushub Einzelfundamente, von Hand, Kl.4, bis 0,80 m	2,05	h/m³	Plümecke
c	Aushub Einzelfundamente, bis 1,0 m², in Kl.4, Bagger bis 0,40 m³, mit Abfuhr	0,21	h/m³	Plümecke
330	**Mauerarbeiten**			
a	Außenwand (tragend), z.B. KS 1,6–2DF, d= 30 cm	1,51	h/m²	Plümecke
b	Außenwand (Vormauerschale), Läuferverband, 2DF ohne Kran	1,55	h/m²	Plümecke
c	Innenwand, z.B. Ziegel, d=11,5 cm, Mz 1,8–2DF	0,95	h/m²	Plümecke
d	Pfeiler (tragend), z.B. Ziegel, 24/24 cm, 2DF	1,06	h/m	Plümecke
331	**Betonarbeiten**			
a	Sauberkeitsschicht, z.B. Ortbeton C8/10, unbewehrt, d=5 cm	0,20	h/m²	Fleischmann/ Hemmerich
b	Bodenplatte (Ortbeton), z.B. C12/15, bewehrt, d=20 cm	2,01	h/m²	Fleischmann/ Hemmerich
c	Decke (Ortbeton), z.B. C20/25, bewehrt, d=20 cm	1,59	h/m²	Fleischmann/ Hemmerich
d	Decke (Filigran) + Ortbeton C20/25, bewehrt, d=20 cm	0,83	h/m²	Fleischmann/ Hemmerich
e	Decke (Fertigteil), z.B. vorgefertigte Porenbetonplatten, a=3,0 m	0,93	h/m²	Fleischmann/ Hemmerich

* Für nähere Angaben wird auf die entsprechenden Quellen verwiesen, die im Literaturverzeichnis aufgeführt sind.

DIN 18...	Bezeichnung des Leistungsbereiches/ Bauelements	AW	Ein-heit	Quelle*
f	Einzelfundament (Ortbeton), z.B. 100/100/80 cm	5,43	h/St	Plümecke
g	Einzelfundament (Fertigteil), z.B. Köcher für Stützen bis 40/40 cm	2,50	h/St	Fleischmann/ Hemmerich
h	Treppe (Ortbeton), z.B. C20/25 bis d=12 cm	3,00	h/St	Fleischmann/ Hemmerich
i	Wand (Ortbeton), z.B. d=20 cm	2,40	h/m²	Fleischmann/ Hemmerich
j	Stütze (Fertigteil), z.B. 40/40 cm, l=6,00 m	3,50	h/St	Fleischmann/ Hemmerich
332	**Naturwerksteinarbeiten**			
a	Bodenbelag, im Dünnbett, z.B. Format: 30 × 30 cm, d = 10 mm	0,93	h/m²	Sirados
b	Bodenbelag, im Dickbett	0,5–1,2	h/m²	Schwarz
b	Wandbekleidung	1,1–1,4	h/m²	Schwarz
d	Sockelleisten	0,35	h/m	Schwarz
e	Treppenbelag	0,40	h/m	Schwarz
333	**Betonwerksteinarbeiten**			
a	Bodenbelag, im Dünnbett, z.B. Format: 30 × 30 cm, d = 10 mm	0,93	h/m²	Schwarz
b	Bodenbelag, im Dickbett	0,5–1,2	h/m²	Schwarz
b	Wandbekleidung	1,1–1,4	h/m²	Schwarz
e	Sockelleisten	0,35	h/m	Schwarz
f	Treppenbelag	0,40	h/m	Schwarz
334	**Zimmer- und Holzbauarbeiten**			
a	Sparrendach, Neigung 10–55°, Spannweite bis 10 m, inkl. Abbinden und Aufstellen (je Meter Sparren)	0,16	h/m	Plümecke
b	Treppe, z.B. Wangentreppe, Buche, eingestemmt, b=1,00 m, Stg. 17/29 cm	4,70	h/St	Plümecke

* Für nähere Angaben wird auf die entsprechenden Quellen verwiesen, die im Literaturverzeichnis aufgeführt sind.

DIN 18…	Bezeichnung des Leistungsbereiches/ Bauelements	AW	Einheit	Quelle*
336	**Abdichtungsarbeiten**			
a	Abdichtung Bodenplatte	0,32	h/m²	Sirados
b	Abdichtung Außenwandflächen inkl. Voranstrich	0,37	h/m²	Sirados
338	**Dachdeckungs- und Dachabdichtungsarbeiten**			
a	Flachdach (Kies), kompl. Warmdachaufbau	0,57	h/m²	Sirados
b	Schrägdach (Biberschwanz), kompl. Dachaufbau	1,15	h/m²	Sirados
c	Schrägdach (Reet), kompl. Dachaufbau	2,80	h/m²	Sirados
d	Dachflächenfenster (Schwingflügel)	3,00	h/St	Sirados
e	Außenwandbekleidung mit Schiefer	0,69	h/m²	Sirados
339	**Klempnerarbeiten**			
a	Metall-Fassadenbekleidung, Winkelstehfalz auf vorh. Schalung	1,30	h/m²	Sirados
b	Metall-Dachdeckung, Doppelstehfalz	1,35	h/m²	Sirados
c	Brustblech, Dachgauben	0,35	h/m	Sirados
340	**Trockenbauarbeiten**			
a	Trockenestrich, z.B Fa. Knauf TUB F145, d= 25 mm, mehrlagig verlegt, auf MW-Trittschalldämmung d=20 mm	0,48	h/m²	Knauf
b	Doppel-, Hohlraumböden	0,38	h/m²	Sirados
c	Trennwände 1.Seite, einlagig (75%)	0,75	h/m²	Plümecke
d	Trennwände 2.Seite, einlagig (25%)	0,25	h/m²	Plümecke
e	Trennwände aufstellen und einseitig verkleiden (75%), zweilagig	0,94	h/m²	Plümecke
f	Trennwände schließen (25%), zweilagig	0,31	h/m²	Plümecke
g	Vorsatzschalen o. Ä.	0,80	h/m²	Plümecke
h	Abgehängte Decke	0,65	h/m²	Plümecke

* Für nähere Angaben wird auf die entsprechenden Quellen verwiesen, die im Literaturverzeichnis aufgeführt sind.

DIN 18...	Bezeichnung des Leistungsbereiches/ Bauelements	AW	Einheit	Quelle*
345	**Wärmedämm-Verbundsysteme**			
	WDVS bis 8 m, MW 140, min. Oberputz	1,11	h/m²	Sirados
350	**Putz- und Stuckarbeiten**			
a	Wärmedämmputz (Wand) inkl. Grundierung, U.+O.-Putz, 50 mm	0,65	h/m²	Sirados
b	Außenputz (Wand) inkl. Grundierung, U.+O.-Putz (Kz)	0,63	h/m²	Sirados
c	Außenputz (Decken)inkl. Haftbrücke U.+O.-Putz (Kz)	0,73	h/m²	Sirados
d	Wandputz (Innen)	0,33	h/m²	Plümecke
e	Deckenputz (Innen)	0,43	h/m²	Plümecke
f	Innenputz (Stützen)	0,48	h/m²	Plümecke
g	Ausgleichen von unebenen Untergründen	0,18	h/m²	Sirados
352	**Fliesen- und Plattenarbeiten**			
a	Bodenbelag, im Dünnbett, z.B. glasiert, 15/15	1,00	h/m²	Sirados
b	Bodenbelag, im Dickbett, z.B. glasiert, 20/20	1,50	h/m²	Sirados
c	Wandbekl., im Dünnbett, z.B. uni, 15/15	1,20	h/m²	Sirados
d	Wandbekleidung im Dickbett	1,47	h/m²	Sirados
e	Sockelleisten	0,35	h/m	Sirados
353	**Estricharbeiten**			
a	Zementestrich, z.B. C20, 45 mm, MW-TSD15, EPS 15	0,42	h/m²	Sirados
b	Calciumsulfatestrich, z.B auf MW-TSD 20 mm	0,30	h/m	Sirados
c	Heizestrich, z.B. A, Zem.,S 70-H45, MW30–3, EPS 40	0,52	h/m²	Sirados

* Für nähere Angaben wird auf die entsprechenden Quellen verwiesen, die im Literaturverzeichnis aufgeführt sind.

DIN 18...	Bezeichnung des Leistungsbereiches/ Bauelements	AW	Einheit	Quelle*
354	**Gussasphaltarbeiten**			
a	Gussasphaltestrich, z.B. 25 mm, MW-TSD 15 mm	0,35	h/m²	Sirados
b	Gussasphaltestrich auf Trennschicht, z.B. IC 15, 25 mm	0,30	h/m²	Sirados
c	Gussasphalt-Verbundestrich, z.B. IC 15, 25 mm	0,25	h/m²	Sirados
355	**Tischlerarbeiten**			
a	Zargen aus Holz, z.B. Spanpl.furn.,Eiche, 1000/2000/270 mm	1,60	h/St	Sirados
b	Zargen aus Metall, z.B. Stahlumfassungszarge, 1000/2000/270 mm	0,75	h/St	Sirados
c	Außentüren aus Holz	3,16–4,50	h/St	Sirados
d	Holzglastrennwände, z.B ein Element, 2250/2750 mm	1,50	h/St	Sirados
e	Fensterbänke, innen	0,40	h/m	Sirados
f	Holzfenster			Sirados
g	Holztürblätter, z.B. lackbeschichtet, 985/1985 mm	0,70	h/St	Sirados
h	Möblierung, z.B. komplette Einbauküche aus Holz, b=2700 mm	16,00	h/St	Sirados
356	**Parkettarbeiten**			
a	Bodenbelag, z.B. Stabparkett, Komplett-aufbau, oberflächenbehandelt	1,74	h/m²	Sirados
b	Fußleisten, z.B. Eiche lackiert, 18/80 mm	0,15	h/m	Sirados
c	Schleifen/Oberflächenbehandlung	0,20–0,26	h/m²	Sirados
358	**Rollladenarbeiten**			
a	Rollläden, z.B. Leichtmetall, 1125/1250 mm	1,50	h/St	Sirados

* Für nähere Angaben wird auf die entsprechenden Quellen verwiesen, die im Literaturverzeichnis aufgeführt sind.

DIN 18...	Bezeichnung des Leistungsbereiches/ Bauelements	AW	Einheit	Quelle*
b	Außenraffstore-Anlage, z.B. Alu, 2160/1900 mm	1,80	h/St	Sirados
c	Innenjalousien, z.B. Alu, waager. Lamellen	0,80	h/m²	Sirados
363	**Maler- und Lackierarbeiten**			
a	Innenanstrich, auf Putz, inkl. Vorber., Grund- und Schlussanstrich	0,28–0,50	h/m²	Schwarz
b	Innenanstrich, auf Holz, inkl. Vor-, Zwischen- und Schlussanstrich	0,34–0,70	h/m²	Schwarz
c	Außenanstrich, auf Putz, inkl. Vorber., Grund- und Schlussanstrich	0,20–0,37	h/m²	Schwarz
d	Heizkörper lackieren, Zwischen- und Schlussanstrich, Heizkörperlack	0,13–0,38	h/m²	Schwarz
e	Türblätter lackieren, Zwischen- und Schlussanstrich, Kunstharzlack	0,30–0,58	h/m²	Schwarz
f	Lackierung Türzargen, Zwischen- und Schlussanstrich, Kunstharzlack	0,33–0,83	h/m²	Schwarz
365	**Bodenbelagsarbeiten**			
a	Linoleum/PVC-Bodenbeläge	0,40–0,55	h/m²	Schwarz
b	Teppich-Bodenbeläge	0,20–0,50	h/m²	Schwarz
c	Nadelfilz-Bodenbeläge	0,16	h/m²	Schwarz
d	Fußleisten	0,03–0,20	h/m	Schwarz
e	Treppenbeläge	0,60	h/m²	Schwarz
366	**Tapezierarbeiten**			
a	Rauhfasertapete	0,12–0,25	h/m²	Schwarz
b	Wandbildtapeten	0,50–0,67	h/m²	Schwarz
c	Velourtapeten	0,75–1,00	h/m²	Schwarz
d	Borten oder Friese kleben	0,05–0,13	h/m	Schwarz

* Für nähere Angaben wird auf die entsprechenden Quellen verwiesen, die im Literaturverzeichnis aufgeführt sind.

DIN 18...	Bezeichnung des Leistungsbereiches/ Bauelements	AW	Einheit	Quelle*
367	**Holzpflasterarbeiten**			
a	Bodenbelag, z.B. RE-V, Lärche, 40/80 mm ohne Oberflächenbehandlung	1,07	h/m²	Sirados
b	Stufenbelag, z.B. Kiefer, b=1,20 m	2,80	h/St	Sirados
c	Fußleisten	0,05–0,16	h/m	Sirados
d	Schleifen/Oberflächenbehandlung	0,20–0,26	h/m²	Sirados

* Für nähere Angaben wird auf die entsprechenden Quellen verwiesen, die im Literaturverzeichnis aufgeführt sind.

Stichwortverzeichnis

Das Stichwortverzeichnis verweist auf Randnummern.

D

E

F

G

H

W

Z